U0094515

计算机科学与技术丛书

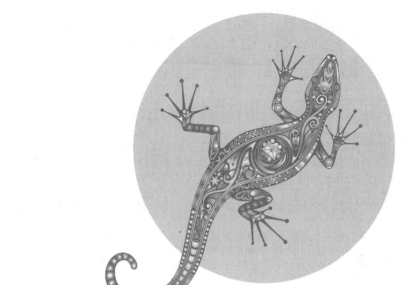

MATLAB

编程实战

手把手教你掌握300个精彩案例

姜增如◎编著

清华大学出版社

北京

内 容 简 介

本书以 MATLAB R2023a 为操作平台，每个章节使用"实战练习"进行讲解，由浅入深、通俗易懂。本书共分为 10 章，第 1～4 章主要介绍 MATLAB 基础知识、矩阵与数组的应用、符号运算及在高等数学中的应用，使用 100 多个案例说明了命令、函数的使用方法，第 4 章除了拉普拉斯变换、傅里叶变换、极限、积分、微分、导数和级数等运算，还加入了一维至多维的散点数据插值、拟合及绘图；第 5 章详细介绍 MATLAB 编程的 3 种基本结构，使用了 50 多个案例说明选择、循环编程、函数建立、递归调用及文件读写操作，此外添加了 MATLAB 类的使用，包括封装、继承及多态的案例；第 6 章介绍二维、三维绘图，包括特色绘图、散点图、动态曲线及动画绘图，共使用了 50 多个案例描述绘制过程；第 7 章介绍 Simulink 仿真，包括模块、操作及使用函数运行仿真的方法；第 8 章介绍 App 界面设计，使用 50 多个案例介绍编辑文本、按钮、图像、坐标区、列表框、树、表、菜单及对话框等多种组件操作过程，用户可按步骤自行设计 App；第 9 章介绍 MATLAB 与 C++语言和 Python 语言交互编程方法，内嵌了多个案例进行说明；第 10 章介绍建模的方法，通过机理建模、仿真优化和实验建模 3 种方法，使用了 6 个案例说明建立数学模型的过程。本书内容从最基本的窗口操作开始，由矩阵使用到 MATLAB 的建模应用，共计使用了 300 多个案例贯穿于每个章节。所有例程内嵌程序命令、注释、说明和运行结果，图文并茂。

本书讲解重视边学边练，配合演示文稿的课件和实战练习，有助于课堂教学和学生自学。特别在增强学习的可视性方面，书中的 App 设计案例新颖实用，几乎涵盖了所有基本组件的应用。且将二维、三维、网格、网面图、色彩的渲染、光照效果及图像的动画设计嵌入 App 中，突出了人机交互界面展示。

本书适合理工类所有专业的学生使用，也可作为计算机语言的开启和提高类的课程教材。

本书封面贴有清华大学出版社防伪标签，无标签者不得销售。

版权所有，侵权必究。举报：010-62782989，beiqinquan@tup.tsinghua.edu.cn。

图书在版编目（CIP）数据

MATLAB编程实战：手把手教你掌握300个精彩案例/姜增如编著. —北京：清华大学出版社，2024.2
（计算机科学与技术丛书）
ISBN 978-7-302-65670-8

Ⅰ. ①M…　Ⅱ. ①姜…　Ⅲ. ①Matlab软件—程序设计—高等学校—教材　Ⅳ. ①TP317

中国国家版本馆CIP数据核字（2024）第048684号

策划编辑：盛东亮
责任编辑：钟志芳
封面设计：李召霞
责任校对：时翠兰
责任印制：刘海龙

出版发行：清华大学出版社
　　　　网　　　　址：https://www.tup.com.cn，https://www.wqxuetang.com
　　　　地　　　　址：北京清华大学学研大厦A座　　　邮　　编：100084
　　　　社　总　　机：010-83470000　　　　　　　　邮　　购：010-62786544
　　　　投稿与读者服务：010-62776969，c-service@tup.tsinghua.edu.cn
　　　　质　量　反　馈：010-62772015，zhiliang@tup.tsinghua.edu.cn
　　　　课　件　下　载：https://www.tup.com.cn，010-83470236

印　装　者：三河市龙大印装有限公司
经　　　销：全国新华书店
开　　　本：186mm×240mm　　　　印　　张：24.25　　　字　　数：572千字
版　　　次：2024年4月第1版　　　　　　　　　　　印　　次：2024年4月第1次印刷
印　　　数：1～1500
定　　　价：89.00元

产品编号：101205-01

前言
PREFACE

MATLAB R2023a 是 MathWorks 公司于 2023 年 3 月推出的新版本。该软件在工程计算、控制系统仿真、建模、信号处理与通信、图像处理、信号检测、金融建模设计与分析等领域中，不仅在实时脚本和函数编辑中增加了多项辅助功能，还对 App 组件浏览器设置了重新排序子级，增加了用户体验。该版 MATLAB 应用范围不断扩大，支持 Python 语言的语法突出显示，对原有工具箱也做了改进和缺陷（Bug）修复；拥有更多数据分析、机器学习和深度学习选项，且速度比以往更快；能将大型数据集运行分析扩展到群集和云。

本书以培养学生的基本操作技能、综合应用能力和创新能力为目标，系统讲解了基础操作和算法应用，采用了 300 多个案例进行讲解，是一本工科院校学生不可缺少的教材，亦可作为理论教学、实验、通识选修课的参考书。

本书最大的特色是案例教学，该内容将 MATLAB 软件与实战练习融为一体，一方面帮助使用者学习 MATLAB 编程方法；另一方面为学习高等数学算法提供支持，使复杂的数学计算用一个函数即可完成，大大节省了计算时间。

本书的编写凝聚了作者多年理论及实验教学经验，力求将计算机软件操作与理论分析有机地结合起来。本书获得了深圳北理莫斯科大学教材出版资助。

欢迎大家对书中内容进行交流，对出现的错误敬请读者批评指正。

编著者
2024 年 1 月

目 录
CONTENTS

第 1 章　MATLAB 基础概述

MATLAB 主要包括编程和仿真两大部分，它将数值分析、矩阵计算、科学数据可视化、非线性动态系统的建模、仿真和 App 界面设计等诸多强大功能集成在一个环境中。自 1992 年初推出 MATLAB 4.0 后，最近几年，每年都升级两个版本，分别以年份加 a 和 b 命名，如 MATLAB R2023a 版本是 2023 年 3 月的。随着版本变化，推出的产品功能不断提升，不仅增加了支持 Python 语言的编辑器、自动缩进、换行、分隔符匹配查看、交互式界面控制动画功能，还增加了使用机器学习和深度学习进行非线性系统辨识等功能，加强了测试平台自动化的用户体验。此外，系统提供的大量矩阵算法、绘图、App 用户界面及连接其他编程语言的接口函数，为众多工程设计人员实现跨平台系统设计、仿真和人机交互提供了一种全面的解决方案，被誉为数学类科技应用软件中首屈一指的编程软件。

1.1　MATLAB 主要功能

MATLAB 是数值计算、可视化和应用程序开发的高级语言，它为数据迭代探索、仿真设计、解决高级数学计算问题及界面设计等提供了交互式环境。MATLAB 的主要功能归纳如下：

（1）MATLAB 除了命令行窗口（Command Window）外，还提供了脚本编辑器，通过命令或调用系统函数建立文件，该文件具有结构控制、函数调用、输入/输出、面向对象等语言特征，称为 m 程序文件。

（2）使用接口函数与其他多种语言程序链接与嵌入，成为应用研究开发的交互式平台，完成数据交互。

（3）使用 Simulink 进行仿真，建立各种仿真模型，搭接各种被控对象，使用多种输入、输出手段进行仿真。

（4）提供信号处理工具箱、图像处理工具箱、通信工具箱、鲁棒控制工具箱、频域系统辨识工具箱、优化工具箱、偏微分方程工具箱、控制系统工具箱等近百个工具箱，用户不用编写程序即可实现复杂的计算、绘图和数据处理功能。此外，用户还可结合工作需要开发应用程序或工具箱。

（5）MATLAB R2023a 在数值计算、数学建模、图像处理、控制系统设计、动态仿真、语音处理、数字信号处理、人工智能基础上，还增加了深度学习的神经网络功能，且可实现图像中的像素区域分类和语义分割的功能。

（6）使用 App 可构建图形用户界面（GUI），它取代了 MATLAB 早期使用 guide 命令开发的 GUI 集成开发环境，并实现可视化组件布局行为编程。该功能不仅包括了原有的文本、下拉列表、组合框、按钮及坐标区等组件，还提供了仪表、指示灯、旋钮和开关等组件，能复现仪表面板的外观和操作；利用 App 设计器可以快速开发出带仪表操作的图形界面应用程序。

1.2　MATLAB R2023a 主窗口

MATLAB 主窗口包括命令行窗口、脚本编辑器窗口、工作区窗口、历史记录窗口、详细信息窗口及当前文件夹窗口等。此外，在主窗口上还提供了"主页""绘图"和 APP 共 3 个选项卡，默认的为"主页"选项卡，该选项卡集成的信息处理窗口称为主窗口。

1.2.1　命令行窗口

MATLAB R2023a 窗口是应用程序处理的基本单元，用户不仅可以在窗口中执行命令，还可以编写、修改、运行应用程序，还能进行数据和应用程序一体化的管理。系统的主窗口由 6 部分组成，即主页工具栏窗口、命令行窗口、工作区窗口、历史记录窗口、当前文件夹窗口和详细信息窗口。主窗口中的命令行窗口、当前文件夹窗口、工作区窗口与早期版本相比，保持了原有风格，但菜单功能上有了很大的提升。主窗口（主界面）如图 1.1 所示。

图 1.1　MATLAB R2023a 主界面

说明：

（1）命令行窗口（Command Window）是对 MATLAB 进行操作的主要窗口，也是主要交互窗口，默认情况下启动 MATLAB 时就会打开它，用于输入 MATLAB 命令、表达式、函数、数组、计算公式，并显示图形以外的所有计算结果及程序错误信息。MATLAB 的所有函数和命令都在"≫"提示符下输入，用到的变量无须定义且都以矩阵（数组）形式出现，它可根据需要随时更改大小，如同在稿纸中书写数学算式一样。计算中可使用函数替代复杂公式，语句书写简便快捷，只需要写出命令按 Enter 键，即可在窗口中得出结果。

（2）顶部工具栏分 6 个功能模块，模块包括文件、变量、代码、SIMULINK、环境、资源。例如：变量模块中可以导入其他文件中的数据或打开现有变量。

（3）工作区窗口显示当前文件夹及当前文件夹下的文件，包括文件名、文件类型、最后修改时间以及该文件的说明信息。MATLAB 只执行当前文件夹或搜索路径下的命令、函数与文件。

（4）历史命令记录窗口记录用户每一次启动 MATLAB 的时间，以及每一次启动 MATLAB 后，在命令行窗口中运行过的所有命令行，这些命令记录可以被复制到命令行窗口中再运行，避免再重新输入。

【实战练习 1-1】命令行窗口的使用

在命令行窗口上输入一元二次方程的系数 $a=1$、$b=-1$、$c=-30$，输出方程的解 $x1$ 和 $x2$。
编程代码如下：

```
>> a=1;
>> b=-1;
>> c=-30;
>> q=b*b-4*a*c;
>> x1=(-b+sqrt(q))/(2*a)
结果：x1 =     6
>> x2=(-b-sqrt(q))/(2*a)
结果：x2 =    -5
```

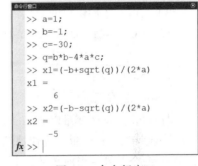

图 1.2　命令行窗口

所有操作在其命令行窗口的"≫"提示符下输入，结果如图 1.2 所示。

1.2.2　工具栏窗口

MATLAB R2023a 的工具栏在主窗口的顶部，默认打开"主页"工具栏如图 1.3 所示。

图 1.3　"主页"工具栏

1. 新建脚本

单击工具栏中的"新建"按钮，可新建脚本文件（.m 程序文件）、函数、应用程序文件（图形界面）等，"新建"命令的下拉菜单如图 1.4 所示。

说明：

（1）脚本：与"新建脚本"命令的功能相同，用于编写程序文件；

（2）实时脚本：以扩展名为.mlx 的新文件格式存储在线脚本，可在编辑字段时查看代码和结果；

（3）函数：使用"function +函数名…end"构造函数或函数文件；

（4）实时函数：系统提供的实时编辑器，与脚本相似，它允许向其传递输入值，获得输出值；

（5）类：使用"classdef…end"构造类或类文件；

（6）测试类：创建一个继承 matlab、unittest、TestCase 的测试类；

（7）System object：构造系统对象，包括基本、高级和 Simulink 扩展；

（8）工程：创建新工程或从文件夹导入工程文件；

（9）图窗：图形窗口的简称，用于建立绘图的窗口；

（10）App：设计 UI（用户界面）选项，用于制作人机交互接口；

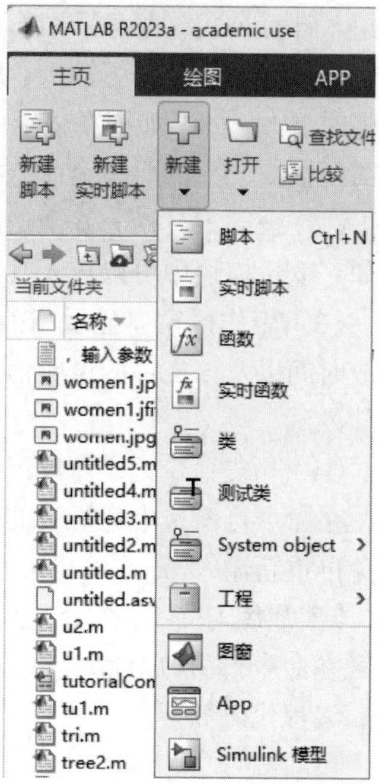

图 1.4　"新建"命令的下拉菜单

（11）Simulink 模型：用于建立模型文件并进行仿真。

2. 保存工作区

用户可将工作区变量以 matlab.mat 文件形式保存，以备在需要时再次导入。"保存工作区"可以通过菜单、save 命令或快捷菜单进行。在该工作区中，右击需要保存的变量名，选择 SaveAs…命令，可在当前文件夹中保存"变量名.mat"文件。

3. 导入数据

在编写一个程序时，经常需要从外部导入数据，或者将.mat 文件再次导入工作区，也可以通过其他程序调用。

4. 预设项

MATLAB 对各个窗口的颜色、字体、编辑、调试、帮助、附加功能、快捷键的环境设置，可以通过"预设项"实现，单击工具栏的"预设项"按钮，出现"预设项"窗口：左侧为设置项，右侧为设置参数，选择设置项即可设置对应参数，其中：

（1）单击左侧"字体"选项，可以进行字体设置。桌面代码字体设置包括命令行（Command）窗口，编辑器字体。若设置编辑器及命令行窗口字体为 24 号，见示例的"字体"设置，如图 1.5 所示。

（2）单击左侧"代码分析器"选项，可以设置查看代码错误信息，如图 1.6 所示。

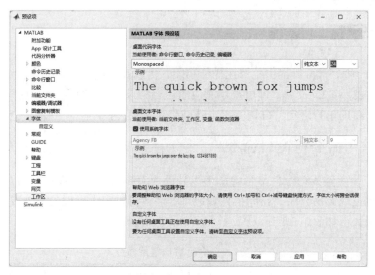

图 1.5　"预设项"窗口

图 1.6　查看代码错误信息

5. 附加功能

"附加功能"为特定任务、交互式应用程序和资源管理等扩展功能，如图 1.7 所示。

其中，"获取附加功能"命令可实时链接 MathWorks 公司网站，下载系统工具箱；"App 打包"命令是为脱离 MATLAB 环境运行，生成 .exe 文件的功能模块。

图 1.7　附加功能

1.3 命令行窗口操作

MATLAB 的命令行窗口提供了快速操作功能，可以在 MATLAB 命令行窗口直接输入命令、函数或表达式，按 Enter 键，即可显示相应的运行结果。命令行窗口用于解释执行并输出，适合运行比较简单的单行语句，方便直接查看结果。

1.3.1 常用命令行窗口命令

命令行窗口用于输入命令并显示除图形以外的所有执行结果，在命令行窗口中可以运行单独的命令，也可以调用程序，还能很直观地对程序运行过程中出现的矩阵或变量进行检查。命令行窗口常用命令如表 1.1 所示。

表 1.1　命令行窗口常用命令

命　令	说　　明	命　令	说　　明
clc	清除命令行窗口	dir	可以查看当前文件夹的文件
clf	清除图形对象	save	保存工作区或工作区中任何指定文件
clear	清除工作区所有变量，释放内存	load	将.mat文件导入工作区
type	显示指定文件的所有内容	hold	控制当前图形窗口对象是否被刷新
clear all	清除工作区所有变量和函数	quit/exit	退出MATLAB系统
whos	列出工作区中的变量名、大小、类型	close	关闭指定窗口
who	只列出工作区中的变量名	which	列出文件所在文件夹
what	列出当前文件夹下的.m和.mat文件	path	启动搜索路径
delete	删除指定文件	%	注释语句
help	显示帮助信息	cd	显示当前文件夹

说明：

（1）在命令行窗口输入命令按 Enter 键即可执行，每行可写入一条或多条命令，用分号隔开，但添加分号后的语句输出不显示在屏幕上。

例如：

```
clear x,y,z                          %清除指定的 x,y,z 变量
a=10;b=12; c=a+b;                    %a、b、c 的结果均不显示
```

（2）save 可将工作区中的所有变量保存在文件中，默认文件名为 matlab.mat。

（3）若输入语句后按 Enter 键结果出现错误，则必须重新输入，按 Enter 键后不能修改且输入的命令和结果不能保存。

【实战练习 1-2】保存、导入及查看命令的使用

在命令行窗口中使用保存（save）和导入（load）命令保存和导入变量，并查看工作区变量。

编程代码如下：

```
>>x=[0:0.1:5]                        %x 从 0 开始到 5，每隔 0.1 取一个值
```

```
>>y=cos(x)                      %计算每个 x 值的余弦值
>>save filexy x y               %把变量 x，y 存入 filexy.mat 文件中
>>z='Study Matlab2023a'         %将字符串赋给 z 变量
>>save filexy z -append         %把变量追加存入 filexy.mat 文件中
>>clear                         %清空工作区所有变量
>>load filexy                   %调用 filexy.mat 文件到工作区
>>save filexy -ascii            %把 filexy 文件存储为文本文件
>>who                           %列出工作区中的变量名
>>whos                          %列出工作区中的变量名、大小和类型
```

代码结果如下：

您的变量为:x　y　z

Name	Size	Bytes	Class	Attributes
x	1x51	408	double	
y	1x51	408	double	
z	1x17	34	char	

说明：使用保存命令时需要先右击，然后选择以管理员方式打开，否则出现"错误使用 save，无法写入文件 filexy：权限被拒绝"的提示信息。

【实战练习 1-3】表达式运算

在命令行窗口中完成 $y = \dfrac{3\cos(\pi/3) + 12^3}{1 + \sqrt{29}}$ 的简单计算。

编程代码如下：

```
>>clc;%清除屏幕
>>y=(3*cos(pi/3)+12^3)/(1+sqrt(29))
```

说明：pi 表示 π；sqrt( )是求平方根的函数；"^"表示求幂。

1.3.2　命令行窗口常用快捷键

命令行窗口中常用快捷键如表 1.2 所示。

表 1.2　命令行窗口常用快捷键

快捷键	说　　明	快捷键	说　　明
Ctrl+A	全部选中当前页面内容	Ctrl+C	复制当前选中内容
Ctrl+X	剪切当前选中内容（用于文本操作）	Ctrl+V	粘贴当前剪贴板内的内容
Ctrl+Z	返回上一项操作	Ctrl+F	打开查找面板
Ctrl+B	光标向前移动一个字符	Ctrl+K	删除到行尾
Ctrl+Q	强行退出MATLAB系统和环境	Ctrl+U	清除光标所在行
Ctrl+E	光标移到行尾	Ctrl+P	调用打印窗口
Home	光标移动到行首	End	光标移动到行尾

1.4　App 设计（Designer）

随着 MATLAB 版本的逐步提高，系统使用 App 设计替换原有 guide 的 GUI(Graphical User Interface，图形用户界面)，App 设计对原有 GUI 进行了优化，且代码也简单了很多。MATLAB R2023a 主窗口菜单设计了 APP 选项卡，单击该选项卡即可建立多种形式的 GUI。

1.4.1　App 的功能

打开 MATLAB 菜单栏的 APP 选项卡，再选择"设计 App"命令，即可打开 App 设计的功能界面，如图 1.8 所示。

图 1.8　APP 选项卡

App 设计不仅可构建设计视觉组件的 GUI，还可使用代码段完成相应的操作。通过设计画布添加组件，包括标签、编辑字段（数值/文本）、按钮、图像、坐标区、仪表、信号灯、开关和旋钮，再使用网格布局、选项卡组和面板进行有效组织，以创建美观、实用的操作界面和仪表面板。根据不同对象的回调函数，打开内置编辑器，可管理界面中组件的生成代码，并使用户编写回调代码完成特定的任务。系统提供的组件包括常用、容器、图窗工具和仪器，如图 1.9 所示，使用方法见第 8 章。

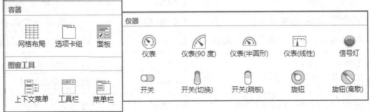

图 1.9　组件

1.4.2　App 的使用

App 常用组件的使用：标签用于添加标题；编辑字段（数值/文本）用于人机交互输入数据；坐标区用于显示图像及各种函数波形；日期选择器用于添加日期；按钮用于提交命令。在画布上选中按钮对象，在"组件浏览器"中选择"回调"按钮，可打开代码视图编辑回调函数，回调函数是界面中按钮、列表框、下拉框、滑块、编辑字段（数值/文本）等多种动态组件的交互操作，常使用按钮选择 ButtonPushed 事件执行对应的 MATLAB 回调函数。在 App 设计工具中，操作步骤为使用"设计视图"编辑组件布局，再切换到"代码视图"编写回调函数。

【实战练习 1-4】使用 App 设计简单 GUI

操作步骤如下：

（1）打开 MATALB，在主菜单栏中单击 APP 选项卡，选择"设计 App"→"空白 App"，打开"App 设计工具"。

（2）在空白画布上添加标签、坐标区、编辑字段（数值）、按钮和日期选择器组件，分别选中组件并修改右侧的属性，添加标签文字、绘图标题，如图 1.10 所示。

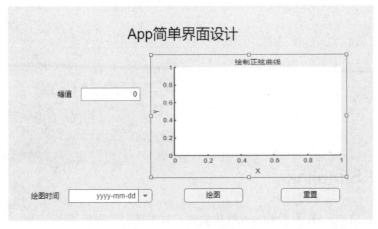

图 1.10　App 编辑界面

（3）单击"绘图"按钮，在"组件浏览器"中单击"回调"，编程代码如下：

```
x=0.1:pi/12:2*pi;              %设置横坐标 x 的值从 0.1 到 2π
A1=app.EditField.Value;        %提取编辑字段的幅值
y=A1*sin(x);                   %纵坐标为正弦函数
plot(app.UIAxes,x,y)           %在坐标区中绘制图形
grid(app.UIAxes,"on");         %添加栅格
```

说明：plot()是通用的二维画图函数，plot()函数将目标坐标区 (App.UIAxes) 指定为第一个参数，加入 x、y 轴的向量后，则在指定的目标坐标区绘制二维曲线。

（4）单击"重置"按钮，在"组件浏览器"中单击"回调"，编程代码如下：

```
cla(app.UIAxes);
grid(app.UIAxes,"off");
```

（5）单击"运行"按钮，保存代码为.mlapp 文件
并直接运行 App。保存成功后，也可以在 MATLAB 命
令行窗口输入保存的文件名运行。从命令提示符下运
行 App 时，该文件必须位于当前文件夹或 MATLAB
路径中，否则需要加入路径名称，运行菜单如图 1.11
所示。

图 1.11　运行菜单

运行结果如图 1.12 所示（详细操作见第 8 章案例）。

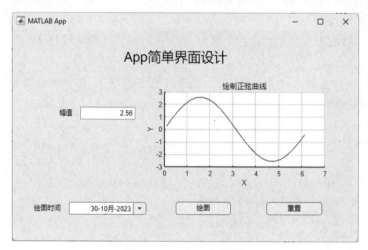

图 1.12　App 运行结果

1.5　认识 Simulink

Simulink 是 MATLAB 中重要的可视化仿真工具组件，它提供了一个动态系统建模、仿真
和综合分析的集成图形开发环境，用于多域仿真及模型设计。Simulink 提供了图形编辑器、多
种模块库以及求解器，通过将模型对象、输入及输出模块拖入编辑界面中，即可完成建模，单
击"运行"按钮即可进行仿真。此外，MathWorks 公司还提供了一些附加产品和第三方硬件、
软件产品用于 Simulink 中，支持系统设计、仿真、自动生成代码以及嵌入式系统的仿真测试
和验证。

1.5.1　Simulink 初始界面

在图 1.1 中，单击主菜单栏中的 Simulink 按钮或在命令行窗口中输入 Simulink 命令，均
可打开"Simulink 起始页"窗口，单击"空白模型"选项，即可自行建立一个仿真模型文件，
如图 1.13 所示。

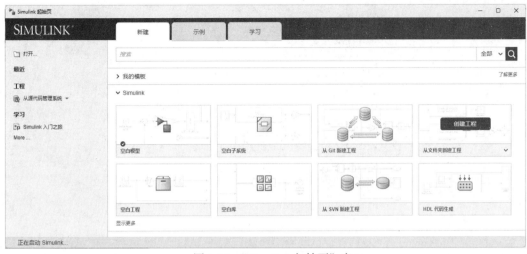

图 1.13　"Simulink 起始页"窗口

1.5.2　Simulink 简单仿真案例

【实战练习 1-5】Simulink 简单仿真模型

操作步骤如下：

（1）在图 1.13 中单击"空白模型"选项，再选择工具栏"库浏览器"命令，在左侧打开的模块库中再选择 Simulink 模块下的子模块 Continuous 连续系统，拖动 1 个惯性环节对象 1/(s+1)，在 sources（信号源模块库）中拖动正弦信号，在 sinks（输出模块库）拖动 Scope（示波器）组件到模型编辑窗口中。

（2）拖动鼠标将 3 个组件进行连线，即可建立一个简单仿真模型，如图 1.14 所示。

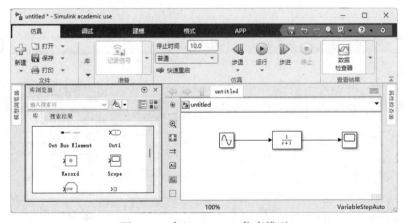

图 1.14　建立 Simulink 仿真模型

（3）单击"运行"按钮，出现一个临时的进度条，结束后即可双击 Scope 组件，查看仿真结果，如图 1.15 所示。

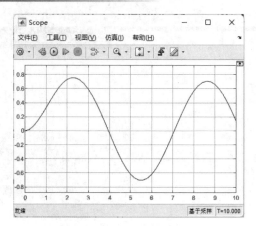

图 1.15　仿真结果

1.6　帮助窗口

MATLAB 的帮助窗口可以为用户方便、快速地打开和调用 MATLAB 的各种程序、函数的帮助信息。在任何窗口按快捷键"F1"，均会弹出一个帮助窗口，选择"文档"选项卡，可实时查看"使用 MATLAB"和"使用 Simulink"及"工作流"的帮助信息。选择"示例"选项卡，可学习使用规则并查看应用案例。

1.6.1　help 命令

直接在命令行窗口中输入 help 命令，打开"帮助"窗口，根据列出的主题选择帮助信息，如图 1.16 所示。

图 1.16　帮助窗口

在"帮助中心"页面中可按照主题选择子项，若在主题选择"物理建模"，然后选择右边的"示例"选项卡，详细帮助信息如图 1.17 所示。

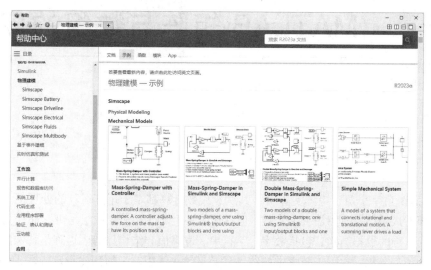

图 1.17　物理建模示例

1.6.2　demo 命令

在命令行窗口中可按照输入 demo/ demo type/ demo type name 三种形式，获得更详细的帮助信息，例如，输入 demo matlab 或选择帮助窗口的"使用 MATLAB"，再单击"函数"选项卡，可获得 MATLAB 的所有函数类别列表，如图 1.18 所示。

图 1.18　demo 命令演示

说明：在帮助窗口中，根据列表提供的术语索引表，可以查找命令、函数和专用术语等。

第 2 章　MATLAB 矩阵与数组的应用

MATLAB 名字来源于矩阵实验室，其所有代数计算都基于矩阵运算的处理工具，它把每个变量全部看成矩阵，即使是一个常数，也看作是一个 1×1 矩阵。数组是可存储任何类型的一维、二维或多维的数据结构，包括数字、字符串、逻辑值和结构体等。矩阵是特殊的数组，仅存储二维数值型数据，常用于数学中的线性代数运算，使用时无须预先指定维数，矩阵和数组在数学运算上有不同的结构。

2.1　常量和变量

变量是以占位符形式引用计算机内存地址的名字，常用于运行时用户输入的数据及存储的运算结果。MATLAB 计算过程的数值变量可以直接使用，但符号变量需要先定义再使用。

2.1.1　常量

常量是程序运行过程中不变化的量，MATLAB 的系统常量表示如表 2.1 所示。

表 2.1　常量表示

常　量	说　明
pi	圆周率π的双精度浮点
Inf	无穷大，∞写成Inf；–∞为–Inf
NaN	不定式，代表"非数值量"，通常由0/0或Inf/Inf运算得出
eps	正的极小值，eps=2^{-32}，大约是$2.22×10^{-16}$
realmin	最小正实数；realmax为最大正实数
i、j	若i和j不被定义，则它们表示纯虚数，即i/j=sqrt(–1)

说明：若定义了与系统同名常量或变量，自定义则覆盖系统值。例如：若定义了 i、j 做循环变量，则原 i 或 j 纯虚数将不起作用。因此，定义时尽量避免与系统常量重名，若已经改变可通过 clear 命令清除变量名恢复其初始值，也可以通过重新启动 MATLAB 恢复原有值。

2.1.2　变量

变量工作区有导入数据、保存工作区、新建变量、打开变量和清除工作区菜单的功能，其中单击"新建变量"命令则打开一个二维表，类似 Excel 表，默认文件名是 unnamed1、unnamed2、…，如图 2.1 所示。

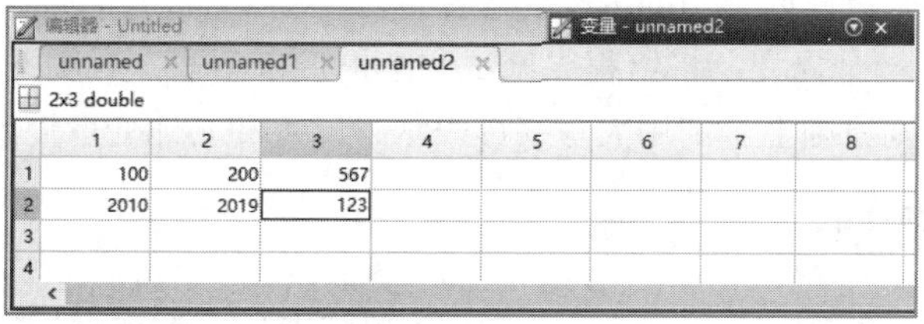

图 2.1　新建变量

使用该方法适合成批导入变量到 MATLAB 中。

2.1.3　变量使用规则

MATLAB 变量名、函数名及文件名由字母、数字或下画线组成，字母大小写不同，如 MyVar 与 myvar 表示两个不同的变量，若未加变量名，系统使用 ans 作为变量名。基本规则包括：

（1）变量名要避免与系统预定义的变量名、函数名、保留字同名；

（2）变量名第一个字母必须是英文字母；

（3）变量名可以包含英文字母、下画线和数字；

（4）变量名不能包含空格、标点符号和特殊字符；

（5）变量名长度不能大于 63 个字符；

（6）若运算结果没有赋任何变量，则系统将其赋给 ans 特殊变量名，它只保留最新值。

2.1.4　全局变量

全局变量的作用域在整个 MATLAB 工作区内有效，所有函数都能对它进行存取和修改。若在函数文件中定义为局部变量，则只在本函数内有效，该函数返回后，这些变量会自动在工作区中清除，它与文本文件是不同的。

语法格式：

```
global<变量名>                          %定义一个全局变量
```

说明：

（1）若一个函数内的变量没有特别声明，则该变量只在函数内部使用，即为局部变量，若只在某个内存空间使用一次，不建议使用全局变量；如果两个或多个函数共用一个变量，或子程序与主程序有同名变量（注意不是参数），可以用 global 声明为全局变量。全局变量的使用可以减少参数传递，合理利用全局变量可以提高程序执行的效率。

（2）由于各个函数之间、命令行窗口工作区、内存空间都是独立的，因此，在一个内存空间里声明 global，在另一个内存空间里使用时需要再次声明 global，各内存空间声明仅需一次。当全局变量影响内存空间变量时，可使用 clear 命令清除变量名。

（3）若需要使用其他函数的变量，则需要在主程序与子程序中分别声明全局变量的方式实现变量传递，否则函数体内使用的都为局部变量。

（4）函数较多时，全局变量将给程序调试和维护带来不便，一般不使用全局变量。如果必须要用全局变量，则原则上全部用大写字母表示，以免和其他变量混淆。

2.1.5　数据类型

MATLAB 中有 15 种基本数据类型，分别有：单精度浮点类型、双精度浮点类型、逻辑类型、字符串类型、单元数组类型、结构体类型、函数句柄类型和 8 种整型，共计 15 种基本数据类型，如图 2.2 所示。

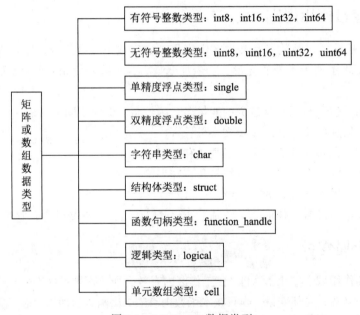

图 2.2　MATLAB 数据类型

其中：整数对含有小数的数据自动四舍五入处理，使用有符号和无符号整型变量可节约内存空间；浮点数将所有的数都看作是双精度变量，即：直接输入的变量属于 double 类型，若需要创建 single 类型变量，需要使用转换函数。其他类型数据可以利用转换函数转换为需要的类型，其表示方法如表 2.2 所示。

表 2.2　字符类型表示

表　　示	说　　明	表　　示	说　　明
uchar	无符号字符	uint16	16位无符号整数
schar	有符号字符	uint32	32位无符号整数
int8	8位有符号整数	uint64	64位无符号整数
int16	16位有符号整数	float32	32位浮点数
int32	32位有符号整数	float64	64位浮点数
int64	64位有符号整数	double	64位双精度数
uint8	8位无符号整数	single	32位浮点数

【实战练习 2-1】变量的应用

在命令行窗口建立多种类型变量，并运行、查看和保存。

编程代码如下：

```
a1=int8(10) ;a2=int16(-20); a3=int32(-30); a4=int64(40)
b1=uint8(50); b2=uint16(60); b3=uint32(70); b4=uint64(80)
c1=single(-90.99); d1=double(3.14159); f1='Hello'
g1.name='jiang'; h1=@sind ; i1=true; j1 {2,1}=100;
```

输入 whos（查看内存变量）后的结果：

```
Name      Size        Bytes     Class             Attributes
 a1       1x1         1         int8
 a2       1x1         2         int16
 a3       1x1         4         int32
 a4       1x1         8         int64
 ans      1x1         8         double
 b1       1x1         1         uint8
 b2       1x1         2         uint16
 b3       1x1         4         uint32
 b4       1x1         8         uint64
 c1       1x1         4         single
 d1       1x1         8         double
 f1       1x5         10        char
 g1       1x1         186       struct
 h1       1x1         32        function_handle
 i1       1x1         1         logical
 j1       2x1         128       cell
```

说明：当双精度浮点数参与运算时，返回值的类型依赖于参与运算中的其他数据类型。当双精度浮点数与逻辑类型、字符串类型进行运算时，返回结果为双精度浮点类型，而与整型进行运算时返回结果为相应的整数类型，与单精度浮点类型运算时返回单精度浮点类型；单精度浮点类型与逻辑类型、字符串类型和任何浮点类型进行运算时，返回结果都是单精度浮点类型。

例如以下代码：

```
clc; b=int16(23);c=6.28;z=b+c
class(z)                                              %判断 z 矩阵类型
```

运行结果：

```
z=29
ans = int16
```

说明：单精度浮点类型数据不能和整型数据进行算术运算，整数只能与相同类型的整数或双精度标量值组合使用。例如以下代码：

```
a=single(3.14);  b=int16(23);  c=a+b
```

运行结果：

显示"错误使用+整数只能与同类的整数或双精度标量值组合使用"的信息提示。

2.1.6　常用标点符号的使用

MATLAB 标点符号包括标识符、分隔符、运算符及结束符等，常用的标点符号如表 2.3 所示。

表 2.3　常用标点符号的功能

名　　称	符　　号	含　　义
空格		输入变量之间的分隔符以及数组行元素之间的分隔符
逗号	,	输入变量之间的分隔符或矩阵行元素之间的分隔符，也可用于显示计算结果分隔符
点号	.	数值中的小数点
分号	;	用于矩阵或数组元素行之间的分隔符或不显示计算结果
冒号	:	生成一维数组，表示一维数组的全部元素或多维数组的某一维的全部元素
百分号	%	注释的前面，在它后面的命令不需要执行
单引号	' '	字符串变量需要加单引号
圆括号	( )	引用矩阵或数组元素；用于函数输入变量列表；用于确定算术运算的先后次序
方括号	[ ]	构成向量和矩阵；用于函数输出列表
花括号	{ }	构成元胞数组
下画线	-	变量、函数或文件名中的连字符
续行号	...	将一行长命令分成多行时尾部的符号
At号	@	放在函数名前形成函数句柄；放在文件夹名前形成用户对象类目录

2.2　矩阵操作

MATLAB 矩阵操作是最基本的数据对象操作，包括构建矩阵、获取矩阵元素、通过下标（行、列索引）引用矩阵的元素等，构建矩阵使用方括号（[ ]）加入相应的元素，元素间用空格或逗号分隔。

2.2.1   创建矩阵的方法

MATLAB 的矩阵包括实数、复数，可从键盘输入，也可通过计算和函数产生。

【实战练习 2-2】创建实数和复数矩阵

为指定数值创建矩阵 **A** 和矩阵 **B**。

$$A = \begin{bmatrix} 10 & 20 & 30 \\ 4 & 5 & 6 \\ 7 & -1 & 0 \end{bmatrix} \qquad B = \begin{bmatrix} 1+2i & 2+5i \\ 3+7i & 5+9i \\ i & 8i \end{bmatrix}$$

编程代码如下：

```
A=[10 20 30;4 5 6;7 -1 0]
B= [1+2i, 2+5i; 3+7i,5+9i; i, 8i]
```

运行结果：

```
A = 10    20    30
     4     5     6
     7    -1     0
B = 1.0000 + 2.0000i   2.0000 + 5.0000i
    3.0000 + 7.0000i   5.0000 + 9.0000i
    0.0000 + 1.0000i   0.0000 + 8.0000i
```

2.2.2   创建向量的方法

MATLAB 将数组或向量看作 $1 \times n$ 或 $n \times 1$ 的矩阵，数组、向量和二维矩阵表示在本质上没有任何区别，它们的维数都是 2，均以矩阵形式保存。

1. 用线性等间距生成向量矩阵

语法如下：

```
(start:step:end)                %start 为起始值，step 为步长，end 为终值
```

例如：a=[1:3:15]

结果：a = 1   4   7   10   13

2. 线性向量

语法如下：

```
linspace(n1,n2,k)               %产生线性向量，其中 n1 为初始值，n2 为终值，k 为个数
```

例如：b=linspace(3,18,4)

结果：b =   3   8   13   18

3.　对数向量

语法如下：

```
logspace(n1,n2,n)
```
%产生对数向量，其中行向量的值为 $10^{n_1} \sim 10^{n_2}$，数据个数为
%n，默认 n 为 50

例如：c=logspace(1,3,3)　%对数向量常用于建立对数频域坐标

结果：c=　10　100　1000

2.2.3　常用特色矩阵

MATLAB 的常用特色矩阵是由系统产生的，包括全零矩阵、全 1 矩阵、对角矩阵、单位矩阵、杨辉三角矩阵及魔方矩阵等，例如：

$$\begin{bmatrix} 0 & 0 & 0 & 0 \\ 0 & 0 & 0 & 0 \\ 0 & 0 & 0 & 0 \end{bmatrix}$$

全零矩阵输入 zeros(3,4)，其中，zeros(m,n)为 m×n 矩阵，若只有一个下标值，则表示行、列相同的方阵。

$$\begin{bmatrix} 1 & 1 & 1 & 1 \\ 1 & 1 & 1 & 1 \\ 1 & 1 & 1 & 1 \end{bmatrix}$$

全 1 矩阵输入 ones(3,4)，其中，ones(m,n)为 m×n 矩阵，若只有一个下标值，则表示为方阵。

$$\begin{bmatrix} 1 & 0 & 0 & 0 \\ 0 & 1 & 0 & 0 \\ 0 & 0 & 1 & 0 \end{bmatrix}$$

单位矩阵矩阵输入 eye(3,4)，其中，eye(m,n)为 m×n 矩阵，若只有一个下标值，则表示为方阵。

$$\begin{bmatrix} 1 & 0 & 0 \\ 0 & 2 & 0 \\ 0 & 0 & 3 \end{bmatrix}$$

对角矩阵输入 V=[1 2 3]; diag(v)；其中，v 为对角元素值。

特色矩阵函数如表 2.4 所示。

说明：

（1）magic(n)表示为魔方矩阵，是指行、列、对角线元素的和相等，它必须是 n 阶方阵。

（2）pascal(n)表示杨辉三角矩阵（也称为帕斯卡三角矩阵），是 $(x+y)^n$ 的系数随 n 增大的三角形表。

（3）toplitz(m,n)表示托普利兹矩阵，是除第 1 行第 1 列元素外，每个元素与它的左上角元素相等。

（4）triu(A)表示上三角矩阵，是保存矩阵 A 上三角矩阵为原值，下三角为 0 的矩阵。

（5）triu(A,k)表示将矩阵 A 的第 k 条对角线以上的元素变成上三角矩阵。

表 2.4　特色矩阵函数

函 数 名	含 义	函 数 名	含 义
zeros(m,n)	m×n零矩阵	company(m,n)	m×n伴随矩阵
zeros(m)	m×m零矩阵	pascal(n)	n×n帕斯卡三角矩阵
eye(m,n)	m×n单位矩阵	magic(n)	n×n魔方矩阵
eye(m)	m×m单位矩阵	diag(V)	以V为对角元素对角矩阵
ones(m,n)	m×n全1矩阵	tril(A)	矩阵A的下三角矩阵
ones(m)	m×m全1矩阵	triu(A)	矩阵A的上三角矩阵
rand(m,n)	m×n的均匀分布的随机矩阵	rot90(A)	旋转90度A矩阵
rand(size(A))	[0,1]区间A维均匀随机矩阵	flipud(A)	矩阵A的上下翻转
hilb(n)	n阶希尔伯特矩阵	fliplr(A)	矩阵A的左右翻转
toplitz(m,n)	托普利兹矩阵	Sparse(A)	稀疏矩阵

【实战练习 2-3】创建特色矩阵

求 3×4 的全 1 矩阵、4×5 均匀分布的随机矩阵、上三角矩阵、魔方矩阵、杨辉三角矩阵、方程 $x^4+3x^3+7x^2+5x-9=0$ 的伴随矩阵，并求 4 行、4 列的托普利兹矩阵。

编程代码如下：

```
Y=ones(3,4)              %3×4 的全 1 矩阵
Z=rand(4,5)              %4×5 的均匀分布的随机矩阵
W=triu(Z)               %上三角矩阵
K=magic(4)              %魔方矩阵必须是方阵
L=pascal(4)             %杨辉三角矩阵必须是方阵
A=[1 3 7 5 -9];         %方程系数
B=company(A)            %求伴随矩阵
M=toeplitz(1:4)         %托普利兹矩阵
```

运行结果：

```
Y=  1       1       1       1
    1       1       1       1
    1       1       1       1
Z=  0.8147  0.6324  0.9575  0.9572  0.4218
    0.9058  0.0975  0.9649  0.4854  0.9157
    0.1270  0.2785  0.1576  0.8003  0.7922
    0.9134  0.5469  0.9706  0.1419  0.9595
W=  0.8147  0.6324  0.9575  0.9572  0.4218
    0       0.0975  0.9649  0.4854  0.9157
    0       0       0.1576  0.8003  0.7922
```

```
                    0        0        0      0.1419    0.9595
        K=   16        2        3       13
              5       11       10        8
              9        7        6       12
              4       14       15        1
        L=    1        1        1        1
              1        2        3        4
              1        3        6       10
              1        4       10       20
        B=   -3       -7       -5        9
              1        0        0        0
              0        1        0        0
              0        0        1        0
        M=    1        2        3        4
              2        1        2        3
              3        2        1        2
              4        3        2        1
```

2.2.4　稀疏矩阵

若矩阵中非零元素的个数远远小于矩阵元素的总数，且非零元素的分布没有规律，则定义矩阵为稀疏矩阵(sparse matrix)。

1. 创建稀疏矩阵

创建稀疏矩阵语法格式：

```
S= sparse(A)                %将矩阵 A 中任何零元素去除，非零元素及其列组成矩阵 S
S= sparse(i,j,s,m,n,maxn)
```

其中：由向量 i,j,s 生成一个 m×n 含有 maxn 个非零元素的稀疏矩阵 S，并且有 S(i(k), j(k)) =s(k)。向量 i, j 和 s 有相同的长度。对应向量 i 和 j 的值 s 中任何零元素将被忽略。s 中在 i 和 j 处的重复值将被叠加。稀疏矩阵存储特点是所占内存少，运算速度快。

说明：

（1）创建的稀疏矩阵只显示非零元素行、列值，可用命令 full(S)显示所有矩阵元素。

（2）如果 i 或 j 任意一个大于最大整数值范围（$2^{31}-1$），则稀疏矩阵不能被创建。

（3）若 S = sparse(i,j,s)，则使 m = max(i)和 n = max(j)，在 s 中零元素被移除前计算最大值，[i j s]中其中一行可能为[m n 0]。

（4）sparse([],[],[],m,n,0)表示生成 m×n 所有元素都是零的稀疏矩阵。

（5）当构造矩阵比较大，而非零元素位置又比较有规律时，可以用 sparse()函数构建稀疏矩阵。

【实战练习 2-4】创建稀疏矩阵

已知 *i*=[2 2 3 3 3 4]，*j*=[2 4 3 2 1 4]，*A*=[2 3 7 1 4 6]，创建稀疏矩阵。

编程代码如下：

```
i=[2 2 3 3 3 4]; j=[2 4 3 2 1 4];
A=[2 3 7 1 4 6];
S= sparse(i,j,A,4,4)
A=full(S)
```

结果：

```
S= (3,1)        4
   (2,2)        2
   (3,2)        1
   (3,3)        7
   (2,4)        3
   (4,4)        6
A=  0    0    0    0
    0    2    0    3
    4    1    7    0
    0    0    0    6
```

2. 创建带状稀疏矩阵

带状稀疏矩阵语法格式：

```
S=spdiags(A,d,m,n)          %生成 m×n 所有元素，非零元素均在对角线上，且对角线元
                            %素有规律的稀疏矩阵
```

其中：A 表示全元素矩阵，d 是长度为 p 的整数向量，指定 S 矩阵对角线位置，m，n 表示构造的系数矩阵的行列数。

【实战练习 2-5】创建对角稀疏矩阵

根据产生的随机矩阵创建一个 5×5 的对角稀疏矩阵。

编程代码如下：

```
A=rand(5);
A= floor(100*A);
S=spdiags(A,[0 1],5,5);
S1=full(S)
```

结果：

```
S1=34    83    0    0    0
    0    19   58    0    0
    0    0    25   54    0
    0    0    0    61   91
    0    0    0    0    47
```

3. 稀疏矩阵操作函数

稀疏矩阵操作函数语法格式：

```
nnz(S):                     %查看非零元素的个数
nonzeros(S)                 %获取非零元素的值
nzmax(S)                    %获取存储非零元素的空间长度
spy(S):                     %稀疏矩阵非零元素的图形表示
```

【实战练习 2-6】创建带状稀疏矩阵

产生一个 5×5 带状稀疏矩阵，获取非零元素的个数 a、非零元素的值 B 及非零元素的空间长度 n，并进行图形化显示该稀疏矩阵。

编程代码如下：

```
A=rand(5);
B= floor(100*A);
S=spdiags(B,[0 1],5,5)
S1=full(S)
a=nnz(S1)
b=nonzeros(S1)'
c=nzmax(S1)
spy(S)
```

结果：

```
S1 = 96     67      0      0      0
      0     54     39      0      0
      0      0     52     36      0
      0      0      0     23     98
      0      0      0      0     48
a =    9
b =    96
       67
       54
       39
       52
       36
       23
       98
       48
c =    25
```

该稀疏矩阵如图 2.3 所示。

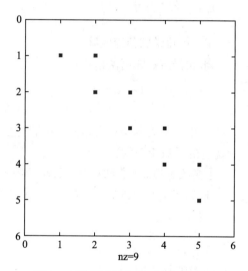

图 2.3　稀疏矩阵非零元素图形表示

2.2.5　矩阵拆分（分解）

矩阵拆分能够将一个复杂矩阵分解成多个较为简单的矩阵，简单矩阵在计算上更为高效，因此矩阵拆分方法广泛应用于数据分析。矩阵拆分是按照给定的行、列索引提取元素，主要包括：

（1）A(m,n)：提取矩阵 A 第 m 行，第 n 列元素；

（2）A(:,n)：提取矩阵 A 第 n 列元素；

（3）A(m,:)：提取矩阵 A 第 m 行元素；

（4）A(m1:m2,n1:n2)：提取矩阵 A 第 m1 行到第 m2 行和第 n1 列到第 n2 列的所有元素（提取子块）；

（5）A(:)：矩阵 A 按列元素输出；

（6）矩阵扩展：如果在矩阵中赋值给一个不存在的地址，则该矩阵会自动扩展行、列数，并在该位置上添加这个数，且在其他没有指定的位置补零。

【**实战练习 2-7**】矩阵拆分的应用

根据给定的矩阵 *A*，输出矩阵拆分的行和列元素。

编程代码如下：

```
A=[1 2 3 4 5;6 7 8 9 10;11 12 13 14 15]
B=A(2,:)                          %取第 2 行元素
C=A(1:2,3:4)                      %取第 1～2 行的第 3～4 列元素
```

结果：

```
A =  1    2    3    4    5
     6    7    8    9    10
     11   12   13   14   15
B =  6    7    8    9    10
C =  3    4
     8    9
```

【**实战练习 2-8**】矩阵扩展的应用

根据给定的 2×3 矩阵 *A*，扩展为 3×4 矩阵。

$$A=\begin{bmatrix} 1 & 2 & 3 \\ 4 & 5 & 6 \end{bmatrix}$$

编程代码如下：

```
A=[1 2 3;4 5 6];                  %建立矩阵
A(3,4)=20                         %赋值给一个不存在的地址
```

结果：

```
A =  1    2    3    0
     4    5    6    0
     0    0    0    20
```

2.3　矩阵基本运算

矩阵的基本运算有加、减、乘、点乘、乘方、左除、右除、求逆。其中，加、减、乘与线性代数中一致，除法分为左除、点左除、右除和点右除。此外，MATLAB 系统还提供了特色矩阵运算函数，包括求矩阵元素和与积、元素累加和与累乘积、平均值、中值、最大值、最小值，还有求矩阵的秩、逆、迹、条件数及特征值等。

2.3.1　矩阵常用运算

矩阵常用运算包括算术运算、关系运算及逻辑运算。

1. 算术运算

常用的算术运算符，如表 2.5 所示。

表 2.5　常用的算术运算符

运算符	说明	运算符	说明
+	矩阵相加	\	矩阵左除
−	矩阵相减	.\	点左除
*	矩阵相乘	./	点右除
.*	点乘	^	矩阵乘方
/	矩阵右除	.^	点乘方

说明：

（1）矩阵相加、减为对应元素的加、减，行、列数必须有一个相同；当矩阵与标量相加、减时，矩阵的各元素都将与该标量进行运算。

（2）点运算是一种特殊的运算，需要在算术运算符前面加点，其".*"、"./"、".\"和".^"，分别表示点乘、点右除、点左除和点乘方。两矩阵进行点运算是指对应元素进行相关运算，要求两矩阵的维数必须相同。

（3）左除：当方程为 $A \times X = B$ 时，其解为 $X = A \backslash B\,(A \backslash B)$，称 A 左除 B，表示矩阵 A 的逆乘以矩阵 B，即：$\mathrm{inv}\,(A)*B$。

（4）右除：当方程为 $X \times A = B$ 时，其解为 $X = B/A\,(B/A)$，称 B 右除 A，表示矩阵 A 乘以矩阵 B 的逆，即：$A \times \mathrm{inv}\,(B)$，当 A 为非奇异矩阵时，则：$X = A \backslash B$，即：

$A.\backslash B$ 表示矩阵 B 中每个元素除以矩阵 A 的对应元素。

$A./B$ 表示矩阵 A 中每个元素除以矩阵 B 的对应元素。

（5）一个矩阵的乘方运算可以表示成 A^x，要求 A 为方阵，x 为标量。

【实战练习 2-9】矩阵算术运算的应用

已知矩阵 A 和 B，求两个矩阵加、减、乘、除、点乘、点除及 2 次乘方。

$$A = \begin{bmatrix} 1 & 2 & 3 \\ 4 & 5 & 6 \\ 7 & 8 & 9 \end{bmatrix} \qquad B = \begin{bmatrix} 1 & 0 & 3 \\ 5 & 9 & 13 \\ 7 & 12 & 11 \end{bmatrix}$$

说明：当有多条执行语句时，可单击主菜单栏"新建脚本"命令或在命令行窗口输入 edit，建立.m 程序文件后，在脚本编辑器中输入多条命令，单击"Run/运行"按钮即可查看结果。因此，使用脚本编写程序方式，在脚本编辑器中不需要">>"提示符，按 Enter 键不会运行，且可保存修改。

编程代码如下：

```
A=[1,2,3;4,5,6;7,8,9];          %构建矩阵 A
B=[1 0 3;5 9 13;7 12 11];       %构建矩阵 B
C=A+B                           %矩阵相加
```

```
D=A-B                    %矩阵相减
E=A*B                    %矩阵相乘
F=A.*B                   %矩阵点乘
G=A/B                    %矩阵右除
G1=A*inv(B)              %与 A/B 等价
H=A\B                    %矩阵左除
H1=inv(A)*B              %与 H 等价
I=A./B                   %点右除
J=A.\B                   %点左除
K=A^2                    %A 的 2 次乘方，相当于 A×A
```

结果：

```
C =   2      2      6         D=   0      2      0
      9     14     19             -1     -4     -7
     14     20     20              0     -4     -2
E =  32     54     62         F=   1      0      9
     71    117    143             20     45     78
    110    180    224             49     96     99
G = -0.0909   0.3030  -0.0606  G1= -0.0909   0.3030  -0.0606
     1.0000  -0.3333   0.6667       1.0000  -0.3333   0.6667
     2.0909  -0.9697   1.3939       2.0909  -0.9697   1.3939
H =  1.0e+16  *                H1 = 1.0e+16  *
    -0.6305  -1.8915  -3.7830       -0.6305  -1.8915  -3.7830
     1.2610   3.7830   7.5660        1.2610   3.7830   7.5660
    -0.6305  -1.8915  -3.7830       -0.6305  -1.8915  -3.7830
I =  1.0000      Inf   1.0000   J =  1.0000        0   1.0000
     0.8000   0.5556   0.4615        1.2500   1.8000   2.1667
     1.0000   0.6667   0.8182        1.0000   1.5000   1.2222
K =  30      36     42
     66      81     96
    102     126    150
```

【实战练习 2-10】矩阵乘法运算的应用

根据 3×3 魔方矩阵 A 的值，计算 $A×A$、A^2 与 $A.^2$。

编程代码如下：

```
A=magic(3)               %构建 3 阶魔方矩阵
A1=A*A
B1=A^2                   %A 的 2 次方
L=A.^2                   %A 的 2 次乘方，加点表示对应元素平方
```

结果：

```
A =      8      1      6
         3      5      7
         4      9      2
A1 =    91     67     67
        67     91     67
        67     67     91
```

```
B1 = 91     67     67
      67     91     67
      67     67     91
L =  64      1     36
      9      25     49
      16     81      4
```

结论：A×A 等价于 A², 但不等价于 A.^2。

【实战练习 2-11】矩阵左除运算的使用

利用左除运算求解方程组

$$\begin{cases} 6x_1 + 3x_2 + 4x_3 = 3 \\ -2x_1 + 5x_2 + 7x_3 = -4 \\ 8x_1 - 4x_2 - 3x_3 = -7 \end{cases}$$

编程代码如下：

```
A=[6 3 4;-2 5 7;8 -4 -3];          %方程组系数
B=[3;-4;-7];
x=A\B                              %左除求解 x
```

结果：

```
x=  0.6000
    7.0000
   -5.4000
```

2. 复数运算

MATLAB 把复数作为一个整体, 如同计算实数一样计算复数, 复数表达式为：$z=a+bi$; 其中：a、b 为实数, i 表示虚数。

【实战练习 2-12】矩阵复数运算的应用

已知复数 $z1=3+4i$, $z2=1+2i$, $z3=2e^{\pi i/6}$, 计算 $z=z1*z2/z3$。

编程代码如下：

```
z1=3+4*i;
z2=1+2*i;
z3=2*exp(i*pi/6); z=z1*z2/z3
```

结果：

```
z =  0.3349 + 5.5801i
```

对于复数矩阵, 常用两种输入方法, 其结果相同, 例如：

```
A=[1,2;3,4]+i*[5,6;7,8]
B=[1+5i 2+6i;3+7i 4+8i]
```

结果：

```
A = 1.0000 + 5.0000i   2.0000 + 6.0000i
    3.0000 + 7.0000i   4.0000 + 8.0000i
B = 1.0000 + 5.0000i   2.0000 + 6.0000i
    3.0000 + 7.0000i   4.0000 + 8.0000i
```

说明：A 与 B 的结果是相同的。

3. 关系运算

关系运算符如表 2.6 所示。

表 2.6　关系运算符

运　算　符	说　　明	运　算　符	说　　明
>	大于	<=	小于或等于
>=	大于或等于	==	等于
<	小于	~=	不等于

【实战练习 2-13】关系运算的应用

根据给定的向量[9,2,4]与产生的随机 3×3 矩阵进行关系运算。

编程代码如下：

```
clc                            %清除屏幕
y=[9,2,4]>5
A=rand(3)
B=A<0.5
```

结果：

```
y =    1    0    0
A = 0.3922    0.7060    0.0462
    0.6555    0.0318    0.0971
    0.1712    0.2769    0.8235
B = 1    0    1
    0    1    1
    1    1    0
```

4. 逻辑运算

逻辑运算符如表 2.7 所示。

表 2.7　逻辑运算符

运　算　符	说　　明	运　算　符	说　　明	运　算　符	说　　明
&	与运算	|	或运算	~	非运算

说明：关系运算和逻辑运算结果都是逻辑值，结果元素为真用 1 表示；为假用 0 表示。"&"和"|"操作符可比较两个标量或两个同阶次矩阵。如果 A 和 B 都是 0-1 矩阵，则 A&B 或 A|B 也都是 0-1 矩阵，且 0-1 矩阵是 A 和 B 对应元素的逻辑值。一般逻辑数在条件语句和数组索引中使用。

【实战练习 2-14】逻辑运算的应用

根据给定的逻辑向量 X 和产生的随机 3×3 矩阵 K、L，进行逻辑运算。

编程代码如下：

```
X=[true,false,true]
K=rand(3)
L=rand(3)
Y1=K|L
Y2=K&~K
```

结果：

```
X=   1    0    1
K=  0.0759   0.7792   0.5688        L = 0.3371   0.3112   0.6020
    0.0540   0.9340   0.4694            0.1622   0.5285   0.2630
    0.5308   0.1299   0.0119            0.7943   0.1656   0.6541
Y1 = 1    1    1               Y2=   0    0    0
     1    1    1                      0    0    0
     1    1    1                      0    0    0
```

2.3.2　矩阵、向量元素的和与积运算

向量或矩阵求和与求积的函数是 sum() 和 prod()，语法格式：

```
S=sum(X)              %若 X 为向量，则求 X 的元素和；若 X 为矩阵，则返回列向量的和
S1=prod(X)            %若 X 为向量，则求 X 的元素积；若 X 为矩阵，则返回列向量的积
```

【实战练习 2-15】求矩阵元素的和与积

求一维向量[1,2,…,9]与 3×3 矩阵元素[1 2 3;4 5 6;7 8 9]和与积。

编程代码如下：

```
X1=[1 2 3 4 5 6 7 8 9]; X2=[1 2 3;4 5 6;7 8 9];
S1=sum(X1)
S2=prod(X1)
S3=sum(X2)
S4=prod(X2)
```

结果：

```
S1 =    45
S2 =    362880
S3 =    12    15    18
S4 =    28    80    162
```

2.3.3　矩阵、向量累加和与累乘积

矩阵、向量的累加和与累乘积运算分别使用函数 cumsum() 和 cumprod() 计算，语法格式：

```
A=cumsum(X)           %当 X 是向量时，返回 X 的元素累加和；若 X 为矩阵时，返回一个与 X
                      %大小相同的列累加和矩阵
A=cumprod(X)          %当 X 是向量时，返回 X 中相应元素与其之前的所有元素累乘积；若 X
                      %为矩阵，返回一个与 X 大小相同的累乘积矩阵
```

【实战练习 2-16】求矩阵列元素的累加和与累乘积

求一维向量 $X1$=[1,2,…,9]与 3×3 矩阵 $X2$=[1 2 3;4 5 6;7 8 9]累乘积。

编程代码如下：

```
X1=[1 2 3 4 5 6 7 8 9]; X2=[1 2 3;4 5 6;7 8 9];
A1=cumsum(X1)                    %X1 求累加和
A2=cumsum(X2)                    %X2 求累加和
A3=cumprod(X1)                   %X1 求累乘积
A4=cumprod(X2)                   %X2 求累乘积
```

结果：

```
A1 = 1    3    6    10   15   21   28    36      45
A2 = 1    2    3
     5    7    9
     12   15   18
A3 = 1    2    6    24   120  720  5040  40320   362880
A4 = 1    2    3
     4    10   18
     28   80   162
```

2.3.4　矩阵平均值和中值

求序列数据平均值和中值的函数是 mean()和 median()，其语法格式：

```
mean(X)：        %返回向量 X 的算术平均值；若 X 为矩阵，则返回列向量平均值
median(X)：      %返回向量 X 的中间值；若 X 为矩阵，则返回列向量中间值
mean(X,dim)：    %当 dim 为 1 时，返回 X 列向量平均值；当 dim 为 2 时，返回行向量平均值
```

【实战练习 2-17】求矩阵的平均值和中值

使用随机函数生成 100 以内 3×4 随机整数矩阵，求其平均值和中值。

编程代码如下：

```
A=floor(rand(3,4)*100)    %产生一个 100 以内的 3×4 随机整数矩阵 A
M1=mean(X)                %计算平均值
M2=median(X)              %计算列向量平均值
M3=mean(X,2)             %计算行向量平均值
```

结果：

```
A = 91     75      7     77
    28     38      5     93
    75     56     53     12
M1 =   2.3333    6.0000    4.3333    5.0000
M2 =   2     5      5      4
M3 =   2.2500
       7.0000
       4.0000
```

2.3.5　矩阵最大值、最小值与排序

MATLAB 提供了求矩阵元素的最大值、最小值和排序函数。

1. 求向量的最大值和最小值

语法格式：

```
Y=max(X)              %Y 为向量 X 的最大值，若 X 包含复数，则按模数取最大值；若 X 是矩
                      %阵，则返回矩阵每列的最大值
[Y,I]=max(X)          %Y 为最大值，I 为最大值序号。若 X 包含复数，则按其模取最大值
Y=max(X,[],dim)       %Y 为最大值，dim 表示维数，dim=1 时，同 max(X)；dim=2 时，若 X
                      %为向量直接取最大值，若 X 是矩阵，则返回矩阵每行的最大值
```

说明：求向量 X 的最小值函数是 min(X)，用法和 max(X)完全相同。

【实战练习 2-18】求向量的最大值、最小值

求给定 *X* 向量[12,56,4,0,19,100,–1,20,30]的最大值、最小值。

编程代码如下：

```
X=[12,56,4,0,19,100,-1,20,30]        %构建向量 X
A=max(X)                             %返回向量 X 最大值
B=min(X)                             %返回向量 X 最小值
[M1,I]=max(X)                        %返回向量 X 最大值及位置
[M2,I]=min(X)                        %返回向量 X 最小值及位置
C=max(X,[],2)                        %返回向量 X 的最大值
```

结果：

```
X =    12    56    4    0    19   100   -1    20    30
A =    100
B =     -1
M1 =   100
I =      6
M2 =    -1
I =      7
C =    100
```

2. 求矩阵的最大值和最小值

【实战练习 2-19】求矩阵最大值、最小值

给定 *X* 矩阵，求 *X* 的最大值、最小值。

$$X = \begin{bmatrix} 12 & 56 & 4 \\ 0 & 19 & 100 \\ -1 & 20 & 30 \end{bmatrix}$$

编程代码如下：

```
X=[12,56,4,0,19,100,-1,20,30]        %构建矩阵 X
A=max(X)                             %返回矩阵 X 列向量最大值
B=min(X)                             %返回矩阵 X 列向量最小值
[M1,I]=max(X)                        %返回矩阵 X 列向量最大值及位置
[M2,I]=min(X)                        %返回矩阵 X 列向量最小值及位置
C=max(X,[],2)                        %返回矩阵 X 每行的最大值
```

结果：

```
X =   12    56     4
       0    19   100
      -1    20    30
A =   12    56   100
B =   -1    19     4
M1 =   12    56   100
I =    1     1     2
M2 =   -1    19     4
I =    3     2     1
C =   56
     100
      30
```

3. 矩阵的排序

（1）sort( )函数。

排序函数 sort()可以对向量、数组或数组等元素进行升序或降序排列，当 X 是矩阵时，对 X 的每一列进行升序或降序排列；当 X 为向量或数组时，按照行进行升序或降序排列。语法格式：

```
Y1=sort(A)
Y=sort(A,dim,mode)
```

其中：若 A 是二维矩阵，当 dim =1 (默认)时，表示对 A 的每一列进行排序；当 dim=2 时表示对 A 的每一行进行排序。Mode 表示排列方式，mode= ascend 时进行升序排列；当 mode= descend 时，进行降序排列，默认为升序排列。

【实战练习 2-20】矩阵升序和降序的应用

对给定的矩阵 A=[74 22 82;7 45 91; 53 44 8]进行升序和降序排列。

编程代码如下：

```
A=[74 22 82;7 45 91; 53 44 8]
B=sort(A)                      %按矩阵列向量升序排列
C=sort(A,2)                    %按矩阵行向量升序排列
D=sort(A,2,'descend')         %按矩阵行向量降序排列
```

结果：

```
A =   74    22    82
       7    45    91
      53    44     8
B =    7    22     8
      53    44    82
      74    45    91
C =   22    74    82
       7    45    91
       8    44    53
D =   82    74    22
      91    45     7
```

```
        53    44      8
```
（2）sortrows( )函数。

sortrows()函数可以使用选定的列值对矩阵行进行排序，语法格式：

```
[Y,I]=sortrows(A,Column)
```

其中：A 是待排序的矩阵；Column 是列的序号，指定按照第几列进行排序，正数表示按照升序进行排列，负数表示按照降序进行排列；Y 是排列后的矩阵；I 是排序后的行在之前矩阵中的行标值。

例如：

```
E=sortrows(A,-2)            %对矩阵 A 第 2 列进行降序排列
```

结果：

```
E =    7    45    91
      53    44     8
      74    22    82
```

2.3.6 矩阵的秩、迹和条件数

1. 矩阵的秩

将矩阵做初等行变换后，非零行的个数叫行秩；矩阵做初等列变换后，非零列的个数称为列秩；当矩阵的列秩和行秩相等时（方阵）才称矩阵的秩。当矩阵的秩等于行数时，则称矩阵满秩，语法格式：

```
rank(A)                    %求矩阵 A 的秩，A 必须是方阵才能求秩
```

2. 矩阵的迹

在线性代数中，把矩阵的对角线之和称为矩阵的迹，只有方阵才可以求迹，语法格式：

```
trace(A)                   %求矩阵 A 的迹，A 必须是方阵才能求迹
```

3. 矩阵的条件数

矩阵 A 的条件数等于 A 的范数与 A 逆的范数乘积，表示矩阵运算对于误差的敏感性。对于线性方程组 $Ax=b$，如果 A 的条件数大，b 的微小改变就能引起解 x 较大的改变，数值稳定性差；如果 A 的条件数小，b 有微小的改变，x 的改变也很微小，数值稳定性好。它也可以表示 b 不变、A 有微小改变时，x 的变化情况。语法格式：

```
cond(A)                    %求 A 矩阵的条件数
```

【实战练习 2-21】求矩阵的秩、迹和条件数

若给定矩阵 A，求 A 的秩、迹和条件数。

$$A = \begin{bmatrix} 1 & 3 & 9 \\ 0 & 5 & 7 \\ 11 & 13 & 10 \end{bmatrix}$$

编程代码如下：

```
a=rank(A)
b=trace(A)
c=cond(A)
```

结果：

```
a=    3
b=    16
c=    11.6364
```

2.3.7　矩阵的逆

逆矩阵与原矩阵有着非常重要的关系，它可以用来解决许多实际求解问题，例如控制系统的可控、可观测性、线性方程组及最小二乘法等。

1. 定义

定义：若 $A \cdot B = B \cdot A = E$，则称 A 和 B 互为逆矩阵。

2. 运算函数

当 A 矩阵满秩时，才存在逆矩阵，语法格式：

```
inv(A)
```

【实战练习 2-22】利用逆矩阵求方程组的解

使用逆矩阵求解下列线性方程组的解。

$$\begin{cases} 2x+3y+5z=5 \\ x+4y+8z=-1 \\ x+3y+27z=6 \end{cases}$$

根据方程组的等式：$Ax=B$，$x=A^{-1}B$，编程代码如下：

```
A=[2 3 5;1 4 8;1 3 27]
B=[5 -1 6]'
x=inv(A)*B
```

结果：

```
x=    4.8113
     -1.9811
      0.2642
```

2.3.8　矩阵的特征值和特征向量

矩阵的特征值与特征向量是线性代数中的重要概念。对于一个 n 阶方阵 A，若 n 维向量 x 与常数 λ，使得 $\lambda x = Ax$，则称 λ 是 A 的一个特征值，x 是属于特征值 λ 的特征向量。可以使用 $|\lambda E - A| = 0$ 先求解出 A 的特征值，再代入等量关系求解特征向量（不唯一）。

语法格式：

```
E=eig(A)        %求矩阵 A 的全部特征值，构成向量 E
[v d]=eig(A)    %求矩阵 A 的全部特征值，构成对角阵 D，并求 A 的特征向量构成 V 的列向量
```

【**实战练习 2-23**】求矩阵的特征向量

利用 *A*= [1 2 3 4;6 7 8 9;11 12 13 14;0 12 17 13] 矩阵构成对角阵 *D*，并求 *A* 的特征向量构成的列向量 *V*。

编程代码如下：

```
A= [1 2 3 4;6 7 8 9;11 12 13 14;0 12 17 13];
[V,D]=eig(A)
```

结果：

```
V = -0.1465 + 0.0000i 0.1107 + 0.2881i  0.1107 - 0.2881i   0.2512 + 0.0000i
    -0.3923 + 0.0000i 0.2826 + 0.0574i  0.2826 - 0.0574i  -0.6977 + 0.0000i
    -0.6381 + 0.0000i 0.4546 - 0.1732i  0.4546 + 0.1732i   0.6419 + 0.0000i
    -0.6461 + 0.0000i -0.7648 + 0.0000i -0.7648 + 0.0000i  -0.1954 + 0.0000i
D = 37.0763 + 0.0000i 0.0000 + 0.0000i  0.0000 + 0.0000i   0.0000 + 0.0000i
    0.0000 + 0.0000i  -1.5382 + 2.9483i 0.0000 + 0.0000i   0.0000 + 0.0000i
    0.0000 + 0.0000i  0.0000 + 0.0000i  -1.5382 - 2.9483i  0.0000 + 0.0000i
    0.0000 + 0.0000i  0.0000 + 0.0000i  0.0000 + 0.0000i   0.0000 + 0.0000i
```

2.3.9 矩阵的海森伯格变换

海森伯格矩阵是一种和三角矩阵相似的特殊方阵，是指一个方阵次对角元以下的所有元素都为 0 的矩阵，如图 2.4 所示。海森伯格矩阵以卡尔·阿道夫·海森伯格名字命名。

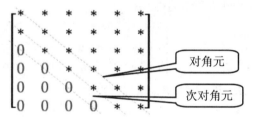

图 2.4 矩阵次对角元的表示

语法格式：

```
H=hess(A)              %求矩阵 A 的海森伯格转换矩阵
[P,H]=hess(A)          %H 为矩阵 A 的海森伯格矩阵，P 为满足 PHP'且 P'P=I 矩阵
```

【**实战练习 2-24**】求海森伯格变换矩阵

给定下列矩阵 *A*，求 *A* 的海森伯格转换矩阵。

$$A = \begin{bmatrix} -1 & 2 & 3 & 0 \\ 0 & -2 & 3 & 4 \\ 1 & 0 & 4 & 5 \\ 1 & 2 & 9 & -3 \end{bmatrix}$$

编程代码如下：

```
A=[-1 2 3 0;0 -2 3 4;1 0 4 5;1 2 9 -3]
H1=hess(A)
[P,H]=hess(A)
```

结果：

```
H1 =   -1.0000   -2.1213    2.5293   -1.4501
       -1.4142    7.5000   -2.9485    4.8535
             0   -5.1720   -2.9673    1.7777
             0         0    2.4848   -5.5327
P  =   1.0000         0         0         0
             0         0    0.9570    0.2900
             0   -0.7071    0.2051   -0.6767
             0   -0.7071   -0.2051    0.6767
H  =   -1.0000   -2.1213    2.5293   -1.4501
       -1.4142    7.5000   -2.9485    4.8535
             0   -5.1720   -2.9673    1.7777
             0         0    2.4848   -5.5327
```

2.4　MATLAB 常用函数及应用

本节主要介绍矩阵常用函数操作，包括数学函数、转换函数、字符串处理函数、测试函数、日期时间函数等。

2.4.1　常用数学函数

常用数学函数如表 2.8 所示。

表 2.8　常用数学函数

函 数 名	含 义	函 数 名	含 义
abs(x)	绝对值(复数的模)	real(x)	复数x的实部
rem(x,y)	余数,符号不同取决x	imag(z)	复数z的虚部
size(x)	矩阵最大元素数	conj(z)	复数z的共轭复数
sqrt(x)	平方根	lcm(x,y)	x和y最小公倍数
log(x)	自然对数	max(x)	每列最大值
log2(x)	以2为底的对数	min(x)	每列最小值
power(x,y)	x为底y的幂	sum(x)	元素的总和
pow2(x)	2为底x的幂	mean(x)	各元素的平均值
sort(x)	对矩阵x按列排序	exp(x)	以e为底的指数
rank(x)	矩阵的秩	log10(x)	以10为底的对数
dot(x,y)	向量x、y的点积	nchoosek(x,m)	向量x中选m个元素组合
det(x)	行列式值	factorial(x)	x的阶乘
complex(a,b)	生成a+bj的复数	perms(x)	向量x的全排列
round(x)	最接近x的整数	prod(x)	矩阵x的列乘积
angle(z)	复数z的相角	inv(x)	矩阵的逆

续表

函 数 名	含 义	函 数 名	含 义
length(x)	向量阵长度(矩阵最大行或列数)	gcd(x,y)	x和y的最大公约数
std(x)	返回向量x的标准方差	ndims(x)	矩阵的维数
nnz(x)	非零元素个数	pinv(x)	伪逆矩阵
trace(x)	矩阵对角元素的和	sign(x)	符号函数

例如：符号函数的用法

当 $x<0$ 时，sign(x)=-1

当 $x=0$ 时，sign(x)=0

当 $x>0$ 时，sign(x)=1

设 $x=-5$

则

```
sign(x)
ans=       -1
```

【实战练习 2-25】求指数、余数及最小公倍数

求 2^3、e^1、100/6 的余数、及 76 和 24 的最小公倍数。

编程代码如下：

```
power(2,3) =     8              %表示求 2³
exp(1)=    2.7183              %表示 e¹ 自然指数
rem(100,6) =     4              %表示 100 除以 6 的余数
lcm(76,24) =      456          %表示 76 和 24 的最小公倍数
```

【实战练习 2-26】求复数的模、相角和共轭复数

创建一维复数矩阵[3.5+6.78j]，求模、相角和共轭复数。

编程代码如下：

```
z=complex(3.5,6.78)           %构造复数矩阵
A=abs(A)                       %求模
AM=angle(z)                    %求相角
Zi=coni(z)                     %求共轭复数矩阵
```

结果：

```
z =   3.5000 + 6.7800i
A =    7.6301
AM =    1.0943
Zi =   3.5000 - 6.7800i
```

【实战练习 2-27】求阶乘及组合数

求数值 5 的阶乘及 $m=5,n=3$ 的组合数。

编程代码如下：

```
F1=factorial(5)               %求阶乘 5!
K=nchoosek(5,3)               %求组合数 5!/(5-3)!/3!
```

```
F1=    120
K=     10
```

【实战练习 2-28】求矩阵的点乘

给定矩阵 A 和 B，求 A、B 的点乘（注意矩阵 A 和 B 必须具有相同的行和列 $m×n$）。

$$A = \begin{bmatrix} 1 & 2 \\ 4 & 5 \end{bmatrix} \quad B = \begin{bmatrix} 10 & 20 \\ 3 & 7 \end{bmatrix}$$

编程代码如下：

```
A=[1, 2;4, 5];
B=[10,20;3 7]
C=dot(A,B)
```

结果：

```
C =   22    75
```

说明：点乘相当于[1×10+4×3,2×20+5×7]=[22 75]。

【实战练习 2-29】求矩阵的秩、逆及行列式的值

已知矩阵 A，判断矩阵 A 是否满秩，若满秩，求其逆矩阵，并计算 A 的行列式值。

$$A = \begin{bmatrix} 1 & 2 & 3 \\ 4 & 5 & 6 \\ 2 & 3 & 5 \end{bmatrix}$$

编程代码如下：

```
A=[1 2 3; 4 5 6; 2 3 5];
B=rank(A)              %求 A 的秩
C=inv(A)               %求 A 的逆矩阵
D=det(A)               %求 A 行列式的值
```

结果：

```
B = 3
C = -2.3333    0.3333    1.0000
     2.6667    0.3333   -2.0000
    -0.6667   -0.3333    1.0000
D=    -3
```

【实战练习 2-30】求矩阵维数及非零元素个数

建立脚本程序，生成一个随机矩阵，放大 10 倍并取整数赋给矩阵 A。输出矩阵 A 的维数 a、行列数 m 和 n、矩阵所有维的最大长度 c，并计算 A 中非 0 元素的个数 e。

编程代码如下：

```
A =floor(rand(5,4)*10)    %生成 10 以内 5×4 整数矩阵
a=ndims(A)                %返回 A 的维数。m×n 矩阵为 2 维
[m,n]=size(A)             %如果 A 是二维数组，返回行数和列数
c=length(A)               %返回行、列中的最大长度
e=nnz(A)                  %返回 A 中非 0 元素的个数
```

结果：

```
A =   3     2     0     1
      8     7     0     5
      5     7     5     4
      5     3     7     0
      9     5     9     3
a =   2
m =   5
n =   4
c =   5
e =   17
```

【**实战练习 2-31**】求向量元素的全排列及排列个数

求向量 *v*=[1,2,3,4,5]中的 4 个元素全排列及排列个数。

编程代码如下：

```
v=[1,2,3,4,5];
y=nchoosek(v,4)
n=length(v)
```

结果：

```
y =   1     2     3     4
      1     2     3     5
      1     2     4     5
      1     3     4     5
      0     3     4     5
n=5
```

2.4.2　常用三角函数

三角函数是角的集合与比值集合变量之间的映射，一般三角函数是在平面直角坐标系中定义的，常用于计算直角三角形中未知长度的边和未知的角度，它对研究三角形、圆形等几何形状的性质有着重要的作用。常用三角函数如表 2.9 所示。

表 2.9　常用三角函数

函　数　名	含　　义	函　数　名	含　　义
sin(x)	正弦函数	asin(x)	反正弦函数
cos(x)	余弦函数	acos(x)	反余弦函数
tan(x)	正切函数	atan(x)	反正切函数
cot(x)	余切函数	acot(x)	反余切函数
sinh(x)	双曲正弦函数	asinh(x)	反双曲正弦函数
cosh(x)	双曲余弦函数	acosh(x)	反双曲余弦函数
tanh(x)	双曲正切函数	atanh(x)	反双曲正切函数
sec(x)	正割函数	asec(x)	反正割函数
sech(x)/asech(x)	双曲正割/反双曲正割函数	csch(x)/acsch(x)	双曲余割/反双曲余割函数

【**实战练习 2-32**】求给定角度的三角函数值

按照下列要求完成计算：

（1）将 30 度转换成弧度，并求其正弦、正切、余切、双曲余弦和正割函数值；

（2）将 1 弧度转换成度，求其反正弦、反正切、反双曲正弦函数和反余割函数值。

编程代码如下：

```
alpha=30*pi/180        %30 度需要乘以 π/180 变成弧度
a=sin(alpha)           %求正弦函数值
b=tan(alpha)           %求正切函数值
c=cot(alpha)           %求余切函数值
d=cosh(alpha)          %求双曲余弦函数值
e=sec(alpha)           %求正割函数值
val=1*180/pi           %1 弧度需要乘以 180/π 变成度
aa=asin(1)             %求反正弦函数值
ab=atan(1)             %求反正切函数值
ac= asinh(1)           %求反双曲正弦函数值
ad= acsc(1)            %求反余割函数值
```

结果：

```
alpha =    0.7854
a =    0.7071
b =    1.0000
c =    1.0000
d =    1.3246
e =    1.4142
val =  57.2958
aa =    1.5708
ab =    0.7854
ac =    0.8814
ad =    1.5708
```

2.4.3　常用取整函数

MATLAB 提供了 4 种取整（数）函数，取最接近整数，分别按照：向上（取最大整数）、向下（取最小整数）进行取值。常用取整函数如表 2.10 所示。

表 2.10　常用取整函数

函　数　名	含　　义	函　数　名	含　　义
round(x)	四舍五入至最近整数	floor(x)	舍去正小数至最近整数
fix(x)	舍去小数至最近整数	ceil(x)	加入正小数至最近整数

【**实战练习 2-33**】不同取整函数的应用

给定不同的正、负小数，按照向上、向下取整函数进行取值。

编程代码如下：

```
a=fix(-1.3)                %取-1.3 的最近整数
b=fix(1.3);                %取 1.3 的最近整数
c=floor(-1.3)              %向下取-1.3 的最近整数
d=floor(1.3)               %向下取 1.3 的最近整数
e=ceil(-1.3)               %向上取-1.3 的最近整数
f=ceil(1.3)                %向上取 1.3 的最近整数
g=round(-1.6534)           %四舍五入取-1.6543 的最近整数
h=round(1.6534)            %四舍五入取 1.6543 的最近整数
i=round(1.6543,2)          %四舍五入取 1.6543 的最近整数并保留 2 位小数
j=round(-1.6543,2)         %四舍五入取-1.6543 的最近整数并保留 2 位小数
```

结果：

```
a =    -1
b =     1
c =    -2
d =     1
e =    -1
f =     2
g =    -2
h =     2
i =    1.6500
j =   -1.6500
```

2.4.4　随机函数

随机变量表示对应于某个实验所有样本中，都有一个相对应的数值，MATLAB 提供了产生随机变量的多个函数，常用的随机函数如表 2.11 所示。

表 2.11　常用随机函数

函　数　名	含　　义
rand	产生均值为0.5、幅度在0～1的伪随机数
rand(n)	生成0～1的n阶随机数方阵
rand(m,n)	生成0～1的m×n的随机数矩阵
randn	生成均值为0、方差为1的高斯白噪声
randn(n)	生成均值为0、方差为1的高斯白噪声方阵
randi(n)	生成一个1～n的随机整数
randn(m,n)	产生0-1均匀分布，均值为0、方差为1的正态分布矩阵
randperm(n)	产生1～n的均匀分布随机序列
normrnd(a,b,c,d)	产生均值为a、方差为b大小为c×d的随机矩阵

【实战练习 2-34】 随机函数的多种应用

按照下列要求生成随机数：

（1）生成一个 0～1 的随机数 *A*1；

（2）生成一个 2 行 3 列 0～1 的矩阵 *A*2；

（3）生成一个由 1～10 的随机整数组成的 5×5 矩阵 *A*3；

（4）生成一个 10～20 均匀分布 2 行 4 列的随机整数数组 *A*4；

（5）生成一个均值为 0、方差为 1 的高斯白噪声 3 阶方阵 *A*5；

（6）生成一个 1～5 的均匀分布随机序列 *A*6；

（7）生成一个均值为 1、方差为 3 大小为 2×4 的随机矩阵 *A*7。

编程代码如下：

```
A1=rand                    %生成一个 0～1 的随机数
A2=rand(2,3)               %生成一个 2 行 3 列 0～1 的矩阵
A3=randi(10,5)             %生成一个由 1～10 的随机整数组成的 5×5 矩阵
A4=randi([10,20],2,4)      %生成一个 10～20 均匀分布 2 行 4 列的随机整数数组
A5= randn(3)               %生成一个均值为 0、方差为 1 的高斯白噪声 3 阶方阵
A6=randperm(5)             %生成一个 1～5 的均匀分布随机序列
A7= normrnd(1,3,2,4)       %生成一个均值为 1、方差为 3 大小为 2×4 的随机矩阵
```

结果：

```
A1 =    0.8147
A2 =    0.9058    0.9134    0.0975
        0.1270    0.6324    0.2785
A3 =    6    10    10     9     4
       10     5     8    10     7
       10     9    10     7     2
        2     2     7     8     8
       10     5     1     8     1
A4 =   18    16    10    18
       14    10    15    20
A5 =   -1.0689    1.4384    1.3703
       -0.8095    0.3252   -1.7115
       -2.9443   -0.7549   -0.1022
A6 =    4     1     5     2     3
A7 =    0.5054    4.2798   -1.5910   -2.6424
        2.8831    4.3278    1.2321   -2.3405
```

2.4.5　转换函数

转换函数主要是数据类型及进制的转换，用于将一个数据类型转换为另一个数据类型或转换不同进制，转换函数是必备的数据处理和分析函数。MATLAB 常用转换函数如表 2.12 所示。

表 2.12   常用转换函数

函 数 名	含 义	函 数 名	含 义
str2num('str')	字符串转换为数值	str2double('num')	字符串转换为双精度
num2str(num)	数值转换为字符串	int2str(num)	整数转换为字符串
str2mat('s1','s2'...)	字符串转换为矩阵	setstr(ascii)	ASCII转换为字符串
dec2bin(num)	十进制转换为二进制	dec2hex(num)	十进制转换为十六进制
dec2base(num)	十进制转换为X进制	base2dec(num)	X进制转换为十进制
bin2dec(num)	二进制转换为十进制	sprintf('%x ',num)	输出格式转换
lower('str')	字符串转换成小写	upper('str')	字符串转换成大写

【实战练习 2-35】不同进制转换函数的应用

将下列二进制转换成十进制，再将十进制分别转换成二、十六和八进制。

编程代码如下：

```
x=bin2dec('111101')      %二进制转换成十进制
y=dec2bin(61)            %十进制转换成二进制
z=dec2hex(61)            %十进制转换成十六进制
w=dec2base(61,8)         %十进制转换成八进制
q=sprintf('%5d',23)      %将数字转换为字符串，5 表示 5 位数，不足 5 位前面补零
```

结果：

```
x =     61
y =     111101
z =     3D
w =     75
q= '00023'
```

2.4.6   字符串处理函数

MATLAB 将字符串作为字符数组处理，一个字符串由多个字符组成，用单引号（' '）界定，字符串是按行向量存储的，每个字符（包括空格）是以 ASCII 的形式存放。常用字符串操作函数如表 2.13 所示。

表 2.13   常用字符串操作函数

函 数 名	含 义	函 数 名	含 义
deblank('str')	去掉字符串末尾的空格	blanks(n)	创建由n个空格组成字符串
findstr(s1,s2)	字符串s1是否存在字符串s2中	strcat(s1,s2)	字符串s1、s2横向连接组合
strrep(s1,s2,s3)	从字符串s1中找到s2，并用s3替代	strvcat(s1,s2)	字符串s1、s2竖向连接组合

函　数　名	含　　义	函　数　名	含　　义
strcmp(s1,s2)	判断字符串s1和s2是否相等,相等返回1；否则返回0	strmatch()	寻找符合条件的行
strcmpi(s1,s2)	同strcmp()，但忽略大小写	strtok(s1,s2…)	查找字符串s1中第一个给定的分隔符之前和之后的字符串
strncmp(s1,s2)	比较字符串s1和s2的前n个字符	strjust(s1,对齐)	字符串s1对齐方式('left'/ 'center'/ 'right')

【实战练习 2-36】字符串的查找及连接

按照给定字符串 char1 和 char2，完成字符串的查找和连接。

编程代码如下：

```
char1='我们在学习计算机语言 MATLAB';
char2=MATLAB';
A=findstr(char1,char2)          %返回字符串 char2 在字符串 char1 中位置,若不
                                %存在返回空矩阵
B=strcat(char1,char2)           %连接字符串 char1 和字符串 char2
C=strrep(char1,char2,'Simulink') %若字符串 char1 中有字符串 char2,则使用字符
                                %串 Simulink 替换；否则不替换
D=strtok(char1,char2)           %若字符串 char1 中有字符串 char2,则去掉相同
                                %部分，否则不变
```

结果：

```
A =    11
B =    '我们在学习计算机语言 MATLABMATLAB'
C =    '我们在学习计算机语言 Simulink'
D =    '我们在学习计算机语言'
```

2.4.7　判断函数

判断函数常用于判断数据类型、矩阵之间是否包含，以及元素是否非零、是否为空、是否是实数等，它们对错误处理很受用。MATLAB 常用的判断函数如表 2.14 所示。

表 2.14　常用的判断函数

函　数　名	含　　义
isnumeric(x)	判断x是否为数值类型
exist(x)	判断参数变量是否存在
isa(x, 'integer')	判断x是否为引号中指定的数据类型（包括其他数据类型）
isreal(x)	判断x是否为实数
isprime(x)	判断x是否为质数

续表

函 数 名	含 义
isinf(x)	判断x是否为无穷大数
isfinine(x)	判断x是否为有限数
ismember(a,b)	判断矩阵（向量）a是否包含b的元素
all	判断向量或矩阵的列向量是否都为非零元素
any	判断向量或矩阵的列向量是否都为零元素

说明：判断函数的结果是逻辑值，当判断为真时用 1 表示；否则用 0 表示。

【实战练习 2-37】判断矩阵是否包含元素

给定矩阵 *A* 和矩阵 *B*，判定矩阵 *A* 是否包含矩阵 *B* 的元素。

编程代码如下：

```
A=[1 2 3;4 5 6;7 8 9] ; B=[1 10 20;9 11 8]
C=ismember(a,b)
```

结果：

```
C = 1    0    0
    0    0    0
    0    1    1
```

说明：为 1 表示包含；否则为不包含。

【实战练习 2-38】判断矩阵数据类型

给定实数、复数、数值及字符串，判定其数据类型。

编程代码如下：

```
p=[1 2 1 5] ;n=isreal(p)             %p 都是实数
p1 =[1+5i 2+6i;3+7i 4+8i];n1=isreal(p1)   %p1 有非实数
x=2.34; n2= isnumeric(x)             %x 为数值型
x1= 'China123'; n3=isnumeric(x1)     %x1 为非数值型
```

结果：

```
n  =     1
n1 =     0
n2 =     1
n3 =     0
```

【实战练习 2-39】判断矩阵中的质数

按照要求编写程序，完成以下功能：

（1）找出 10～20 的所有质数，将这些质数存放在一个行数组里；

（2）求出这些质数之和；

（3）求出 10～20 的所有非质数之和（包括 10 和 20）。

编程代码如下：

```
X=10:20;
p1=X(isprime(X))
s1=sum(p1)
p2=(X(~isprime(X)))
s2=sum(p2)
```

结果：

```
p1 =    11    13    17    19
s1 =    60
p2 =    10    12    14    15    16    18    20
s2 =    105
```

【实战练习 2-40】判断矩阵中的非零元素

判断矩阵 **A** 所有的非零元素，并检测矩阵 **B** 每一列是否全为非零元素。

编程代码如下：

```
A=[1 0 1;2 3 5;9 10 0];  B=[0 0 0;4 5 0;7 8 0];
C=all(A)                 %某列含有 0 元素结果为 0
D=any(B)                 %某列都是 0 元素结果为 0
```

结果：

```
C =    1    0    0
D =    1    1    0
```

2.4.8　查找函数

查找函数的作用是在一定范围内查找某个特定的值或字符串，并返回其在该范围内的位置或索引值，语法格式：

```
find(A)            %A 是一个矩阵,查询非零元素的位置。如果 A 是一个行向量，则返回
                   %一个行向量；否则返回一个列向量。若 A 全是零元素或是空数组，则
                   %返回一个空数组
[m,n]=find(A)      %返回矩阵 A 中非零项的坐标，m 为行数，n 为列数
[m,n]=find(A>2)    %返回矩阵 A 中大于 2 的元素的坐标，m 为行数，n 为列数
[m,n,v]=find(A)    %返回矩阵 A 中非零项的坐标，并将数值按列放在 v 中
```

【实战练习 2-41】查找矩阵元素坐标位置

按照要求建立 3×3 魔方矩阵 **A**，完成下列操作：

（1）返回的是矩阵 **A** 中大于 5 的元素的坐标；

（2）查找第 2 列中等于 5 的元素；

（3）查找矩阵 **A** 中等于 9 的元素的坐标。

编程代码如下：

```
A = magic(3)
[m,n]=find(A>5)            %查找大于 5 的坐标
find(A(:,2) ==5)          %查找第 2 列中等于 5 的元素
```

```
[m1,n1]=find(A==9)                    %查找等于 9 的元素的坐标
```

结果：

```
A = 8      1      6
    3      5      7
    4      9      2
```

A 中大于 5 的元素的坐标：

```
m =      n=
    1      1
    3      2
    1      3
    2      3
```

A 中第 2 列中等于 5 的元素的坐标：

```
ans =   2
```

A 中等于 9 的元素的坐标：

```
m1 =   3    n1 =    2
```

2.4.9　测试向量（矩阵）零元素函数

1. 测试向量零元素

语法格式：

```
all(A)          %A 为向量，若 A 的所有元素都不等于零，all(A) 返回 1；否则返回零
```

2. 测试向量非零元素

语法格式：

```
any(A)          %测试向量或矩阵 A 中是否存在非零元素，按列数返回值，若一列中存在非零
                %元素，返回 1；否则返回 0
```

【实战练习 2-42】测试向量和矩阵是否存在非零元素

A=[11 3 2 0 16 0 19]

```
all(A)                          %A 中存在零元素，返回 0
```

B=[2 0 3;5 0 1;7 0 0]

```
any(B)                          %B 中存在都是零的列，返回 0；其他列返回 1
```

结果：

```
A =    11     3     2     0     16     0     19
ans=  logical
    0
B =  2     0     3
     5     0     1
     7     0     0
```

```
ans = 1×3 logical 数组
      1   0   1
```

2.4.10　日期和时间函数

日期和时间函数可计算时间间隔，及获得给定时间、日期、月份、星期等，常用的日期和时间函数如表 2.15 所示。

表 2.15　常用的日期和时间函数

函　数　名	含　　义
tic( )	用来记录 MATLAB 命令执行的时间并保存当前时间
now( )	获取当前时间至 0000 年的天数，以浮点型常量表示
datetime( )	获取当前日期、时间，并显示字符 datetime
year(日期)	获取指定日期的年份
month(日期)	获取指定日期的月份
day(日期)	获取指定日期
date( )	得到当前的日-月-年
today( )	获取当前时间至 0000 年的天数，以整型常量表示
datenum(日期)	获取 0000 年到给定时间的天数
weekday(日期)	获得指定日期的星期数+1
yeardays(年份)	获得某一年有多少天
eomday(年,月)	给出指定年月最后一天日期
etime(t1,t2)	估算 t2 到 t1 命令的时间间隔
calendar(年,月)	获取当前月的日历，包括日期和星期
toc( )	记录程序完成时间，与 tic() 联用记录 MATLAB 命令执行的时间

其中：函数 year()、month()、day()、today()、datetime() 需要载入 Financial Toolbox 中。

【实战练习 2-43】利用函数输出指定时间

输出当前日期、时间，完成计算并输出指定月的日历。

编程代码如下：

```
tic;                    %开始计时
format short g          %指定显示格式
t1=clock                %显示日期、时间
d1=now()
datetime()              %获得当前日期时间
y=year(now)             %获取当前年份
m=month(now)            %获取当前月份
d=day(now)              %获取 0000 年到今天的天数
todaydate=date()        %获取当前日期
```

```
T=today()
datenum1=datenum('12-31-2025')    %给出 0000 年到给定时间的天数
[a,b]=weekday('2024-8-15')        %b 为指定日期的星期数；a 为指定日期第 2 天星期数
toyears=yeardays(2024)            %某一年有多少天
dd=eomday(2024,2)                 %给出 2024 年 2 月最后日期
t2=clock                          %当前日期时间
calendar                          %获取当前一个月的日历
timecal=etime(t2,t1)              %计算执行 t2-t1 的所用时间
toc
```

结果：

```
t1 =  2023          3         20         17         34       14.015
d1 =   7.3897e+05
ans =
  datetime
   2023-03-20 17:34:14
y =         2023
m =      3
d =     20
todaydate =    '20-Mar-2023'
T =       738965
datenum1 =        739982
a =     5
b =     'Thu'
toyears =   366
dd =    29
t2 =        2023          3         20        17        34      14.062


                Mar 2023
     S     M    Tu     W    Th     F     S
     0     0     0     1     2     3     4
     5     6     7     8     9    10    11
    12    13    14    15    16    17    18
    19    20    21    22    23    24    25
    26    27    28    29    30    31     0
     0     0     0     0     0     0     0
timecal =        0.047
```

2.4.11　标准差函数

标准差是统计学中常用的一种测量数据分散程度的方法，它是指一组数据的各个数据与其平均数之差的平方和的平均数的平方根。在 MATLAB 中标准差函数是 std()，它可以快速计算一组数据的标准差。若矩阵为 *A*，语法格式：

```
y=std(A,flag,dim)              %dim 为维数，取 1 或 2；flag 取 0 或 1
```

其中：

当 dim=1 时，求各列元素的标准差，其第 i 个元素是 A 的第 i 列元素的平均值；

当 dim=2 时，求各行元素的标准差，其第 i 个元素是 A 的第 i 行元素的平均值。

当 flag=0 时，计算标准差；

当 flag=1 时，计算方差。

默认：flag=0，dim=1。

【实战练习 2-44】求矩阵的标准差

求一个 4 阶魔方矩阵的行、列标准差。

编程代码如下：

```
A=magic(4)
s1=std(A)
S2=std(A,0,2)
```

结果：

```
A =
    16     2     3    13
     5    11    10     8
     9     7     6    12
     4    14    15     1
s1 =
    5.4467    5.1962    5.1962    5.4467
S2 =
    7.0475
    2.6458
    2.6458
    7.0475
```

2.4.12　函数句柄

MATLAB 提供的访问函数方式既可用函数名调用，也可用句柄（handle）调用。若在已有函数名前加符号@，即可创建函数句柄（function handle），它是 MATLAB 中的一类特殊的数据结构，类似 C++语言的函数指针，作用是将一个函数封装成一个函数句柄（指针），再使用该句柄访问函数。

创建和调用句柄格式：

```
handle = @functionname 或 fun1=@functionname
```

调用格式：

```
fun1(arg1,arg2,…,argn)
```

例如：

```
fun=@(x,y)x^2+y^2;                    %表示 fun=f(x,y)=x²+y², fun 表示 (匿名函数) 句柄。
```

【实战练习 2-45】利用句柄实现函数计算

定义句柄 $f1(n)=x^2$, $f2(n)=(x+y)^2+(x-y)^2$, $f3(n)=n+10\log(n^2+8)$，使用句柄分别计算：

$y1=5^2$; $y2=(3+5)^2+(3-5)^2$; $y3=f3(30)/(f3(20)+f3(10))$。

编程代码如下：

```
f1=@(x)x.^2;
f2=@(x,y)(x+y).^2+(x-y).^2;
f3=@(n)n+10*log(n^2+8);
y1=f1(5)
y2=f2(3,5)
y3=f3(30)/(f3(20)+f3(10))
```

结果：

```
y1 =    25
y2 =    68
y3 =    0.7165
```

【实战练习 2-46】利用句柄实现求导数

已知函数 $y=x^5+7x^4+5x^2-12x+3$，利用句柄求导数 y'，并计算 $y'+y$

编程代码如下：

```
syms x                              %定义 x 为符号
y=@(x)x.^5+7.*x.^4+5.*x^2-12.*x+3    %构造句柄
y1=y(x)                             %调用句柄
y2=diff(y1)                         %利用句柄求导数
f=y1+y2                             %计算 y'+y
```

结果：

```
y= 包含以下值的 function_handle:
    @(x)x.^5+7.*x.^4+5.*x^2-12.*x+3
y1=x^5+7*x^4+5*x^2-12*x+3
y2=5*x^4+28*x^3+10*x-12
f=x^5+12*x^4+28*x^3+5*x^2-2*x-9
```

【实战练习 2-47】利用句柄实现矩阵运算

定义句柄 A，通过调用句柄完成矩阵计算。

编程代码如下：

```
A=@(x,y)[x,y,x+y;y,x,x-y;x+y,x-y,x*y];    %定义句柄 A
B=A(5,4)                                   %调用句柄 x=5,y=4，获得矩阵 B
C=A(12,23)                                 %调用句柄 x=12,y=23，获得矩阵 C
D=B.*C                                     %计算 B.*C
```

结果：

```
B = 5     4     9
    4     5     1
    9     1    20
C = 12    23    35
    23    12   -11
    35   -11   276
```

```
D =        60          92          315
           92          60          -11
          315         -11         5520
```

2.5　MATLAB 数组表示

数组运算是计算的基础，矩阵是数学上的表示，有着明确而严格的数学规则。MATLAB 的矩阵是以数组形式存在的，它将一维数组视为向量，二维数组为矩阵，所以矩阵是数组的子集。MATLAB 常以二维数组运算为例，再推广到多维数组和多维矩阵的运算。结构数组和元胞数组相当于将多个矩阵或数组联合起来，使用结构框架进行管理。

2.5.1　结构数组

1. 定义结构体数组

结构数组是指根据字段组合起来的不同类型的数据集合。结构体通过字段（fields）对元素进行索引，在访问时只需通过点号访问数据变量。结构体数组可以通过两种方法进行创建，即通过直接赋值方式创建或通过结构函数 struct()创建结构，其调用格式为：

```
strArray=struct('field1',val1, 'field2',val2, …)
```

其中：field 和 val 为字段和对应值。

字段可以是单一值或单元数组，但是必须保证它们具有相同的大小。

【实战练习 2-48】建立结构体数组

使用结构数组定义 1×2 结构体数组 student，表示 2 个学生成绩。

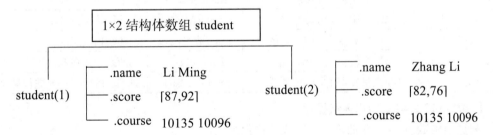

编程代码如下：

```
student(1).name='Li Ming'; student(1).course=[10135 10096]; student(1).
score=[87 92];
student(2).name='Zhang Li';
student(2).course=[10135 10096];
student(2). score=[82 76];
 n1=student(1)
 n2=student(2)
student(2).name
```

结果：

```
n1=  name: 'Li Ming'
     course: [10135 10096]
     score: [87 92]
n2 = name: 'Zhang Li'
     course: [10135 10096]
     score: [82 76]
ans=  Zhang Li
```

若输入：

```
stu=struct('name','WangFang','course',[10568 10063],'score',[76 82])
```

结果：

```
stu = name: 'Wang Fang'
course: [10568 10063]
score: [76 82]
```

也可以直接输入：

```
student.name='Li Ming';
student.score=[87 92];
student.course=[10568 10063]
```
....

2. 使用结构体数组

常用的结构数组操作函数如表 2.16 所示。

表 2.16　常用的结构数组操作函数

函　数　名	含　　义	函　数　名	含　　义
deal(X)	把输入变量X处理成输出	fieldnames(stu)	获取结构的字段名
getfield(field)	获取结构中指定字段的值	rmfield(field)	删除结构field字段
setfield(field)	设置结构数组中field字段的值	struct(数组值)	创建结构数组内容
struct2cell(stu)	结构数组转换成元胞数组	isfield(field)	判断是否存在field字段
isstruct(X)	判断变量X是否是结构类型	orderfields(str)	对字段按照字符串进行排序

【实战练习 2-49】结构数组操作

根据结构数组 student 的定义，完成结构数组操作。

编程代码如下：

```
isstruct(student)                              %判断是否为结构数组
isfield(student,{'name','score','weight'})     %判断结构字段是否存在
fieldnames(student)                            %显示结构字段名
setfield(student(1,1),'name','wang Hong')      %赋的值多一个参数并影响原字段值
getfield(student,{1,1})                        %显示结构数据
student(1,1)                                    %显示结构第一个数据
[name1,order1]=orderfields(student)            %显示排序后字段名和排序前序号
```

结果：
```
ans =      1
ans =      1     1     0
ans =     'name'
          'course'
          'score'
ans =    name: 'wang Hong'
       course: [10135 10096]
        score: [87 92]
ans =     name: 'Li Ming'
        course: [10135 10096]
         score: [87 92]
ans =      name: 'Li Ming'
         course: [10135 10096]
          score: [87 92]
name1 =   1x2 struct array with fields:
          course
          name
          score
order1 =     2
             1
             3
```

2.5.2　元胞（单元）数组

元胞数组是 MATLAB 特有的一种数据类型，组成它的元素称元胞，可视它为无所不包的通用矩阵。元胞是用来存储不同类型数据的单元，元胞数组中每个元胞存储一种类型的数组，此数组中的数据可以是任何一种 MATLAB 数据类型或用户自定义的类型，其大小也可以是任意的。相同元胞数组中第二个元胞类型、大小可与第一个元胞完全不同。

例如：2×2 元胞数组结构如图 2.5 所示。

说明：元胞数组可以将不同类型或不同尺寸的数据存储到同一个数组中。访问元胞数组的方法与矩阵索引方法基本相同，区别在于元胞数组索引时，需要用{}将下标置于其中。

创建元胞数组与创建矩阵基本相同，区别在于矩阵用[ ]；元胞数组用{ }。

图 2.5　元胞数组结构图

1.　创建元胞数组

语法格式：

```
cell(m,n)              %创建规格为 m×n 的空元胞数组或用大括号"{}"创建元胞数组并赋值
```

例如：

```
a=cell(2,3); b={'s1',[1,2,3];88,'name'}
```

结果：

```
a=     []     []      []
       []     []      []
b =    's1'    [1x3 double]    [88]     'name'
```

用函数 cellstr()将字符串数组转换成元胞数组。

例如：

```
B=char('姓名','住址','联系方式');
C=cellstr(B)
```

结果：

```
C =  '姓名'
     '住址'
     '联系方式'
```

2. 元胞数组操作

元胞数组操作函数如表 2.17 所示。

表 2.17　元胞数组操作函数

函　数　名	含　　义	函　数　名	含　　义
celldisp(A)	显示元胞数组的内容	cellstr(A)	创建字符串数组A为元胞数组
cellplot(A)	元胞数组结构的图形描述	iscell(A)	判断A是否是元胞数组

（1）获取指定元胞的大小，用小括号；

（2）获取元胞的内容，用大括号；

（3）获取元胞数组指定元素，用大括号和小括号。

例如：

```
a=cell(2,3); b={'s1',[10,20,30],88,'name'}
c=b(1,3)
d=b{1,3}
e=b{1,2}(1,3)
```

结果：

```
c=     [88]
d =    88
e =    30
```

例如：创建元胞数组（一维）

```
a={[2 4 7;3 9 6;1 8 5], 'Li Ming',2+3i,1:2:10}
A1=a{1,1}
A2=a{1,2}
```

结果：

```
a =    [3x3 double]    'Li Ming'    [2.0000 + 3.0000i]    [1x5 double]
A1 =    2    4    7        %取第1个元胞
        3    9    6
        1    8    5
A2 =   'Li Ming'              %取第2个元胞
```

3. 元胞数组的删除

给元胞数组向量下标赋空值相当于删除元胞数组的行或列。

例如：删除元胞数组的列。

```
a(:,2)=[ ]
```

结果：

```
a =    [3x3 double]    [2.0000 + 3.0000i]    [1x5 double]
```

说明：直接在命令行窗口输入元胞数组名，可显示元胞数组的构成元胞，可使用 celldisp()
函数显示元胞的元素，利用索引可以对元胞数组进行运算操作。

【实战练习 2-50】元胞数组的应用

建立元胞数组，添加魔方矩阵和随机矩阵元素，并完成相应的元胞数组的和与积运算。

编程代码如下：

```
cell1={3,3};                                    %建立空元胞数组
cell1{1,1}=magic(3);                            %构建元胞 1.1 为魔方矩阵
cell1{1,2}= {[2,3,4];[5,6,7];[10,11,12]};       %构建元胞 1.2 为 3×3 矩阵
cell1{1,3}=floor(rand(3,3)*100);                %构建元胞 1.3 为随机矩阵
celldisp(cell1)
cell2=cell1{1,1}+cell1{1,3}                      %计算元胞数组的和
cell3=cell1{1,1}*cell1{1,3}                      %计算元胞数组的积
```

结果：

```
cell1{1} =  8    1    6
            3    5    7
            4    9    2
cell1{2}{1} =    2    3    4
cell1{2}{2} =    5    6    7
cell1{2}{3} =   10   11   12
cell1{3} =   41   58   51
             60   55    8
             75   58   71
cell2 =   49   59   57
          63   60   15
          79   67   73
cell2 =  838  867  842
         948  855  690
         854  843  418
```

【实战练习 2-51】元胞数组操作及绘图

创建元胞数组，按照下列要求完成操作：

（1）求元胞数组列的和；

（2）判断元胞数组元素；

（3）使用元胞数组绘图。

编程代码如下：

```
A{1,1}=[2 5;7 3];
A{1,2}=rand(3,3);
celldisp(A)                          %显示元胞数组
B=sum(A{1,1})                        %求 A{1,1}列的和
a=iscell(A)                          %判断 A 是否是元胞数组
C={'身高','体重','年龄';176,70,30};
cellplot(C,'legend')                 %绘制元胞数组图
```

结果：

```
A{1} =    2         5
          7         3
A{2}=    0.4447    0.9218    0.4057
         0.6154    0.7382    0.9355
         0.7919    0.1763    0.9169
B=   9        8
a=       1
```

不同数据类型的元胞数组元素用不同的颜色表示，如图 2.6 所示。

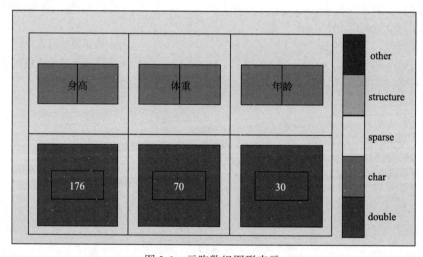

图 2.6　元胞数组图形表示

【实战练习 2-52】函数句柄的元胞数组应用

定义句柄为元胞数组，调用句柄完成计算。

编程代码如下：

```
funcs={@sin,@cos,@tan}
y1=funcs{1}(pi/2)
y2=funcs{2}(pi/4)
y3=funcs{3}(0)
```

结果：

```
funcs =  1×3 cell 数组
 {@sin}    {@cos}    {@tan}
y1 =    1
y2 =    0.7071
y3 =    0
```

2.6　数组集合运算

集合是一种不允许值重复的顺序数据结构，由数字、日期、时间或文本数据组成，它属于一种集合数组。数组的运算主要有算术运算、关系运算、逻辑运算和集合运算等，集合运算包括交、差、并、异或、唯一性、集合判断及集合连接等运算。

2.6.1　交运算

交运算的结果是元素属于矩阵 A 也属于矩阵 B，若矩阵 A 中的元素在矩阵 B 中都不存在，则结果为空矩阵 0×1，语法格式：

```
intersect(A,B)                    %A 与 B 的交集矩阵，结果显示为列
```

2.6.2　差运算

矩阵 A 减矩阵 B 的差，称为矩阵差运算。若矩阵 A 中的元素都在矩阵 B 中存在，则结果为空矩阵 0×1，语法格式：

```
setdiff (A,B)                     %A 与 B 的差集矩阵
```

2.6.3　并运算

矩阵的并运算可以将多个矩阵合并成一个列的序列集。若矩阵 A 中的元素都在矩阵 B 中存在，则结果按照矩阵 A 或矩阵 B 的值大小，依次按照列排序，语法格式：

```
union(A,B)                        %A 与 B 的并运算
```

2.6.4　异或运算

矩阵的异或运算是属于 A 或属于 B，但不同时属于 A 和 B 的元素的集合称为 A 和 B 的对称差，即 A 和 B 的异或运算。若矩阵 A 中的元素都在 B 中存在，则结果为空矩阵 0×1，语法格式：

```
setxor(A,B);                      %异或运算
```

2.6.5　唯一性运算

唯一性是指在数组/矩阵中不重复的元素，保持唯一性，语法格式：

```
unique(A);                        %使 A 中的元素保持互异性，将结果存到 C 中，A 不变
```

2.6.6　集合连接运算

把两个数组集合连接在一起称集合连接，语法格式：

```
cat(n,A,B)              %把数组 A 和 B 按指定的维数 n 连接起来：若 n=1 按照行连接，此时数
                        %组 A、B 的列相同；若 n=2 按照列连接，此时数组 A、B 的行相同；
```

2.6.7　集合判断运算

判断 b 是否为 A 的元素，若是，相应位置为 1；否则置 0，语法格式：

```
ismember(A,b);
```

判断集合是否排序，若是则为 1；否则为 0，语法格式：

```
issorted(A);                           %也可用 sort()排序
```

【实战练习 2-53】数组集合的应用

已知矩阵 *A* 和 *B*，求它们的交、差、并及异或运算。

编程代码如下：

```
A=[5,12,18;4, 5, 6;7,18,21]
B= [0 1 2;30 6 9;21 0,3]
a=intersect(A,B)'              %输出交运算 a 的转置
b=setdiff (A,B)'              %输出差运算 b 的转置
c=union(A,B)'                 %输出并运算 c 的转置
d=setxor(A,B)'               %输出异或运算 d 的转置
e=unique(A)'                 %输出矩阵 A 的互异元素并进行转置
f=cat(2,A,B)                 %输出 A 与 B 矩阵按行连接结果
g=ismember(A,5)              %判断矩阵 A 出现元素 5 的位置
h=issorted(A)               %判断矩阵 A 是否为排序集合
C=sort(A)                   %输出矩阵 A 排序的矩阵 C
h=issorted(C)               %判断矩阵 C 是否为排序集合
```

结果：

```
A =     5     12     18
        4      5      6
        7     18     21
B =     0      1      2
       30      6      9
       21      0      3
a =     6     21
b =     4      5      7     12     18
c =     0      1      2      3      4      5      6      7      9     12     18     21     30
d =     0      1      2      3      4      5      7      9     12     18     30
e =     4      5      6      7     12     18     21
f =     5     12     18      0      1      2
        4      5      6     30      6      9
```

```
        7     18    21    21     0     3
g =   3×3 logical 数组
      1    0    0
      0    1    0
      0    0    0
h =   logical
       0
C =   4     5     6
      5    12    18
      7    18    21
h = logical
     1
```

第 3 章　符号与多项式运算

　　符号计算是指在运算时，无须事先对变量进行赋值，而是将所有得到的结果以标准的符号形式表示。符号计算是以符号对象和符号表达式作为运算对象的表示方法，在运算过程中得到的解析值是一个精确的数学表达式，它不会受到计算误差累积问题的影响，其计算命令较为简单，相比数值计算的结果减少了占用资源。多项式是在符号表示的基础上建立的表达式，使用 MATLAB 动态系统建模、仿真与分析时，常使用多项式表示。自动控制系统模型描述中的传递函数均使用多项式描述，在此基础上对系统再进行仿真分析。

3.1　MATLAB 中的符号运算

　　符号运算与数值运算的区别是：数值运算中必须先对变量赋值才能参与运算。符号运算无须事先对变量赋值，运算结果以标准的符号形式表示，即数值运算矩阵变量中不允许有未定义的变量，而符号运算中可以含有未定义的符号变量。

3.1.1　符号变量与符号表达式

　　在数学表达式中，一般习惯于使用排在字母表中前面的字母作为变量的系数，而排在后面的字母表示变量。例如：

$$f(x)=ax^2+bx+c$$

表达式中的 a,b,c 通常被认为是常数，用作变量的系数；而将 x 看作自变量。MATLAB 提供了 sym() 和 syms() 两个建立符号对象的函数。

1. Sym()函数用法

Sym()函数用于建立单个符号对象，语法格式：

符号对象名=sym(A)

其中：

（1）A 为符号对象。它可以是数值常量、数值矩阵或数值表达式，不加单引号为一个符号常量；加单引号时，该符号对象为一个符号变量。

例如：

```
x=sym(a); y=sym('x'); z=sym('y');      %a 为符号常量，x、y 为符号变量
```

（2）当需要定义多个字符变量时，可添加需要变量的行数、列数，以生成多行多列的字符变量矩阵，方法见【实战练习 3-2】。

（3）使用 sym() 函数能够将数据的值进行精确的保留，不必担心计算的误差等问题。

例如：计算 1/123456×(4/5) 时，分别使用下面两种方法，其结果精度不同。

```
d1=1/123456*(4/5)
d2=1/sym(123456)*(4/5)
```

结果分别为：

```
d1 =    6.4800e-06
d2 =    1/154320
```

2. syms 函数用法

syms 函数用于一次定义多个符号变量，语法格式：

syms 符号变量名 1　符号变量名 2…符号变量名 n

其中：变量名不能加单引号，相互之间用空格隔开。

例如：要同时定义四个符号变量 a、b、c、d，则可以输入如下命令：

```
syms a b c d;     或 syms('a','b','c','d')
```

说明：

（1）syms() 函数可以替换 sym() 函数，定义符号变量的类型时可使用：syms x positive; 限定 x 为正数，若要取消该限定，可用命令 syms x clear;

（2）syms 建立符号矩阵时，可在符号后添加行值和列值，使用方法见【实战练习 3-1】。

3. 符号及操作

例如：

定义符号变量并建立符号表达式，命令如下：

```
x=sym('x'); y=sym('y'); z=sym('z');
a=[1,3,5]; b=[3,7,9]; c=[11,12,13];
Y=a*x+b*y+c*z
```

结果：

```
Y = [ x + 3*y + 11*z, 3*x + 7*y + 12*z, 5*x + 9*y + 13*z]
```

4. 查找符号变量函数 symvar()

语法格式：

```
symvar(f,n)     %f 为符号表达式，n 为查找的符号变量个数，默认为查找所有符号变量
```

例如：

```
syms x y z a
f=2*x-3*y+z^2+5*a
symvar(f)                              %查找所有符号变量
```

```
symvar(f,1)                           %查找一个符号变量
symvar(f,3)                           %查找三个符号变量
```

结果：

```
[ a, x, y, z]
x
[ x, y, z]
```

【实战练习 3-1】建立符号矩阵

建立 3×4 的符号矩阵 **A** 和 2×3 的符号矩阵 **B**。

编程代码如下：

```
A=sym('a',[3 4])
syms B [2,3]
```

结果：

```
A =[a1_1, a1_2, a1_3, a1_4]
   [a2_1, a2_2, a2_3, a2_4]
   [a3_1, a3_2, a3_3, a3_4]
B =[B1_1, B1_2, B1_3]
   [B2_1, B2_2, B2_3]
```

5. 符号变量与符号表达式

语法格式：

```
F='符号表达式'
```

例如：F='sin(x)+5x'

说明：F为符号变量名，sin(x)+5x为符号表达式，' '为符号标识，符号表达式一定要用单引号引起来MATLAB才能识别。引号内容既可以是符号表达式，也可以是符号方程。

例如：

```
f1='a*x^2+b*x+c'                      %二次三项式
f2= 'a*x^2+b*x+c=0'                   %方程
f3='Dy+y^2=1'                         %微分方程
```

符号表达式或符号方程可以赋给符号变量，以后调用方便，也可以不赋给符号变量而直接参与计算。

6. 符号矩阵的创建

语法格式：

```
A=sym('[    ]')
```

说明：符号矩阵输入内容同数值矩阵，必须使用 sym 命令定义，且需用单引号（'   '）标识，若定义数值矩阵必须是数值，否则不能识别，例如：

A=[1,2;3,4]可以，但 A=[a,b;c,d] 则出错。应使用如下命令：

```
A = sym('[a,b;c,d]')
```

结果:

```
A =[ a, b]
   [ c, d]
```

符号矩阵每一行的两端都有方括号,这是与 MATLAB 数值矩阵的一个重要区别。若用字符串直接创建矩阵,需保证同一列中各元素字符串有相同的维度。可以用 syms 先定义 a,b,c,d 为符号变量再建立符号矩阵,方法是:

```
syms a b c d
A=[a,b;c,d]
```

也可以使用:

```
A =['[a, b]'; '[c, d]']
```

3.1.2　符号基本运算

因为符号运算不需进行数值运算,不会出现误差,因此符号运算是非常准确的。符号运算可以得出完全封闭解或任意精度的数值解,但符号运算的时间比数值运算速度慢。

1. 符号算术运算

符号运算包括算术运算、关系运算、逻辑运算和因式分解运算等,算术运算与四则运算的数值运算一样,用+、−、*、/、^运算符实现,其运算结果依然是一个符号表达式;关系运算仅列出相应的关系表达式;逻辑运算结果还是逻辑值。

【实战练习 3-2】符号算术运算

定义符号表达式,进行算术与关系运算。

编程代码如下:

```
syms x y;
g1=x^2+2*x+1;                          %定义符号表达式
g2=3*x^2+7*x+10;
G1=g1+g2
G2=g1-g2
G3=g1.*g2
G4=g1/g2
G5=g1>=g2
```

结果:

```
G1 = 4*x^2 + 9*x + 11
G2 = - 2*x^2 - 5*x - 9
G3 = (x^2 + 2*x + 1)*(3*x^2 + 7*x + 10)
G4 = (x^2 + 2*x + 1)/(3*x^2 + 7*x + 10)
G5 = 3*x^2 + 7*x + 10 <= x^2 + 2*x + 1
```

2. 符号关系运算与逻辑运算

(1)符号关系运算。

符号关系运算与数值关系运算一样,包括 6 种运算符: <、<=、>、>=、==、~=。

也可以使用对应的 6 个函数来实现：lt()、le()、gt()、ge()、eq()、ne()。

例如：

```
symsab c
a> b<c
```

结果：

```
ans =(b < a) < c
```

若参与运算的是符号，其结果是一个符号关系表达式；若参与运算的是符号矩阵，其结果是由符号关系表达式组成的矩阵。

在进行符号对象运算前，可用 assume()函数对符号对象设置值域，语法格式：

```
assume(条件) 或 assume(表达式,集合)          %设置表达式属于集合中，使用方法见
                                            %【实战练习 3-4】
```

（2）符号逻辑运算。

常用的符号逻辑运算有 3 种：&（与）、|（或）、~（非）。

4 个逻辑运算函数分别为：and(a,b)、or(a,b)、not(a)和 xor(a,b)。

说明：符号逻辑运算的结果还是逻辑符号表达式，使用方法见【实战练习 3-3】。

【实战练习 3-3】符号的关系运算与逻辑运算

已知符号 x，先使用 assume()函数进行判断，如果 a 是一个正数，用 assume(a>0)进行判断，则结果是 a；如果 a 是一个负数，用 assume(a<0)进行判断，则结果是–a。

编程代码如下：

```
syms x;
assume(x<0);
y1=abs(x)==x
assume(x,'positive')
y2=abs(x)==x
y3=x>0&x<10
y4=or(x<0,x>10)
```

结果：

```
y1 =-x == x
y2 =x == x
y3 =0 < x & x < 10
y4 =x < 0 | 10 < x
```

说明：因为 x<0，所以 abs(x)的值 y1 为–x；x 为整数，所以 abs(x)的值 y2 为 x。

3. 符号替换函数subs()

使用符号定义了一个符号函数后，subs()函数可将符号函数中的一些符号替换成其他符号或者其他数值类型。

语法格式：

```
subs(S, old, new)
```

其中：符号表达式 S 可利用 new 中的符号或数值替换 old 中的符号。

例如：

```
f=x^2+y^2
f1=subs(f,y,3)
```

结果：

```
f1=x^2+9
```

【**实战练习 3-4**】符号表达式的替换

根据符号表达式 $f(x,y)$ 和 f，分别对下面两个多项式进行符号、数值和多数值替换操作。

$$f(x,y) = \frac{ax^2 + by^2}{c^2}, \quad f = ax^2 + by + c$$

编程代码如下：

```
syms a b c x y m                            %定义符号运算变量
fxy=(a*x^2+b*y^2)/c^2                        %生成符号函数
fxy1=subs(fxy,[a,b,c],[1,2,3])              %数值替换符号
f = a * x^2 + b * y + c;                     %原表达式
f1 = subs(f, [x y], [sin(x) log(y)])        %符号替换符号
f2 = subs(f, [a b], [2 3])                   %数值替换符号
f3 = subs(f, a, 1: 4)                        %多数值替换符号
```

结果：

```
fxy =    (a*x^2 + b*y^2)/c^2
fxy1 = x^2/9 + (2*y^2)/9
f1 =     a*sin(x)^2 + c + b*log(y)
f2 =     2*x^2 + c + 3*y
f3 =     [x^2 + c + b*y, 2*x^2 + c + b*y, 3*x^2 + c + b*y, 4*x^2 + c + b*y]
```

3.2 多项式表示

MATLAB 语言把多项式表达成一个行向量，该向量中的元素是按多项式降幂排列的。例如：

$$P(x) = a_n x^n + a_{n-1} x^{n-1} + \cdots + a_0$$

多项式输入时，缺少项的向量系数的相应位置用零补足，在 MATLAB 中建立方法为：

$$P = [a_n + a_{n-1} + \cdots + a_0]$$

3.2.1 直接建立多项式

由于 MATLAB 自动将向量元素按降幂顺序分配给各系数，所有输入按照由高项系数到低项系数依次输入并直接建立多项式，若中间有缺项需要添加零，例如：对于多项式

$$P(x) = x^5 + 3x^4 + 11x^3 + 25x + 36$$

$$\boldsymbol{P} = [1\ 3\ 11\ 0\ 25\ 36]$$

3.2.2 使用函数建立多项式

1. 使用sym2poly()函数建立多项式系数

sym2poly()函数将符号多项式转换为多项式系数，由高次项系数到低次项系数依次输出。例如：

```
syms x;
sym2poly(7*x^3 +3*x^2- 5*x -18)
```

结果为：

```
7  3  -5  -18
```

2. 使用poly2sym()函数建立符号多项式

poly2sym()函数把多项式系数转换为符号多项式。例如：

```
sym x;
poly2sym([3 5 4],x);
```

结果：

```
ans  =3*x^2+5*x+4
```

【实战练习 3-5】符号与多项式的转换

使用 sym2poly()与 poly2sym()函数完成符号与多项式的转换。

（1）生成表达式：$a = x\sin\left(\dfrac{\pi}{6}\right) + \mathrm{e}x^2 + \ln 100 \cdot x^3 + 1$ 并计算；

（2）生成 3 次项的符号表达式 c；

（3）给定系数【1，-1，-3】生成符号表达式 d。

编程代码如下：

```
syms x c1 c2 c3 c4
a=sym2poly(sin(pi/6)*x + exp(1)*x^2+log(100)*x^3+1)
b = [c1 c2,c3,c4]
c = poly2sym(b)
d = poly2sym([-1,1,-30])
```

结果：

```
a =  4.6052   2.7183   0.5000    1.0000
b =  [c1, c2, c3, c4]
c =  c1*x^3 + c2*x^2 + c3*x + c4
d = - x^2 + x - 30
```

3.3 多项式运算

多项式是一个式子，可以包含数字、变量和运算符号，是代数学中的基础概念。多项式运算除多项式加、减、乘、除运算外，还包括多项式提取、分解、展开、合并同类项等操作。

3.3.1　多项式加、减运算

多项式加、减运算就是其相同幂次系数向量的加、减运算，幂次相同的多项式直接对向量系数进行加、减运算，若两个多项式幂次不同，在低次多项式中不足的高次多项式用零补足，再进行加、减运算。

【**实战练习 3-6**】多项式加、减运算的应用

已知 $p1=3x^3+5x^2+7$，$p2=2x^2+5x+3$，请计算：$P1=p1+p2$ 和 $P2=p1-p2$ 并转换为符号表达式。

编程代码如下：

```
p1=[3 5 0 7]; p2=[0 2 5 3];
P1=p1+p2 ;
P2= p1-p2;
p3=poly2sym(P1)
p4=poly2sym(P2)
```

结果：

```
p3 =  3*x^3 + 7*x^2 + 5*x + 10
p4 = 3*x^3 + 3*x^2 - 5*x + 4
```

加、减运算直接加入加、减运算符即可完成。

3.3.2　多项式乘、除运算

多项式乘、除运算是一个复杂的过程，使用 MATLAB 提供的函数就异常简单，语法格式：

```
k=conv(p,q)              %多项式相乘
[q,r]=deconv(a,b)        %多项式相除，q 为多项式的商，r 为多项式的余数
```

【**实战练习 3-7**】多项式的乘、除运算的应用

已知 $a=6x^4+2x^3+3x^2+12$，$b=3x^2+2x+5$，求 $c=a*b$，$d=a/b$。

编程代码如下：

```
a=[6 2 3 0 12 ]; b=[3 2 5];
c=conv(a,b);
[d,r]=deconv(a,b);
C=poly2sym(c)
d=poly2sym(d)
r=poly2sym(r)
```

结果：

```
C=18*x^6+18*x^5+43*x^4+16*x^3+51*x^2+24*x+60
d=2*x^2-(2*x)/3-17/9
r=(64*x)/9+193/9
```

说明：多项式相乘就是两个代表多项式的行向量的卷积，两个以上多项式相乘，conv 命令使用嵌套。

例如：计算表达式 $a \times b \times c$ 时，命令为 conv(conv(a,b),c)。

3.3.3　多项式分解、展开与提取

1. 多项式分解与展开

语法格式：

```
F=factor(f)          %对 f 多项式进行因式分解，也可用于正整数的分解
F=expand(f)          %对多项式 f 展开
F=collect(f)         %对于多项式 f 中相同变量且幂次相同项合并系数，即合并同类项
F=collect(f,v)       %按变量 v 进行合并同类项
```

2. 提取多项式的分子和分母

如果符号表达式是一个有理分式或可以展开为有理分式，可利用 numden()函数提取符号表达式中的分子或者分母，语法格式：

```
[n,d]=numden(s)              %n 表示分子，d 表示分母
```

【实战练习 3-8】多项式分解与展开的应用

对 f 多项式及常数 y 进行分解并展开显示。

编程代码如下：

```
syms x;
f=x^9-1; f=factor(f)
y = 2025;
y1=factor(y)
y2 = factor(sym(y))
y3=poly2sym(y2)
```

结果：

```
f=[x-1,x^2+x+1,x^6+x^3+1]
y1=3     3     3     3     5     5
y2=[3,3,3,3,5,5]
y3=3*x^5+3*x^4+3*x^3+3*x^2+5*x+5
```

【实战练习 3-9】提取多项式的分子和分母

已知多项式 $g1$、$g2$，提取 $g1$ 和 $g2$ 多项式的分子和分母。

编程代码如下：

```
syms x y;
g1=x^2+2*x+1;  g2=3*x^2+7*x+10;  G=g1/g2;
[n,d]=numden(G)
```

结果：
```
n = x^2 + 2*x + 1
d = 3*x^2 + 7*x + 10
```

【实战练习 3-10】提取与展开三角函数多项式

展开三角函数多项式，并对展开的多项式提取其系数及变量。

编程代码如下：

```
syms x y z;
f = sin(2*x)+cos(2*y) ;
f1 = expand(f)
f0 = (z+1)^8; f2 = expand(f0)
[p,x1]=coeffs(f2,'z')
```

结果：

```
f1 = 2*cos(x)*sin(x) + 2*cos(y)^2 - 1
f2 = z^8 + 8*z^7 + 28*z^6 + 56*z^5 + 70*z^4 + 56*z^3 + 28*z^2 + 8*z + 1
p = [ 1, 8, 28, 56, 70, 56, 28, 8, 1]
x1= [ z^8, z^7, z^6, z^5, z^4, z^3, z^2, z, 1]
```

【实战练习 3-11】合并同类项的应用

已知 $g1$、$g2$ 的符号表达式，先计算它们的积和商，再合并同类项。

编程代码如下：

```
g1=sym('x^2+2*x+1'); g2=sym('x+1');
G1=g1*g2
G2=g1/g2
R1=collect(G1)                              %按符号合并同类项
R2=collect(G2)
```

结果：

```
G1 =     (x + 1)*(x^2 + 2*x + 1)
G2 =     (x^2 + 2*x + 1)/(x + 1)
R1 =     x^3 + 3*x^2 + 3*x + 1
R2 =     x + 1
```

说明：针对符号乘、除运算可以使用 collect( ) 函数合并结果。

3.3.4　多项式化简

多项式化简语法格式：

```
simplify(S);                                %对表达式 S 进行化简
```

【实战练习 3-12】化简并计算简单多项式

化简下列表达式：

$$w1 = \frac{a^4}{(a-b)(a-c)} + \frac{b^4}{(b-c)(b-a)} + \frac{c^4}{(c-a)(c-b)}$$

$$w2 = 2\sin(x)\cos(x)$$

编程代码如下：

```
syms a b c x;
w1= a^4/((a-b)*(a-c))+b^4/((b-c)*(b-a))+c^4/((c-a)*(c-b));
w2=2*sin(x)*cos(x);
w11=simplify(w1)
w22=simplify(w2)
```

结果：

```
w11=a^2 + a*b + a*c + b^2 + b*c + c^2
w22=sin(2*x)
```

【实战练习 3-13】化简并计算复杂多项式

化简下列多项式：

$$f1(x) = e^{c*\log\sqrt{a+b}}$$

$$f2(x) = \sqrt[3]{\frac{1}{x^3} + \frac{6}{x^2} + \frac{12}{x} + 8}$$

$$f3(x) = \sin^2(x) + \cos^2(x)$$

编程代码如下：

```
syms a b c x;
f1= exp(c*log(sqrt(a+b))); f2=(1/x^3+6/x^2+12/x+8)^(1/3);
f3 = sin(x)^2 + cos(x)^2 ;
y1 = simplify(f1);y2 = simplify(f2) ;y3= simplify(f3)
```

结果：

```
y1 =  (a + b)^(c/2)
y2 = ((2*x + 1)^3/x^3)^(1/3)
y3 = 1
```

3.3.5　表达式之间的转换

符号表达式与数值表达式之间的转换函数包括：

（1）利用函数 sym()可以将数值表达式转换成符号表达式。

（2）使用 eval()函数可以将符号表达式转换成数值表达式并计算。

例如：将符号表达式转换成数值表达式并计算。

```
s='sin(pi/4)+(1+sqrt(5))/2 '
b=eval(s)
```

结果：

```
s =   sin(pi/4)+(1+sqrt(5))/2
b =   2.3251
```

【实战练习 3-14】多项式替换的应用

设 $w1=((a+b)(a-b))^2$，在 $w1$ 表达式中，使用 3 替换字符 a，使用 1、2 分别替换字符 a、b。

编程代码如下：

```
syms a b;
w1 = ((a+b)*(a-b))^2
w2 = subs(w1,a,3)
w3 = subs(w1,[a,b],[1,2])
```

结果：

```
w1 = (a + b)^2*(a - b)^2
w2 = (b - 3)^2*(b + 3)^2
w3 = 9
```

3.3.6　复合函数与反函数

若 $f=f(x)$，自变量又是 x 的函数 $g=g(y)$，求 f 对 y 的过程称为复合函数。

若 $y=f(x)$，自变量又是 x 的函数 $g=g(y)$，对于 $g(f(x))$ 都有唯一确定的 x，则计算 $g(f(x))=x$ 称为反函数。

语法格式：

```
compose(f,g)              %返回 f=f(x),g=g(y)，复合函数 f(g(y)) 的运算。
g=finverse(f)             %f 为符号函数表达式，g 为反函数，x 为单变量
```

【实战练习 3-15】复合函数及反函数的应用

已知：$f=\cos(x/t)$；$y=\sin(y/g)$；求 $f(y)$ 及反函数。

编程代码如下：

```
syms x y g t;
f=cos(x/t);  y=sin(y/g);
x1=compose(f,y);
f=log(x);
x2=finverse(f);
```

结果：

```
x1 =  cos(sin(y/u)/t)
x2 =  exp(x)
```

3.3.7　分数多项式通分

分数多项式通分的语法格式：

```
[N,D]=numden(f)                     %f 为分数多项式
```

说明：对分数多项式 f 通分，N 为通分后的分子，D 为通分后的分母。

【实战练习 3-16】分数多项式通分计算的应用

已知：$f(x)=\dfrac{x+3}{y+2}+\dfrac{y-5}{x^2+1}$，完成通分计算。

编程代码如下：

```
syms x y;
f = (x+3)/(y+2)+(y-5)/(x^2+1);
[N,D]=numden(f);
```

结果：

```
N = x^3 + 3*x^2 + x + y^2 - 3*y - 7
D = (x^2 + 1)*(y + 2)
```

3.4 多项式求解（多项式方程求解）

多项式与多项式方程的区别是：令多项式为零就是多项式方程，因此求多项式的解也是求多项式方程的解。MATLAB 中多项式方程求解主要使用 roots()函数，其返回值包含了多项式参数的所有实数和虚数解；使用 solve()函数主要用于求解多项式方程符号解；使用 polyval() 函数用于求多项式数值解。本节包括高次方程数值解、符号方程求解、微分方程求解及数据拟合。

3.4.1 多项式的特征值（多项式的解）

求多项式的解的语法格式：

```
r=roots(p)
```

使用命令 roots 可以求出多项式等于零的根，即该命令可以用于求高次方程的解。根用列向量表示。

3.4.2 特征多项式系数

求多项式系数的语法格式：

```
p=poly (r)
```

若已知多项式等于零的解，可使用 poly 命令求出相应多项式系数。

说明：

（1）特征多项式一定是 $n+1$ 维的。

（2）特征多项式第一个元素一定是 1。

（3）若要生成实系数多项式，则根中的复数必定对应共轭，生成的多项式向量包含很小的虚部时可用 real 命令将其过滤掉。

【实战练习 3-17】求多项式的解及多项式系数

求方程 $x^4-12x^3+25x-16=0$ 的解，并根据解构造多项式系数。

编程代码如下：

```
p=[1 -12 0 25 -16];
r=roots(p)
r1=real(r)
p=poly(r)
```

结果：

```
r = 11.8311 + 0.0000i
   -1.6035 + 0.0000i
    0.8862 + 0.2408i
    0.8862 - 0.2408i
r1= 11.8311
   -1.6035
```

```
    0.8862
    0.8862
p = 1.0000  -12.0000    0.0000   25.0000   -16.0000
```

3.4.3 方程与方程组的符号解

求方程与方程组的符号解的语法格式:

```
solve(eq1, [x, y])                    %使用solve()函数时,需要先定义变量为符号变量。
```

其中: eq1 是方程或方程组,[x,y]参数是未知数的符号变量。solve()函数返回的是一个结构体数组,每个元素对应一个符号解。

【**实战练习 3-18**】求方程及方程组的数值解

已知: 一元三次方程 $x^3+x^2+x+1=0$ 和二元方程组

$$\begin{cases} x+y=1 \\ 2x-y=4 \end{cases}$$

分别求数值解。

编程代码如下:

(1)求一元方程解:

```
syms x
f=x^3+x^2+x+1==0;
x=solve(f,x)
```

或

```
syms x
f1=x^3+x^2+x+1;
x=solve(f1)
```

也可以使用句柄求解:

```
f = @(x) x.^3 + x.^2 + x +1;
x1 = solve(f,x)
```

结果:

```
x =  -1
     -1i
      1i
```

(2)求二元方程解:

```
syms x y
[x,y]=solve(x+y==1,2*x-y==4,x,y)
```

或

```
syms x y
[x,y]=solve(x+y-1,2*x-y-4)
```

结果:

```
x =     5/3
y =    -2/3
```

【**实战练习 3-19**】求微分方程的符号解

已知范德瓦尔斯气体的三个临界参量:

$$\left(P+\frac{a}{V^2}\right)(V-b)=RT, \quad \left(\frac{\partial P}{\partial V}\right)_T=0, \quad \left(\frac{\partial^2 P}{\partial V^2}\right)_T=0$$

求 P_c, V_c, T_c 的值。

编程代码如下：

```
clc;clear all;
syms a b R T V
P = R*T/(V-b) - a/V^2
D1 = diff(P,V)
D2 = diff(D1,V)
S = solve(D1,D2,V,T)
Pc = subs(P,[V,T],[S.V,S.T])
Vc = S.V
Tc = S.T
```

结果：

```
Pc =   a/(27*b^2)
Vc =   3*b
Tc =   (8*a)/(27*R*b)
```

【实战练习 3-20】求方程组的符号解

已知 $\begin{cases} ax - by = 1 \\ ax + by = 5 \end{cases}$ ，求方程组的符号解。

a,b,x,y 均为符号运算量。在符号运算前，应先将 a,b,x,y 定义为符号运算量。

编程代码如下：

```
syms a b x y;
[x,y]=solve(a*x-b*y-1,a*x+b*y-5,x,y)            %以 a,b 为符号常数，x,y 为符号变量
```

结果：

```
x =3/a
y =2/b
```

【实战练习 3-21】求复数乘积多项式的解

已知一个复数表达式为：$z=x+i*y$，试求其共轭复数，并求该表达式与其共轭复数乘积的多项式。

为了使乘积表达式 x^2+y^2 非负，这里把变量 x 和 y 定义为实数。

编程代码如下：

```
x=sym('x','real');                    %x 为实数
y=sym('y','real');                    %y 为实数
z=x+i*y;                              %定义复数表达式
z1=conj(z)                            %求共轭复数
z2=expand(z*conj(z))                 %求表达式与其共轭复数乘积的多项式
[a,b]=solve(z2)
```

结果：

```
z1 =x - y*1i
z2 =x^2 + y^2
a= 0
b= 0
```

说明：若要去掉 x 的属性，可以使用下面的语句：

```
x = sym('x', 'unreal')                    %表示将 x 创建为纯格式的符号变量
```

3.4.4　多项式数值解

在 MATLAB 中，多项式在某个参数下的求值用 polyval()函数，其功能是求多项式在给定参数下的值。

语法格式：

```
polyval(p,n)                              %返回多项式 p 在 n 点的值
```

利用多项式求值函数可以求得多项式在某一点的值。

例如：求方程 $y = -0.0602x^2 + 1.7020x + 0.3096$ 在 x 等于 0，0.2，…，5 时的函数值。

```
p = [-0.0602,1.702, 0.3096];
xi = linspace(0,1,6);
z = polyval(p,xi)
```

结果：

```
z =   0.3096   0.6476   0.9808   1.3091   1.6327   1.9514
```

说明：p 代表的多项式在 xi 的每一个元素处的值，x 可以是一个向量或矩阵。

【实战练习 3-22】求多项式指定的数值解

求多项式 $p = 3x^4 + 8x^3 + 18x^2 + 16x + 15$ 在 $x = [1,2,3,4,5]$的解。

编程代码如下：

```
p1=[3,8,18,16,15];
x=[ 1,2,3,4,5]
p=polyval(p1,x)
```

结果：P=　　60　　　　231　　　　684　　　　1647　　　　34203

3.4.5　多项式拟合

多项式拟合是一种数学技术，实际应用中可以用来拟合多种类型的数据，例如统计数据、科学数据和经济数据等。多项式拟合的基本原理是使用一组多项式函数来拟合一组数据，以便更好地理解数据变化趋势。

语法格式：

```
y=polyfit(x,y,n)                          %拟合唯一确定 n 阶多项式的系数
```

其中：n 表示多项式最高阶数，x、y 为将要拟合的数据，它是用数组的方式输入，输出参数 y 为拟合多项式 $y = a_n x^n + a_{n-1} x^{n-1} + \cdots + a_1 x + a_0$，共 n+1 个系数。n=1 为拟合直线；polyfit 只适合形如 y = a[k]*x^k + a[k-1]*x^(k-1) + … + a[1]*x + a[0]的完全一元多项式数据拟合。

【实战练习 3-23】温度值的直线拟合

使用多项式拟合函数拟合深圳 2023 年 3 月 18 日一天从 12 点到 19 点温度为直线。

时间：12 点—19 点每隔 1 个小时采集一次温度如下。

温度：25℃，24℃，24℃，25℃，24℃，23℃，23℃，22℃。

编程代码如下：

```
clc;
x=12:19;
y=[25,24,24,25,24,23,23,22];
a=polyfit(x,y,1)
y1=polyval(a,x);
plot(x,y,'bp',x,y1,'r-');
title("温度直线拟合");
```

多项式拟合直线如图 3.1 所示。

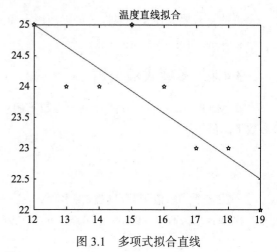

图 3.1 多项式拟合直线

【实战练习 3-24】求多项式的 2 阶和 4 阶拟合

对 2 阶多项式 x^2+x-30 分别进行 2 阶和 4 阶拟合。

编程代码如下：

```
x=-5:0.5:5;
R=sqrt(2*x.^2);
y=x.^2-x-30;
a=polyfit(x,y,2);                    %2 阶拟合
b=polyfit(x,y,4);                    %4 阶拟合
y1=polyval(a,x);
y2=polyval(b,x);
subplot(1,2,1);plot(x,y,'bp',x,y1,'r-');
title("多项式 x^2-x-30 的 2 阶拟合");
subplot(1,2,2);plot(x,y,'bp',x,y2,'r-');
title("多项式 x^2-x-30 的 4 阶拟合");
```

2 阶和 4 阶多项式拟合曲线如图 3.2 所示。

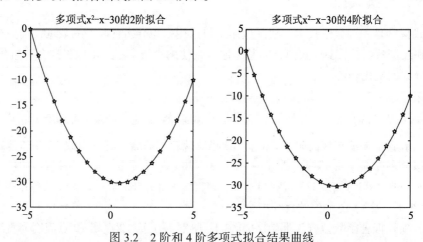

图 3.2 2 阶和 4 阶多项式拟合结果曲线

【**实战练习 3-25**】求多项式的曲线拟合

设数组 y=[–0.447 1.978 3.28 6.16 7.08 7.34 7.66 9.56 9.48 9.30 11.2]，在横坐标 0~1 对 y 进行 2 阶多项式拟合，并画图表示拟合结果。

编程代码如下：

```
y=[-0.447 1.978 3.28 6.16 7.08 7.34 7.66 9.56 9.48 9.30 11.2];
x=0:0.1:1;
y1=polyfit(x,y,2);              %进行 2 阶拟合
z=polyval(y1,x);                %计算 y1 为系数向量对 x 点的函数值
plot(x,y,'r*',x,z,'b-') ;       % "*" 为原数据点，曲线为拟合结果
```

结果：

2 阶多项式拟合曲线如图 3.3 所示。

plot()函数使用方法见 6.1 节。

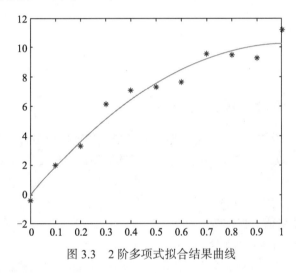

图 3.3　2 阶多项式拟合结果曲线

3.5　多项式求导

多项式求导是在数学中常见的一种操作，它可以计算出多项式的导函数。计算多项式的导函数时，需要对每一项分别进行求导，并根据求导规则将各项相加即可得到导函数。由于多项式是连续函数，它是平滑的，其导数必定也是多项式。

3.5.1　多项式直接求导数

多项式直接求导数的语法格式：

```
k=polyder(p);                   %返回多项式 p 的 1 阶导数系数
k=polyder(p,q);                 %返回多项式 p 与 q 乘积的 1 阶导数系数
[k,d]=polyder(p,q);             %返回 p/q 的导数，k 是分子，d 是分母
```

【**实战练习 3-26**】多项式求导的应用

已知 $p1=3x^3+5x^2+7$，$p2=2x^2+5x+3$，求 $p1$ 导数、$p1$ 与 $p2$ 乘积和 $p1$ 与 $p2$ 商的导数。

编程代码如下：

```
clc;
p1=[3 5 0 7]; p2=[0 2 5 3];
pp1=polyder(p1)
pp2=polyder(p1,p2)                          %等价 pp2=polyder(conv(p1,p2))
disp("多项式 p1 的导数");
poly2sym(pp1)
disp("多项式 p1 与 p2 乘积的导数");
poly2sym(pp2)
```

结果：

```
pp1 =    9    10    0
pp2 =   30   100   102    58    35
多项式 p1 的导数
ans=  9*x^2 + 10*x
多项式 p1 与 p2 乘积的导数
ans=  30*x^4 + 100*x^3 + 102*x^2 + 58*x + 35
```

3.5.2 插值、拟合多项式并求导

当已知函数在一些离散点上的函数值时，该函数可用插值或拟合多项式来近似，然后对多项式进行微分求得导数，函数求导主要是研究函数值随自变量变化而变化的趋势。

语法格式：

```
polyfit(x-xn,y ,length(x)-1);               %xn 表示 x 某一点的值
```

【**实战练习 3-27**】插值、拟合多项式并求导数

通过实验测试，得到某数据集合为：

X: 0~5

Y: 0.3200   0.5720   0.7012   0.8132   0.9013   0.9616

要求：计算 $x=5$ 处的各阶导数。

编程代码如下：

```
clc;clear;
x=0:5;
y=[0.3200  0.5720  0.7012  0.8132  0.9013  0.9616];      %原数据点
xn=3;                                                    %指定坐标点
L=length(x);                                             %得到数据长度
dd=polyfit(x-xn,y,L-1);              %进行多项式拟合,(x-xn,y)为坐标,(L-1)为长度
fact=[1];
for k=1:L-1;
    fact=[factorial(k),fact];                            %进行微分求导数
end
```

```
diffder=dd.*fact              %计算拟合点
plot(x,y,"b*",x,diffder);     % "*"号为原数据点，曲线为拟合多项式导数
```

结果为：

```
diffder =   0.1151    0.0028   -0.0341   -0.0241    0.1048    0.8132
```

原数据点与拟合多项式求导结果如图 3.4 所示。

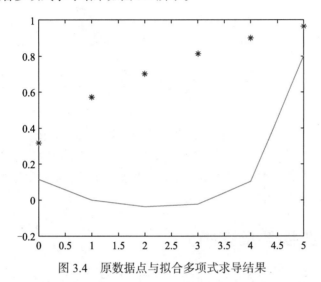

图 3.4　原数据点与拟合多项式求导结果

第 4 章 MATLAB 的高等数学计算

MATLAB 提供的大量函数，可有效辅助高等数学的求解计算问题，降低了教与学的难度，例如：求解一元高次方程、多元方程组求解、求极限、求导数、求微积分等，均可使用一个函数解决。这大大缩短了数学理论与数学应用计算的距离，不仅对培养学生的数学应用、创新能力有所帮助，同时还增强了他们的学习兴趣。

4.1 傅里叶变换与反变换

在实际应用中，对于时间变化规律的信号（周期信号），使用频率描述有时比用时间更为高效，将随横坐标为时间（t 轴）变换的频率（ω 轴用 w 替代）来描述信号的变化，更能详细分析信号的特征，即将时域到频域的变化过程称为傅里叶变换；反之称为傅里叶反变换。

4.1.1 傅里叶变换

傅里叶变换语法格式：

```
F=fourier(f,t,w)          %求时域函数 f(t)的傅里叶变换
```

其中：返回结果 F 是符号变量 w 的函数，当参数 w 省略，默认返回结果为 w 的函数；f 为 t 的函数，当参数 t 省略，默认自由变量为 x。

4.1.2 傅里叶反变换

傅里叶反变换语法格式：

```
f=ifourier(F)             %求频域函数 F 的傅里叶反变换 f(t)
f=ifourier(F,w,t)         %求频域函数 F 指定的 w 变量、t 算子的傅里叶反变换 f(t)
```

【实战练习 4-1】求傅里叶变换及反变换
使用傅里叶变换计算 $1/t$，并进行反变换。
编程代码如下：

```
syms t w
F=fourier(1/t,t,w)                    %傅里叶变换
ft=ifourier(F,t)                      %傅里叶反变换
f=ifourier(F)                         %傅里叶反变换默认 x 为自变量
```

结果：

```
F =   -pi*sign(w)*1i
ft =    1/t
f =     1/x
```

其中：sign(w)为符号函数，即

$$f(t) = \begin{cases} 1 & (t \geqslant 0) \\ 0 & (t < 0) \end{cases}$$

4.1.3　快速傅里叶变换

快速傅里叶变换(FFT)是离散傅立叶变换的快速算法，可将一个时域信号变换到频域。

傅立叶变换是将连续时序或信号表示为不同频率的余弦（或正弦）波信号的无限叠加，快速傅里叶变换是提取信号的频谱进行分析，找到信号的详细特征。MATLAB 提供了快速傅里叶变换和反变换的函数。

1. fft( )函数——快速傅里叶变换

快速傅里叶变换语法格式：

```
Y = fft(X)                  %若 X 是向量，则 fft(X)返回该向量的傅里叶变换
```

说明：若 X 是矩阵，则 fft(X)将 X 的各列视为向量，并返回每列的傅里叶变换；若 X 是一个多维数组，则 fft(X)会将大小不等于 1 的第一个数组维度的值视为向量，并返回每个向量的傅里叶变换。

```
Y = fft(X,n)                %n 为长度
```

❑ 若 X 是向量且长度小于 n，则 X 尾部补零到长度 n；否则截断 X 以达到长度 n。

❑ 若 X 是矩阵，则按列向量处理。

❑ 若 X 为多维数组，则大小与不等于 1 的第一个数组维度的处理相同。

```
Y = fft(X,n,dim)            %当 X 为矩阵时,在 dim 指定的维数进行傅里叶变换( dim=1 按列,
                            %dim =2 按行 )
```

2. fft2()函数——二维快速傅里叶变换

fft2()函数的语法格式：

```
Y = fft2(X)                 %使用快速傅里叶变换算法返回矩阵的二维傅里叶变换，这等同于
                            %计算 fft(fft(X).').',如果 X 是一个多维数组，fft2()将
                            %采用大于 2 的每个维度的二维变换。输出 Y 的大小与 X 相同
Y = fft2(X,m,n)             %将截断 X 或用尾随零填充 X,以便在计算变换之前形成 m×n 矩
                            %阵。Y 是 m×n 矩阵。如果 X 是一个多维数组,fft2()将根据 m
                            %和 n 决定 X 的前两个维度的形状
```

【**实战练习 4-2**】快速傅里叶变换的应用

设某测试信号 $y=\sin(2\pi500t)+\sin(2\pi600t)+\sin(2\pi520t)$，根据采样点 1000，采样周期 1/10000，使用快速傅里叶变换分析频谱并绘图。

编程代码如下：

```
N=1000;                          %采样点数
dt=1/10000;                      %采样周期
t=0:dt:(N-1)*dt;
y=sin(2*pi*500*t)+sin(2*pi*600*t)+sin(2*pi*520*t);          %信号
subplot(1,2,1);plot(t,y)         %绘制时域信号
title('时域信号')
xlabel('t(秒)')
ylabel('|f(t)|')
PH2=(fft(y));                    %将时域信号 fft 变成频域
P2 = (PH2/N);                    %幅值修正
P1 = P2(1:N/2+1);               %选取前半部分(fft 变换后为对称的双边谱)
P1(2:end-1) = 2*P1(2:end-1);
f = 10000*(0:(N/2))/N;
subplot(1,2,2);plot(f,abs(P1))   %绘制频域信号
title('频域信号')
xlabel('f(赫兹)')
ylabel('|P1(f)|')
```

结果如图4.1所示。

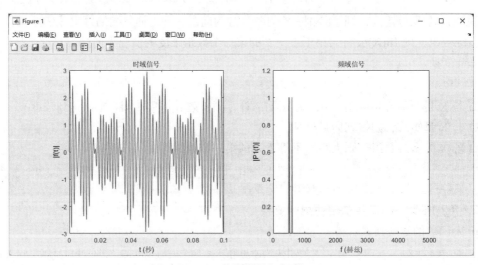

图 4.1　时域信号与频谱

4.1.4　快速傅里叶反变换

通过快速傅里叶反变换将频域信号反变换回原本的时域信号。

1. ifft( )函数——快速傅里叶反变换

快速傅里叶反变换语法格式：

```
X=ifft(Y)           %使用快速傅里叶变换算法计算 Y 的离散傅里叶反变换，X 与 Y 的大小相同
```

- 若 Y 是向量，则 ifft(Y)返回该向量的反变换；
- 若 Y 是矩阵，则 ifft(Y) 返回该矩阵每一列的反变换；
- 若 Y 是多维数组，则 ifft(Y) 将大小不等于 1 的第一个维度上的值视为向量，并返回每个向量的反变换。

```
X = ifft(Y,n)       %通过用尾随零填充 Y 以达到长度 n，返回 Y 的 n 点傅里叶反变换
X = ifft(Y,n,dim)   %返回沿 dim 维度的傅里叶反变换。若 Y 是矩阵，则 ifft(Y,n,dim)
                    %返回每一行 n 点的反变换
```

2. ifft2( )函数——二维快速傅里叶反变换

二维快速傅里叶反变换语法格式：

```
X=ifft2(Y)          %使用快速傅里叶变换算法返回矩阵的二维离散傅里叶反变换
```

说明：若 Y 是一个多维数组，则 ifft2()计算大于 2 的每个维度反变换。输出 X 的大小与 Y 相同。

```
X = ifft2(Y,m,n)    %在计算反变换之前截断 Y 或用尾随零填充 Y，以形成 m×n 矩阵
```

说明：若 Y 是一个多维数组，ifft2()将根据 m 和 n 决定 Y 的前两个维度的形状。

【实战练习 4-3】快速傅里叶反变换的应用

分别使用 conv()函数和快速傅里叶反变换两种方法计算下列矩阵的卷积。

$$A = \begin{bmatrix} 1 & 1 & 1 \\ 1 & 1 & 1 \\ 1 & 1 & 1 \end{bmatrix} \qquad B = \begin{bmatrix} 1 & 1 \\ 1 & 1 \end{bmatrix}$$

编程代码如下：

```
A=ones(3);
B=ones(2);
B(4,4)=0;
A(4,4)=0;
C1=conv2(A,B)
C2=ifft2(fft2(A).*fft2(B))
```

结果：

```
C1 =    1    2    2    1    0    0    0
        2    4    4    2    0    0    0
        2    4    4    2    0    0    0
        1    2    2    1    0    0    0
        0    0    0    0    0    0    0
        0    0    0    0    0    0    0
        0    0    0    0    0    0    0
C2 =    1    2    2    1
        2    4    4    2
```

```
2    4    4    2
1    2    2    1
```

4.2 拉普拉斯变换与反变换

拉普拉斯变换是工程数学中常用的一种积分变换，也称为拉氏变换。拉普拉斯变换是将一个参数时域 $t(t{\geq}0)$ 的函数，转换为复数 s 域函数的线性变换，即将时域信号变为复数域信号为拉普拉斯变换；反之称为拉普拉斯反变换。拉普拉斯变换可将求解数学模型当作求解一个线性方程处理。

4.2.1 拉普拉斯变换

拉普拉斯变换语法格式：

```
F=laplace(f,t,s)                    %求时域函数 f 的拉普拉斯变换 F
```

其中：返回结果 F 为 s 的函数。当参数 s 省略，返回结果 F 默认为 s 的函数；f 为 t 的函数，当参数 t 省略，默认自由变量为 t。

4.2.2 拉普拉斯反变换

拉普拉斯反变换语法格式：

```
f=ilaplace(F,s,t)                   %求 F 的拉普拉斯反变换 f
```

说明：把 s 转换成 t 的函数。

【实战练习 4-4】拉普拉斯变换和反变换应用

求 $f(t)=\cos(at)+\sin(at)$ 的拉普拉斯变换和反变换。

编程代码如下：

```
syms a t s
F1=laplace(sin(a*t)+cos(a*t),t,s)
f=ilaplace(F1)
fx=ilaplace(sym('1/s'))
```

结果：

```
F1 = a/(a^2 + s^2) + s/(a^2 + s^2)
f =    cos(a*t) + sin(a*t)
fx=    1
```

4.3 Z 变换与 Z 反变换

Z 变换是分析线性时不变离散系统的一种工具，Z 变换是将离散系统时域数学模型（差分方程）转换为频域数学模型（代数方程）的一种方法，它在数字信号处理、计算机控制系统等领域有着广泛的应用。

4.3.1　Z 变换

Z 变换是对连续 f 系统进行的离散数学变换，常用求线性时不变差分方程的解。
语法格式：

```
Z=ztrans(f)                              %求 Z 变换
```

4.3.2　Z 反变换

将离散 z 系统再变成连续系统的变换称为 Z 反变换。
语法格式：

```
fz=iztrans(z)                            %求 Z 反变换
```

【实战练习 4-5】Z 变换和 Z 反变换应用

求 $f(x)=xe^{-10x}$ 的 Z 变换和 $f(z)=\dfrac{z(z-1)}{z^2+2z+1}$ 的反变换。

编程代码如下：

```
syms x,k,z;
f=x*exp(-x*10);                          %定义表达式
F=ztrans(f)                              %求 Z 变换
Fz=z*(z-1)/(z^2+2*z+1);                  %定义 Z 反变换表达式
F1=iztrans(Fz)
```

结果：

```
F =     (z*exp(10))/(z*exp(10) - 1)^2
F1 =     3*(-1)^n + 2*(-1)^n*(n - 1)
```

4.4　求极限

极限是数学分析或微积分的重要基础概念，连续和导数都是通过极限定义的。极限分为序列极限和函数极限，描述一个序列的下标越来越大时的趋势称序列极限；描述函数的自变量趋近某个值时的函数值的趋势称函数极限。

在高等数学计算中主要用函数极限计算当变量 x 趋近于常数 a 时，$f(x)$ 函数的极限值，语法格式：

```
limit(f,x,a);            %求符号函数 f(x) 的极限值
limit(f,a) ;             %求符号函数 f(x) 变量 x 趋近于 a 的极限值
limit(f);                %求符号函数 f(x) 的极限值
```

说明：符号函数 f(x) 的变量为函数 findsym(f) 确定的默认变量（findsym() 函数用于查找符号表达式中的符号变量。findsym(f) 返回 f 中的全部符号变量），没有指定变量的目标值时，系统默认变量趋近于 0，即 a=0 的情况。

```
limit(f,x,a,'right');    %求符号函数 f 的极限值。right 表示变量 x 从右边趋近于 a
```

```
limit(f,x,a, 'left');          %求符号函数 f 的极限值。left 表示变量 x 从左边趋近于 a
limit(f,x,a, 'inf');           %求符号函数 f 的极限值。inf 表示变量 x 趋近于无穷
```

【实战练习 4-6】极限求解应用

求下列 $F1$ 和 $F2$ 的极限。

$$F1 = \lim_{x \to 0} \frac{x(e^{\sin x} + 1) - 2(e^{\tan x} - 1)}{\sin^3 x}$$

$$F2 = \lim_{x \to \infty} \frac{\sqrt{x + \sqrt{x}} - \sqrt{x}}{\sin(\pi/6)}$$

编程代码如下：

```
syms x;                                      %定义 x 为符号变量
f1=(x*(exp(sin(x))+1)-2*(exp(tan(x))-1))/sin(x)^3;   %定义表达式 1
f2=(sqrt(x+sqrt(x))-sqrt(x))/ sin(pi/6)      %定义表达式 2
F1=limit(f1,x,0)                             %求函数的极限
F2=limit(f2.x,inf)
```

结果：

```
F1=     -1/2
F2=      1
```

4.5 求导数

导数被描述为：当自变量的增量趋于零时，因变量的增量与自变量的增量之比的极限。求导数计算是高等数学中的一个计算方法，也是微积分的基础。导数常用来表示运动物体的瞬时速度、加速度及曲线在某点的斜率。

4.5.1 语法格式

（1）diff(s)：没有指定变量和导数阶数，则系统按 findsym()函数指示的默认变量对符号表达式 s 求一阶导数。

（2）diff(s,'v')：以 v 为自变量，对符号表达式 s 求一阶导数。

（3）diff(s,n)：按 findsym()函数指示的默认变量对符号表达式 s 求 n 阶导数，n 为正整数。

（4）diff(s,'v',n)：以 v 为自变量，对符号表达式 s 求 n 阶导数。

4.5.2 使用案例

【实战练习 4-7】导数求解应用

建立脚本程序，求下列导数：

（1）$f1 = \sin x^2 + 3x^5 + \sqrt{(x+1)^3}$；

（2）$f1 = \cos x^2 + \tan^{-1}(\log_e(x))$。

编程代码如下：

```
syms x;                              %定义符号变量
 f1=sin(x)^2+3*x^5+sqrt((x+1)^3);
 f2=cos(x)^2+atan(log(x))
 F1=diff(f1,x)                        %求函数的极限
 F2=diff(f2,x)
```

结果：

```
F1 = 2*cos(x)*sin(x) + (3*(x + 1)^2)/(2*((x + 1)^3)^(1/2)) + 15*x^4
F2 = 1/(x*(log(x)^2 + 1)) - 2*cos(x)*sin(x)
```

【实战练习 4-8】 二阶导数及求值应用

已知下列函数 $f1$，求 $f1$ 的二阶导数 $F1$ 及在 $x=2$ 的值 X，即 $f1 = \dfrac{5}{\ln(1+x)}$，求 $F1 = \dfrac{\mathrm{d}^2 f}{\mathrm{d}x}$，

$X = \dfrac{\mathrm{d}^2 f}{\mathrm{d}x}\bigg|_{x=2}$ 的值。

编程代码如下：

```
syms x;
f1=5/log(1+x);
F1=diff(f1,x,2)
x=2;
X=eval(F1)
```

结果：

```
F1=5/(log(x + 1)^2*(x + 1)^2) + 10/(log(x + 1)^3*(x + 1)^2)
X = 1.2983
```

4.6　求积分

积分是数学分析中的一个核心概念，通常分为定积分和不定积分两种。对于一个给定函数，在一个实数区间上的定积分用于坐标平面上，表示曲线、直线及坐标轴围成的曲边梯形面积。MATLAB 求积分可以使用解析和用小梯形面积求和两种方法，分别利用 int() 函数和 quad() 函数获得。

4.6.1　使用 int() 函数求积分

int() 函数是根据解析的方法求解，对定积分和不定积分均可得到解析的解，无任何误差，但速度稍慢。

语法格式：

```
int(s);          %没有指定积分变量和积分阶数时，系统按 findsym() 函数指示的默认
                 %变量对被积函数或符号表达式 s 求不定积分
int(s,v);        %以 v 为自变量，对被积函数或符号表达式 s 求不定积分
int(s,v,a,b);    %以 v 为自变量、符号表达式 s 的定积分运算
```

其中：a，b 分别表示定积分的下限和上限。该函数求被积函数在区间[a,b]上的定积分。a 和 b 既可以是两个具体的数，也可以是一个符号表达式，还可以是无穷(inf)。当函数 f 关于变量 x 在闭区间[a,b]上可积分时，函数返回一个定积分结果；当 a,b 中有一个是无穷时，函数返回一个广义积分；当 a,b 中有一个符号表达式时，函数返回一个符号函数。

【实战练习 4-9】求不定积分

求下列三角函数乘积 f1 的不定积分。

$$f1 = \int \cos 2x \sin 3x \mathrm{d}x$$

编程代码如下：

```
syms x;
f1=cos(2*x)*sin(3*x)
F1=int(f1)
```

结果：

```
F1 =  2*cos(x)^3 - cos(x) - (8*cos(x)^5)/5
```

【实战练习 4-10】求定积分

求下列表达式 f1 和 f2 的定积分。

$$f1 = \int_{-T/2}^{T/2} (AT^2 + \mathrm{e}^{-\mathrm{j}xt})\mathrm{d}t$$

$$f2 = \int_1^{\mathrm{e}} \frac{1}{x^2} \ln x \mathrm{d}x$$

编程代码如下：

```
syms A t T x
f1=A*T^2+exp(-j*x*t)
f2=log(x)/x^2
F1=int(f1,t,-T/2, T/2);
F2=simplify(F1)
F3=int(f2,x,1,exp(1));
F4=eval(F3)
```

结果：

```
f1= A^T^2 + exp(-t*x*1i)
f2 = log(x)/x^2
F2 = A*T^3 + (2*sin((T*s)/2))/x
F4=   0.2642
```

【实战练习 4-11】求二重积分

求下列表达式 f1 和 f2 的二重积分。

$$f1 = \iint (x+y)\mathrm{e}^{-xy}\mathrm{d}x\mathrm{d}y$$

$$f2 = \iint \ln(x)/y^2 + y^2/x^2 \mathrm{d}x\mathrm{d}y \qquad (1/2 \leq x \leq 2, 1 \leq y \leq 2)$$

编程代码如下：

```
syms x y;
f1=(x+1)*exp(-x*y);
F1=int(int(f1,'x'),'y')
```

```
f2=log(x)/y^2+y^2/x^2;
F2=int(int(f2,x,1/2,2),y,1,2)
F3=eval(F2)
```

结果：

```
F1 =  (exp(-x*y)*(x + y))/(x*y)
F2= (5*log(2))/4 + 11/4
F3=   3.6164
```

4.6.2 使用 quad()（quadl）函数求积分

函数 quad() 和 quadl() 可求一元函数的数值积分，它们采用的算法不同，但均是采用遍历自适应法计算函数的数值积分，quad() 对于低精度或者不光滑函数效率更高；quadl() 对于高精度和光滑函数效率更高。quad() 和 quadl() 都是利用小梯形面积求和得到的，由于不是通过解析的方法，因此只能求定积分，当有计算精度限制时，计算速度比 int() 函数快。

语法格式：

对 fun() 函数在 a、b 之间求定积分，积分精度缺省值为 1e-6q = quad(fun,a,b)

```
[Q,Fcnt]=quad(fun,a,b)           %求 fun()函数在[a,b]定积分，fun()为函数句柄
[Q,Fcnt]=quad(fun,a,b,tol)       %求 fun()函数在[a,b]定积分,tol 为自定义精度
[Q,Fcnt]=quadl(fun,a,b):         %求 fun()函数在[a,b]定积分，fun()为函数句柄
[Q,Fcnt]=quadl(fun,a,b,tol):     %求 fun()函数在[a,b]定积分,tol 为自定义精度
```

其中：fun() 为被积函数（形式为函数句柄/匿名函数），a,b 分别为积分上、下限；[Q,Fcnt] 分别返回数值积分的结果和函数计算的次数；tol 表示误差，tol 越大，函数计算的次数越少，速度越快，但相应计算结果的精度会越低。

【实战练习 4-12】利用小梯形的面积求定积分

使用 quad() 和 quadl() 函数，分别利用句柄求下列函数 $F1$ 和 $F2$ 的定积分。

$$F1 = \int_0^{3\pi} \sqrt{4\cos^2(2x)+\sin^2(x)+1}\,dx$$

$$F2 = \int_0^2 \frac{2}{x^3-x+2}\,dx$$

编程代码如下：

```
F1=@(x)(sqrt(4*cos(2*x).^2+sin(x).^2+1));
[Q1 ,Fcnt1]=quad(F1, 0, 3*pi)
F2 = @(x) 2./(x.^3-x+2);
[Q2 ,Fcnt2]= quadl(F2,0,2)
```

结果：

```
Q1 =   17.2220
Fcnt1 =   273
Q2 =   1.7037
Fcnt2 =    48
```

【实战练习 4-13】利用函数求表达式积分

已知 $w=[\pi/2, \pi, 3\pi/2]$；$K=[\pi/2-1, -2, -3\pi/2-1]$，求下列表达式 Y 的积分。

$$Y = \left(\int_0^{w(1)} x^2\cos(x)\,dx - K(1) \right)^2 + \left(\int_0^{w(2)} x^2\cos(x)\,dx - K(2) \right)^2 + \left(\int_0^{w(3)} x^2\cos(x)\,dx - K(3) \right)^2$$

编程代码如下：

```
w=[pi/2,pi,pi*1.5];
K=[pi/2-1,-2,-1.5*pi-1];
F1=@(x)(x.^2.*cos(x) -K(1)).^2;
F2=@(x)(x.^2.*cos(x) -K(2)).^2;
F3=@(x)(x.^2.*cos(x) -K(3)).^2;
y=quadl(F1,0,w(1))+ quadl(F2,0,w(2))+ quadl(F3,0,w(3))
```

结果：

```
y=   1.378679143103574e+02
```

4.7　零点与极值

零点是指函数值为零自变量的值，即描述函数值为零的点；极值是若 $f(a)$ 是函数 $f(x)$ 的极大值或极小值，则 a 为函数 $f(x)$ 的极值点，极大值与极小值点都称为极值点。零点、极值点均指函数 $y=f(x)$ 的横坐标值。

4.7.1　求零点

求零点语法格式：

```
x=fzero(fun,x0)                %离 x0 起始点最近的根
x=fzero(fun,x0,options)        %由指定的优化参数 options 进行最小化
x=fzero(problem)               %对 problem 指定的问题求解
```

说明：fzero()函数既可以求某个初始值的根，也可求区间和函数值的根。

【实战练习 4-14】根据零点求解

求 $f(x)=x^5-3x^4+2x^3+x+3$ 函数的解（根）。

编程代码如下：

```
f='x^5-3*x^4+2*x^3+x+3';
x=fzero(f,0)                   %求函数 f 的零点
```

结果：

```
x= -0.7693
```

说明：因为 f(x)是一个多项式，所以能使用 roots 命令求出相同的实数零点和共轭复数零点，即

```
p=[1 -3 2 0 1 3];x=roots(p)
x=1.8846 +   0.58974i
```

```
    1.8846  -      0.58974i
    2.4286e-16  +         1i
    2.4286e-16  -         1i
   -0.76929  +          0i
```

【实战练习 4-15】求三角函数的零点

根据正弦函数在 3 附近的零点计算 π，并求余弦函数在[1, 2]之间的零点。

编程代码如下：

```
fun=@sin;
fun1=@cos
x=fzero(fun,3)
x1=fzero(fun1,[1 2])
```

结果：

```
x =    3.1416
x1 =    1.5708
```

4.7.2　求极值

求极值包括极大值和极小值，fminbnd(f,a,b)函数是对 $f(x)$在[a, b]上求极小值，当求$-f(x)$的极小值时即可得到 $f(x)$的极大值。当不知道准确的范围时，可画出该函数的图形，先估计一下范围再使用该命令求取，语法格式：

```
[x,min]=fminbnd(f,a,b)              %x 为取得极小值的点，min 为极小值；f 表示函数名，
                                    %a，b 表示取得极值范围。
```

【实战练习 4-16】求给定区间的极值

求函数 $f(x)=2e^{-x}\sin x$ 在[0 ,8]之间的极值点。

编程代码如下：

```
syms x
f='2*exp(-x)*sin(x)';
[x,min1]=fminbnd(f,0,8)
[x,max1]=fminbnd('-2*exp(-x)*sin(x)',0,8)
```

结果：

```
x =     3.9270
min1 =   -0.0279                    %极小值点
x =     0.7854
max1 =   -0.6448
max=-max1= 0.6448                   %极大值点
```

4.8　方程求解

方程求解是等号左右两边相等时未知数的值，称为解方程。虽然解方程有多种算法，但对于高次方程或多元方程组的解法是一个复杂的过程，MATLAB 提供了函数及矩阵除法用于

求解方程的根。

4.8.1 线性方程组求解

1. 直接使用左除求解

【实战练习 4-17】使用除法求解多元方程组

使用除法求下列三元一次方程组的解。

$$\begin{cases} x+y+z=1 \\ 3x-y+6z=7 \\ y+3z=4 \end{cases}$$

编程代码如下：

```
A = sym('[1,1,1;3,-1,6;0,1,3]')
b = sym('[1;7;4]')
x = A\b
```

结果：

```
x =      -1/3
          0
          4/3
```

2. 使用solve()函数求解

【实战练习 4-18】使用函数求解多元方程组

使用函数方法解三元一次方程组。

$$\begin{cases} x+y+z=1 \\ x-y+z=2 \\ 2x-y-z=1 \end{cases}$$

编程代码如下：

```
g1='x+y+z=1';
g2='x-y+z=2';
g3='2*x-y-z=1';
[x,y,z]=solve(g1,g2,g3)      或
[x,y,z]=solve('x+y+z=1','x-y+z=2','2*x-y-z=1')
```

结果：

```
x = 2/3
y = -1/2
z = 5/6,
```

【实战练习 4-19】使用 solve()函数求解多元方程组符号解

求下列三元一次方程组的符号解。

$$\begin{cases} 2x+3y-z=2 \\ 8x+2y+3z=4 \\ 45x+3y+9z=23 \end{cases}$$

编程代码如下：

```
syms x y z                                    %建立符号变量
[x,y,z]=solve(2*x+3*y-z-2, 8*x+2*y+3*z-4, 45*x+3*y+9*z-23)
```

结果：

```
x = 151/273
y=    8/39
z =   -76/273
```

【实战练习 4-20】使用 solve()函数求解多元方程组数值解

求下列三元一次方程组的数值解。

$$\begin{cases} x+2y-z=27 \\ x+z=3 \\ 2x+3y=28 \end{cases}$$

编程代码如下：

```
eq1 = x+2*y-z==27
eq2 = x+z==3
eq3 =2*x+3*y==28
[x,y,z] = solve(eq1,eq2,eq3,x,y,z)
```

结果：

```
x =    17
y =    -2
z =   -14
```

4.8.2　符号代数方程求解

MATLAB 的 solve()函数能够对线性方程、非线性方程及一般的代数方程、代数方程组求解。线性方程组的符号解也可用 solve()函数，当方程组不存在符号解、又无其他自由参数时，则给出数值解。

语法格式：

```
solve(f,'v')                          %求一个方程 f 的解
solve(f1,f2,…,fn)                     %求 f1…fn 多个方程的解
```

说明：f 可以是含等号的符号表达式的方程，也可以是不含等号的符号表达式，但所指的仍是令 f=0 的方程；当参数 v 省略时，默认 x 为方程中的自由变量，其输出结果为结构数组类型。

【实战练习 4-21】符号代数方程求解的应用

对方程 $f1=ax^2+bx+c$ 及 $f2=x^2-x-30=0$ 分别求解。

编程代码如下：

```
syms a b c x
f1=a*x^2+b*x+c;
f2=x^2-x-30;
```

```
Fx=solve(f1,x)                          %对默认变量 x 求解
Fb=solve(f1,b)                          %对指定变量 b 求解
F2=solve(f2,x)
```

结果：

```
Fx=  -(b + (b^2 - 4*a*c)^(1/2))/(2*a)
 -(b - (b^2 - 4*a*c)^(1/2))/(2*a)
Fb = -(a*x^2 + c)/x
F2 = -5
       6
```

4.8.3　常微分方程（组）的求解

在 MATLAB 中，用 diff(y,x)表示 y'，diff(y,x,2)表示 y''，初始条件 Dy(0)=5 表示 $y'(0)$=5。解常用微分方程或微分方程组时，使用 dsolve( )函数。

语法格式：

```
dsolve( )                               %求解符号常微分方程的解
dsolve(e,c,v)                           %求解常微分方程 e 在初值条件 c 下的特解
```

其中：参数 v 描述方程中的自变量，省略时默认变量为 t，若没有给出初值条件 c，则求方程的通解。

```
dsolve(e1,e2,…,en,c1,…,cn,v1,…,vn)     %求解常微分方程组
```

其中：该函数求解常微分方程组 e1,…,en，在初值条件 c1,…,cn 下的特解，若不给出初值条件，则求方程组的通解，v1,…,vn 给出求解变量；若省略自变量，则默认自变量为 t；若找不到解析解，则返回其积分形式。

【实战练习 4-22】求方程通解

求下列微分方程的通解。

$$\frac{\mathrm{d}y}{\mathrm{d}x} + 2xy = x\mathrm{e}^{-x^2}$$

编程代码如下：

```
syms y(x);
eqn1 = diff(y,x)==-2*x*y+x*exp(-x^2);
Y = dsolve(eqn1)
```

结果：

```
Y = C5*exp(-x^2) + (x^2*exp(-x^2))/2
```

【实战练习 4-23】求方程特解

建立脚本程序，求微分方程 $xy'' = \sqrt{\left(1+y'^2\right)/2}$ （y_{100}=0, y'_{100}=0）的特解。

编程代码如下：

```
syms y(x);  Dy=diff(y,x);
equ=diff(y,x,2)== sqrt(1+diff(y,x)^2)/(2*x);
```

```
cond=[y(100)==0, Dy(100)==0];
Y=dsolve(equ,cond)
```

结果：

```
Y= (10*x^(1/2)*(x/100 - 3))/3 + 200/3
   - (10*x^(1/2)*(x/100 - 3))/3 - 200/3
```

【实战练习 4-24】求方程组通解

求下列微分方程组的通解。

$$\begin{cases} \dfrac{\mathrm{d}^2 x}{\mathrm{d}t^2} + 2\dfrac{\mathrm{d}x}{\mathrm{d}t} = x(t) + 2y(t) - \mathrm{e}^{-t} \\[2mm] \dfrac{\mathrm{d}y}{\mathrm{d}t} = 4x(t) + 3y(t) + 4\mathrm{e}^{-t} \end{cases}$$

编程代码如下：

```
syms x(t)  y(t);
eqns = [diff(x,t,2) ==x(t)+2*y(t)-exp(-t)-2*diff(x,t), diff(y,t) ==
4*x(t)+3*y(t)+4*exp(-t)];
[x,y]= dsolve(eqns)
```

结果：

```
x =exp(t*(6^(1/2) + 1))*(6^(1/2)/5 - 1/5)*(C7 + exp(- 2*t - 6^(1/2)*t)*
((11*6^(1/2))/3 - 37/4)) - exp(-t)*(C9 + 6*t) - exp(-t*(6^(1/2) - 1))*
(6^(1/2)/5 + 1/5)*(C8 - exp(6^(1/2)*t - 2*t)*((11*6^(1/2))/3 + 37/4))
y = exp(-t)*(C9 + 6*t) + exp(t*(6^(1/2) + 1))*((2*6^(1/2))/5 + 8/5)*
(C7 + exp(- 2*t - 6^(1/2)*t)*((11*6^(1/2))/3 - 37/4)) - exp(-t*(6^(1/2) - 1))*
((2*6^(1/2))/5 - 8/5)*(C8 - exp(6^(1/2)*t - 2*t)*((11*6^(1/2))/3 + 37/4))
```

4.9　级数

级数是指将数列的项依次用加号连接起来的函数，常用于描述数列各项的和。常用的有等差、等比、泰勒级数，通过级数展开得到函数的特征，再计算逼近值。这不仅对已知函数能做出归纳，也是产生新函数的一种重要方法。

4.9.1　级数求和

级数求和运算是数学中常见的一种运算。例如：

$$f(x)=a_0+a_1x+a_2x^2+a_3x^3+\cdots+a_nx^n$$

函数 symsum()可以用于对符号函数 f 的求和运算。该函数引用时，确定级数通式项为 s，自变量为 k，变量的变化范围为 a 和 b。语法格式：

```
symsum(s)                    %s 为级数通式项，求默认自变量 k 从 0~k-1 的前 k 项和
symsum(s,k)                  %变量为 k，求 k 从 0~k-1 的前 k 项和
symsum(s,a,b)                %若默认变量为 k，求 k 从 a~b 的和
symsum(s,k,a,b)              %s 为级数通式项，v 是求和变量，求从 a~b 的和
```

说明：当默认变量不变时，（1）与（2）用法基本相同；（3）与（4）用法基本相同。

【实战练习 4-25】 求级数的前 *n* 项和

求级数 $S = \sum\limits_{k=1}^{\infty} \dfrac{1}{(k+1)^2}$ 前 *k* 项和、从 $1 \sim \infty$ 及其前 10 项的和。

编程代码如下：

```
clc; syms k;
s=1/(k+1)^2
S1=symsum(s)
S2=symsum(s,k)
S10=symsum(s,1,10)                    %求级数前 10 项和
S20=symsum(s,k,1,10)                  %求级数前 10 项和
```

结果：

```
s =  1/(k + 1)^2
S1 = -psi(1, k + 1)                   %psi 为 Ψ
S2 =  -psi(1, k + 1)
S10 =  85758209/153679680
S20 =  85758209/153679680
```

4.9.2　一元函数的泰勒级数展开

一元函数的泰勒级数展开语法格式：

```
taylor(f)                            %求 f 关于默认变量的 5 阶泰勒展开式
taylor(f,n)                          %求 f 关于默认变量的 n-1 阶泰勒展开式
taylor(f,n,v)                        %求 f 关于变量 v 的 n-1 阶泰勒展开式
taylor(f,n,v,a)                      %求 f 在 v=a 处的 n-1 阶泰勒展开式
```

【实战练习 4-26】 求给定的泰勒展开式

求下列三个函数的泰勒展开式。

$$f1 = \mathrm{e}^x = \sum_{n=0}^{\infty} \frac{x^n}{n!}$$

$$f2 = \sin x = \sum_{n=0}^{\infty} \frac{(-1)^n}{(2n+1)!} x^{2n+1}$$

$$f3 = \cos x = \sum_{n=0}^{\infty} \frac{(-1)^n}{2n!} x^{2n}$$

编程代码如下：

```
syms x;
 f1=exp(x);
 f2=sin(x);
 f3=cos(x);
```

```
taylorexpx=taylor(f1)
taylorsinx=taylor(f2)
taylorcosx=taylor(f3)
```

结果：

```
taylorexpx =   x^5/120 + x^4/24 + x^3/6 + x^2/2 + x + 1
taylorsinx =    x^5/120 - x^3/6 + x
taylorcosx =   x^4/24 - x^2/2 + 1
```

4.9.3　麦克劳林公式

麦克劳林公式（Maclaurin's series）是泰勒公式的一种特殊形式。

麦克劳林公式展开式：

$$f(x)=f(x0)+f'(x0)*(x-x0)+f''(x0)/2!*(x-x0)^2+\cdots+f(n)(x0)/n!*(x-x0)^n$$

常用两种方式：

（1）分子是两个或多个函数相加、减，此时，只要将两个函数展开到与分母同阶次即可。

（2）分子是两个或以上的函数相乘，此时需要考虑分子相乘出现的所有与分母同阶次的项。

【实战练习 4-27】求函数的麦克劳林展开式

求函数 $f(x)=xe^x+\text{atan}(x)$ 的麦克劳林展开式。

编程代码如下：

```
syms x
f=x*exp(x)+atan(x);
T = taylor(f,x,0)
```

结果：

```
T =   (29*x^5)/120 + x^4/6 + x^3/6 + x^2 + 2*x
```

4.10　函数拟合与插值

函数拟合是指根据已知数据点的值，通过求解拟合函数的参数来使拟合函数与数据点的误差最小，用于拟合未知数据点的值。插值是在已知数据点之间，利用插值算法函数估计未知数据点的值。拟合与插值是两种求函数近似值的方法。例如根据一元线性函数表达式 $f(x)$ 中的两点（函数表达式由所给数据决定），找出 $f(x)$ 在中间点的数值。插值运算可大大减少编程语句，使得程序简洁清晰。

4.10.1　一维插值

一维插值算法是一种数据插值方法，用于在已知的一组数据基础上估计或预测中间位置的数据点的值。MATLAB 提供的一维插值函数为 interp1( )，定义如下：

已知离散点上的数据集在一个点集的函数值，构造一个解析函数插入一些点，通过这些点能够求出它们之间的值，这一过程称为一维插值。

语法格式：

```
yi=interp1(x,y,xi);              %x,y 为已知数据值，xi 为插值数据点
y1=interp1(x,y,xi,'method');     %x,y 为已知数据值，xi 为插值点，method 为设定插值
                                 %方法，如表 4.1 所示。
```

表 4.1 一维插值method选项

method	描　述
nearest	最临近插值法，将内插点设置成最接近于已知数据点的值，特点是插值速度最快、平滑性差
linear	线性插值（默认值），该方法连接已有数据点作线性逼近，它是interp1()函数的默认方法，其特点是需要占用更多的内存，速度比nearest方法稍慢，但是平滑性优于nearest方法
spline	三次样条插值，该方法利用一系列样条函数获得内插数据点，从而确定已有数据点之间的函数，其特点是处理速度慢，但占用内存少，可以产生光滑的插值结果，效果最好

【实战练习4-28】正弦函数的一维插值及绘图

绘制$(0, 2\pi)$的正弦曲线，按照线性插值、最临近插值和三次样条插值三种方法，每隔 0.5 进行插值，绘制插值前、后曲线并进行对比。

编程代码如下：

```
clc
x=0:2*pi;
y=sin(x);
xx=0:0.5:2*pi;
subplot(2,2,1);plot(x,y);
title('原函数图')
y1=interp1(x,y,xx,'linear');
subplot(2,2,2);plot(x,y,'o',xx,y1,'r')
title('线性插值')
y2=interp1(x,y,xx,'nearest');
subplot(2,2,3);plot(x,y,'o',xx,y2,'r');
title('最临近插值')
y3=interp1(x,y,xx,'spline');
subplot(2,2,4);plot(x,y,'o',xx,y3,'r')
title('三次样条插值')
```

几种插值的结果如图 4.2 所示。

结论：从线性插值、最临近插值和三次样条插值三种方法看出，三次样条插值曲线效果最好。

【实战练习4-29】测试点的插值应用

设某一天 24 小时内，从零点开始每间隔 2 小时测得的环境温度数据分别为

12，9，9，10，18，24，28，27，25，20，18，15，13，推测中午 13 点的温度。

编程代码如下：

```
x=0:2:24;
y=[12  9  9  10  18 24  28  27  25  20  18  15  13];
a=13;
y1=interp1(x,y,a,'spline')
```

结果：

```
y1 =   27.8725
```

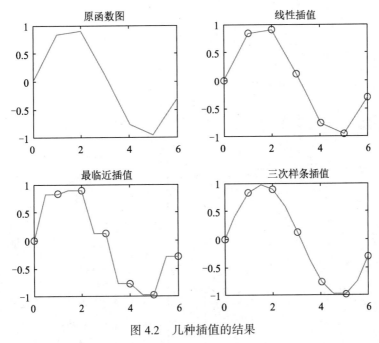

图 4.2　几种插值的结果

【实战练习 4-30】利用默认插值并绘图

设 2000—2020 年的产量每间隔 2 年数据分别为 90，105，123，131，150，179，203，226，249，256，267，估计 2015 年产量并绘图。

编程代码如下：

```
clear;
year = 2000:2:2020
product = [ 90 105 123 131 150 179 203
226 249 256 267 ];
x =2000:1:2020
y = interp1(year,product,x);
p2015 = interp1(year,product,2015)
plot(year,product,'o',x,y)
```

结果：

```
p2015 = 237.5000
```

默认插值曲线如图 4.3 所示。

【实战练习 4-31】 利用三次样条插值和线性插值绘图

对离散分布在 $y=\exp(x)\sin(x)$ 函数曲线上的数据，分别进行三次样条插值和线性插值计算，并绘制曲线。

编程代码如下：

```
clear;
x = [0 2 4 5 8 12 12.8 17.2 19.9 20];
y = exp(x).*sin(x);
xx = 0:.25:20;
yy = interp1(x,y,xx,'spline');
plot(x,y,'o',xx,yy);hold on
yy1 = interp1(x,y,xx,'linear');
plot(x,y,'o',xx,yy1);hold on
```

结果：

插值后曲线如图 4.4 所示。

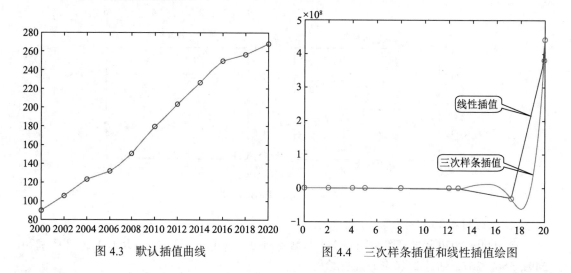

图 4.3 默认插值曲线   图 4.4 三次样条插值和线性插值绘图

4.10.2 二维插值

二维插值是指被插值函数 $z=f(x,y)$ 为二元函数，二维插值是计算机视觉和图像处理中最基本的使用方法。语法格式：

```
ZZ = interp2(X,Y,Z,X1,Y1)    %X 和 Y 分别是 m 维和 n 维向量,表示节点;Z 为 n×m 的矩阵,
                             %表示节点值;X1(行向量),Y1(列向量) 是插值点的一维数
                             %组,为插值范围,若插值在范围外的点,则返回 NAN(数值
                             %为空)
ZZ = interp2(Z,X1,Y1)        %表示 X1=1:n、Y1=1:m,其中的[m,n]=size(Z)。按上述
                             %情形进行计算
ZZ = interp2(X,Y,Z,X1,Y1,method)  %用指定的方法 method 计算二维插值,method 取
                             %值如表 4.2 所示
```

表 4.2　二维插值method选项

method	描　述
linear	基于三角剖分的线性插值（默认），支持二维和三维插值
spline	三次样条插值，支持二维和三维插值
nearest	基于三角剖分的最近邻点插值，支持二维和三维插值
natural	基于三角剖分的自然邻点插值，支持二维和三维插值。该方法在线性与立方之间达到有效的平衡
cubic	基于三角剖分的三次插值，仅支持二维插值

说明：interp2()函数能够较好地进行二维插值运算，但是它只能处理以网格形式给出的数据。

【实战练习 4-32】对平均工资进行二维插值

已知工人平均工资从 1980—2020 年开始得到逐年提升，计算在 2000 年工作了 12 年的员工平均工资。

编程代码如下：

```
years = 1980:10:2020;
times= 10:10:30;
salary= [1500 1990 2000 3010 3500 4000 4100 4200 4500 5600 7000 8000 9500
10000 12000];
S= interp2(service,years,salary,12,2000)
```

结果：

```
S=  4120
```

【实战练习 4-33】对给定函数插值拟合三维曲面

对函数 $z = f(x,y) = \dfrac{\sin\sqrt{x^2+y^2}}{\sqrt{x^2+y^2}}$ 进行三种插值拟合曲面，并比较插值前后拟合结果。

编程代码如下：

```
[x,y]=meshgrid(-8:0.8:8);
z=sin(sqrt(x.^2+y.^2))./sqrt(x.^2+y.^2)
subplot(2,2,1);surf(x,y,z);title('插值前原图');
[x1,y1]=meshgrid(-8:0.5:8);
z1=interp2(x,y,z,x1,y1);
subplot(2,2,2);surf(x1,y1,z1);title('线性插值拟合');
z2=interp2(x,y,z,x1,y1,'cubic');
subplot(2,2,3);surf(x1,y1,z2);title('三次插值拟合');
z3=interp2(x,y,z,x1,y1,'spline');
subplot(2,2,4);surf(x1,y1,z3);title('三次样条插值拟合');
```

结果如图 4.5 所示。

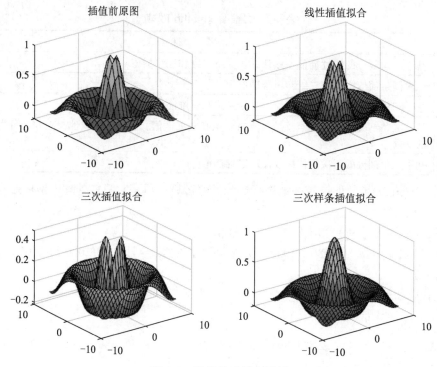

图 4.5　插值前后拟合结果

4.10.3　三维插值与三维切片

1. 三维插值

三维插值运算函数 interp3() 和 n 维网格插值 interpn 的调用格式与函数 interp1() 和 interp2() 一致，需要使用三维网格生成函数实现，即[x,y,z]=meshgrid(x1,y1,z1)，其中，x1,y1,z1 为三维所需要的分割形式，以向量形式给出三维数组，目的是返回 x,y,z 的网格数据。

语法格式：

```
interp3(x,y,z,V,x0,y0,z0, method );
```

说明：

参数 method 用于指定切片图绘制时的内插值法，使用方法同二维插值一致。

2. 绘制三维切片图

在 MATLAB 中，slice() 函数用于绘制三维切片图，三维切片图可形象地称为"四维图"，它能够在三维空间内表达第四维的信息，用颜色标识第四维数据的大小。

语法格式：

```
slice(v, sx, sy, sz);
slice(x ,y, z, v, sx, sy, sz):
slice(…,'method');
```

其中：

（1）参数 v 为三维矩阵（阶数为 m× n × p）；数据 v 用于指定第四维的大小，在切片图上显示为不同的颜色。

（2）x、y、z 参数用于指定绘制的三维切片图的 x、y、z 轴参数，未指定时默认值分别为 $1:m$、$1:n$、$1:p$。

（3）参数 sx、sy、sz 分别用于指定切片图在 x、y、z 轴所切的位置。

（4）参数 method 为三维插值方法，包括 linear（三次线性内插值法，默认）、cubic（双三次插值法）、nearest（最临近内插值法）。

【**实战练习 4-34**】指定位置的三维函数切片绘图

已知三维函数 $V(x,y,z)=\mathrm{e}^{-x^2-y^2-z^2}$，通过 $s([-1.2,.8,2],2,[-2,0])$ 指定的切片位置，绘制三维切片图。

编程代码如下：

```
[x,y,z]=meshgrid(-2:.2:2);
v=x.*exp(-x.^2-y.^2-z.^2);
sx=[-1.2,.8,2];
sy=2;
sz=[-2,0];
slice(x,y,z,v,sx,sy,sz);
```

结果如图 4.6 所示。

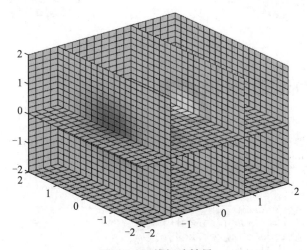

图 4.6　三维切片结果

【**实战练习 4-35**】根据给定三维函数进行不同三维插值并绘图

已经三维函数 $V(x,y,z)=\mathrm{e}^{zx^2+xy^2+yz^2}$，通过函数生成一些网格样本点进行拟合插值，对比插值前后的结果。

编程代码如下：

```
[x,y,z]=meshgrid(-2:0.4:2);
v=exp(x.^2.*z+y.^2.*x+z.^2.*y);
sx=[-1,1];
sy=[1];
sz=[-1,-2];
subplot(1,2,1);slice(x,y,z,v,sx,sy,sz)
title('插值前')
[xi,yi,zi]=meshgrid(-2:0.1:2);                %创建插值点数据网格
vi=interp3(x,y,z,v,xi,yi,zi,'spline');         %插值
subplot(1,2,2);slice(xi,yi,zi,vi,sx,sy,sz)
title('插值后')
```

结果如图 4.7 所示。

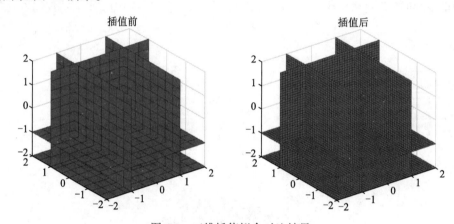

图 4.7　三维插值拟合对比结果

4.10.4　多维散点数据插值

　　二维或三维散点数据插值是离散函数逼近的重要方法，一方面，根据函数在有限点处的取值状况，估算出函数在其他点处的近似值；另一方面，插值方法可以用来将稀疏的数据点稠密化，从而美化曲线图和曲面图。

　　语法格式：

```
vq = griddata(x,y,v,xq,yq)
vq = griddata(x,y,z,v,xq,yq,zq)
[Xq,Yq,vq] = griddata(x,y,v,xq,yq)
[Xq,Yq,vq] = griddata(x,y,v,xq,yq,method)
```

　　其中：

　　（1）x、y、z 是指定向量的样本点坐标，样本点必须唯一，数据类型包括浮点型或双精度型。

　　（2）xq、yq、zq 是指定向量或数组查询点坐标，vq 是长度相同的向量，其大小取决于查询点输入的 xq、yq 和 zq 的大小，用于表示插值的位置。如果要传递查询点网格，需使用 meshgrid

构造数组；如果要传递散点集合，需要指定的向量查询点必须位于样本数据点的凸包内，对于凸包外的查询点，griddata 将返回 NAN，数据类型包括浮点型或双精度型，插入的值以向量或数组形式返回。

（3）对于二维插值（其中的 xq 和 yq 指定查询点的 m×n 网格），vq 为 m×n 数组。

（4）对于三维插值（其中的 xq、yq 和 zq 指定查询点的 m×n×p 网格），vq 为 m×n×p 数组。

例如：

（1）拟合 $v = f(x,y)$ 形式的曲面与向量 (x,y,v) 中的散点数据。

```
vq = griddata(x,y,v,xq,yq)
```

其中：griddata()函数在(xq,yq)指定的查询点，对曲面进行插值并返回插入的值 vq，此时曲面始终过 x 和 y 定义的数据点。

（2）拟合 $v = f(x,y,z)$ 形式的超曲面。

```
vq = griddata(x,y,z,v,xq,yq,zq)
```

或

```
[Xq,Yq,vq] = griddata(x,y,v,xq,yq)
```

和

```
[Xq,Yq,vq] = griddata(x,y,v,xq,yq,method)
```

其中：Xq 和 Yq 为包含查询点的网格坐标，method 取值同二维插值，如表 4.2 所示。

【实战练习 4-36】基于均匀网格对散点数据插值与拟合

对函数介于[-3, 3]之间的 200 个随机点采样进行插值，利用 $v = xe^{-x^2-y^2}$ 曲面与向量 (x,y,v) 中的散点数据拟合，实现基于均匀查询点网格对随机分布的散点数据插值并拟合均匀网格图。

编程代码如下：

```
xy = -3 + 5*rand([200 2]);
x = xy(:,1);
y = xy(:,2);
v = x.*exp(-x.^2-y.^2);
```

x、y 和 v 是包含分散（非均匀）样本点和数据的向量。

```
%定义一个规则网格并基于该网格对散点数据插值。
[xq,yq] = meshgrid(-2:.2:2, -2:.2:2);
vq = griddata(x,y,v,xq,yq);
%将网格数据绘制为网格，将散点数据绘制为点。
mesh(xq,yq,vq)
hold on
plot3(x,y,v,'o')
xlim([-2.7 2.7])
ylim([-2.7 2.7])
```

结果如图 4.8 所示。

【实战练习 4-37】基于四维函数网格插值、拟合与绘图

对四维函数 $v(x,y,z)$ 介于[-1, 1]之间的 1000 个随机点采样，向量 **x**、**y**、**z** 包含非均匀样本点，实现四维函数随机采样散点的三维切片插值并拟合四维函数网格图。

编程代码如下：

```
x = 2*rand(1000,1) - 1;
y = 2*rand(1000,1) - 1;
z = 2*rand(1000,1) - 1;
v = x.^2 + y.^3 - z.^4;
d = -1:0.1:1;    %在[-1, 1]中产生四维数据集(x,y,z,v)的三维插值切片(xq,yq,0,vq)
[xq,yq,zq] = meshgrid(d,d,0);
vq = griddata(x,y,z,v,xq,yq,zq);
plot3(x,y,v,'ro');gridon;
hold on;surf(xq,yq,vq)
```

基于网格对散点数据插值绘制结果如图 4.9 所示。

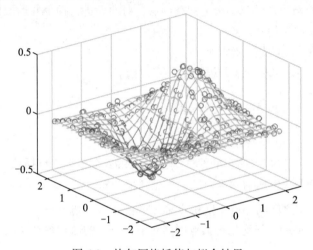

图 4.8　均匀网格插值与拟合结果

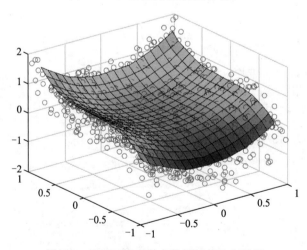

图 4.9　基于网格对散点数据插值绘制结果

【**实战练习 4-38**】多维插值用于绘制精确图

对四维函数 $f(x,y)$，在[-3,3]之间，绘制函数 $v=\sin^4(x)\cos(y)$ 在查询点网格 meshgrid(-3:0.1:3)

中的精确图。

编程代码如下:

```
x = -3 + 6*rand(50,1);
y = -3 + 6*rand(50,1);
v = sin(x).^4 .* cos(y);
[xq,yq] = meshgrid (-3:0.1:3);          %创建一个查询点网格
plot3(x,y,v,'mo');gridon;
hold on
mesh(xq,yq,sin(xq).^4 .* cos(yq))
title('Exact Solution')
```

结果如图 4.10 所示。

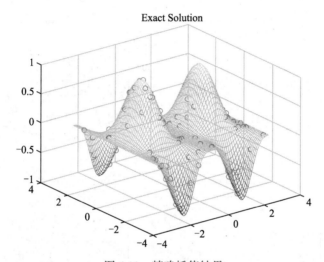

图 4.10　精确插值结果

【实战练习 4-39】同一样本数据四种插值及拟合的绘图比较

创建包含 50 个散点的样本数据集，分别使用 nearest()、linear()、natural()和 cubic()方法进行样本数据插值，并将绘制图形进行比较。

编程代码如下:

```
x = -3 + 6*rand(50,1);
y = -3 + 6*rand(50,1);
v = sin(x).^4 .* cos(y);
[xq,yq] = meshgrid(-3:0.1:3);           %创建一个查询点网格
z1 = griddata(x,y,v,xq,yq,'nearest');
subplot(2,2,1);plot3(x,y,v,'mo')
grid on;
mesh(xq,yq,z1)
title('Nearest Neighbor')
z2 = griddata(x,y,v,xq,yq,'linear');
subplot(2,2,2);plot3(x,y,v,'mo')
grid on;
mesh(xq,yq,z2)
```

```
title('Linear')
z3 = griddata(x,y,v,xq,yq,'natural');
subplot(2,2,3);plot3(x,y,v,'mo')
grid on;
mesh(xq,yq,z3)
title('Natural Neighbor')
z4 = griddata(x,y,v,xq,yq,'cubic');
subplot(2,2,4);plot3(x,y,v,'mo')
grid on;
mesh(xq,yq,z4)
title('Cubic')
```

四种拟合插值的比较如图 4.11 所示。

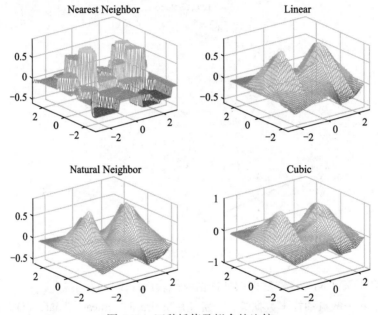

图 4.11　四种插值及拟合的比较

第 5 章　MATLAB 程序设计

　　MATLAB 程序设计是结合了数学和编程语言的特点，通过需求分析、设计、编码（将多行命令组成程序），再根据命令执行结果进行测试、排错。命令执行方式有交互式命令执行与脚本两种方式，交互式命令执行方式在命令行窗口逐条输入 Enter 键即可执行；脚本方式将有关命令序列编成程序一起编译执行，MATLAB 主界面提供了脚本编辑器编写程序，它将有关命令联编成程序存储在扩展名为.m 的文件中。程序控制包括顺序、选择和循环三种基本结构，由其组成的多层嵌套代码称为结构化程序。运行程序时直接单击工具栏的"运行"按钮或按"F5"快捷键，此时，系统将自动按照程序控制方式执行，无论交互式命令执行还是脚本方式执行，运行结果和错误信息均显示在命令行窗口中。

5.1　数据输入/输出

　　数据输入/输出是每个程序必备的语句，在 MATLAB 脚本编辑器中，可按照系统提供的输入/输出函数进行人机交互。

5.1.1　数据输入

1. 打开脚本编辑器

数据输入需要使用脚本编辑器，打开脚本编辑器的方法有：

（1）在"命令行窗口"（Command Windows）中输入 edit 按 Enter 键，自动保存文件名 Untitled.m；

（2）在工具栏中单击"新建脚本"命令打开编辑器；

（3）直接按快捷键 Ctrl+N，打开建立新文件的编辑窗口。

2.数据输入函数

从键盘输入数据使用 input()函数，语法格式：

```
A=input('请输入数据提示信息');
```

或

    A=input('请输入数据提示信息', 's');   %s 表示输入的数据是字符型不能参加计算

说明：

（1）第一种格式先输出提示信息，随后等待用户输入，输入值可以是整型或双精度类型数据，然后保存到变量 A 中，对输入的双精度数值自动保留 4 位小数（自动四舍五入）。

（2）第二种是输入字符串，先显示提示信息内容，再将输入的值以字符串类型保存在 A 中。

（3）input()函数一次只能赋一个值。

【实战练习 5-1】输入函数 input( )的应用

分别输入一个数值和字符型数据并进行显示。

编程代码如下：

```
Number=input('请输入一个数值 Number=? ')
String=input('请输入一个字符串 String=? ','s')
```

结果：

```
请输入一个数值 Number==?
输入：3.1415926
Number =    3.1416
请输入一个字符串 String=?
输入：We are learning MATLAB
String = We are learning MATLAB
```

说明：MATLAB 输出的小数部分默认 4 位有效，若希望按照指定的小数位输出则需要使用格式输出控制符，使用方法见【实战练习 5-3】。

5.1.2　数据输出

数据输出分为无格式和有格式两种。

1. 无格式输出

无格式输出语法格式：

```
disp(X)                    %输出变量 X 的值（X 可以是矩阵或字符串）
```

说明：

（1）disp()需要一个数组参数，它将值显示在命令行窗口。如果这个数组是字符型，则在命令行窗口直接输出字符串；若是数值型变量需要用 num2str()（将一个数转换为字符串）或 int2str()函数（将一个整数转换为字符串）转换后显示在命令行窗口中。

（2）disp()一次只能输出一个变量，若输出矩阵时将不显示矩阵的名字，且格式紧密不留任何空行。

【实战练习 5-2】无格式输出 disp( )函数的应用

使用 disp( )函数输出字符和数值型数据。

编程代码如下：

```
A='Hello, World!';
B=100;
disp(A)
disp(['B=',num2str(B)])
```

结果：

```
Hello, World!
B=100
```

2．有格式输出

无小数点的数据以整型显示，直接输入的数值将以默认双精度格式显示。MATLAB 的默认格式是精确到小数点后 4 位。如果数值太大或太小，则将会以科学记数法的形式显示。

例如：a=1/3
　　　b=12345.112345

结果：a=0.3333
　　　b = 1.2345e+04　　　　　　　　　%科学记数法 e 表示 10 为底的指数，即为 1.2345×10^4

语法格式：

```
fprintf(fid, format, A)              %fid 为文件句柄，指定要写入数据的文件。
```

其中：format 用来指定数据输出时采用的格式，常以%开头，格式如表 5.1 所示。

表 5.1　常用输出格式

表　示	说　明	表　示	说　明
%d	整数	%g	浮点数，取有效数字位
%f	实数，小数形式	%c	字符型
%e	实数，科学记数法形式	%s	输出字符串
%o	八进制	%X、%x	十六进制

format 中还可以使用的特殊字符，如表 5.2 所示。

表 5.2　特殊字符

表　示	说　明	表　示	说　明
\b	退后一格	\r	回车换行符
\t	水平制表符	\\	双斜杠
\f	换页	' '	单引号
\n	换行	%%	百分号

【实战练习 5-3】有格式输出 fprintf( )函数的应用

输入圆的半径求圆的周长和面积（保留 6 位小数）。

编程代码如下：

```
r=input('请输入圆的半径=? ');
L=2*r*pi;
```

```
S=r*r*pi;
fprintf('圆的周长 = %8.6f\n', L);
fprintf('圆的面积 = %8.6f\n', S);
```

结果:

```
请输入圆的半径=? 4.123453
圆的周长 = 25.908419
圆的面积 = 53.416075
```

【实战练习 5-4】字符串输出的应用

定义一个符号函数 $f(x, y)=(ax^2+by^2)/c^2$,分别求该函数对 x、y 的导数和对 x 的积分。

编程代码如下:

```
syms a b c x y                    %定义符号变量
fxy=(a*x^2+b*y^2)/c^2;            %生成符号函数
x1=diff(fxy,x);                   %符号函数 fxy 对 x 求导数
x2=diff(fxy, y) ;                 %符号函数 fxy 对 y 求导数
x3=int(fxy,x);                    %符号函数 fxy 对 x 求积分
fprintf('对 x 的导数=%s\n',x1);
fprintf('对 y 的导数=%s\n',x2);
fprintf('对 x 的积分=%s\n',x3);
```

结果:

```
对 x 的导数=(2*a*x)/c^2
对 y 的导数=(2*b*y)/c^2
对 x 的积分=(x*(a*x^2 + 3*b*y^2))/(3*c^2)
```

【实战练习 5-5】数值输出的应用

求一元二次方程 $a^2+bx+c=0$ 的根。

编程代码如下:

```
A=input('请使用行向量输入一元二次方程的系数:a,b,c=? \n')
delta=A(2)^2-4*A(1)*A(3);
x1=(-A(2)-sqrt(delta))/2*A(1);x2=(-A(2)+sqrt(delta))/2*A(1);
fprintf('%.2f ,%.2f\n',x1,x2)
disp(['方程的解 x1=',num2str(x1),', 方程的解 x2=',num2str(x2)]);
```

结果:

```
请使用行向量输入一元二次方程的系数:a,b,c=?
[1,-1,-30]
A =
    1   -1   -30
   -5.00 ,6.00
方程的解 x1=-5, 方程的解 x2=6
```

说明：

（1）使用 fprintf() 函数比较灵活方便，可以输出任何格式，且可输出多个数据项，但 fprintf()需要定义数据项的字符宽度和数据格式。

（2）fprintf() 只能输出复数的实部，在有复数生成的计算中可能产生错误的结果。

5.2　命令的流程控制

MATLAB 的流程控制分为顺序结构、选择结构和循环结构。

5.2.1　顺序结构

顺序结构：按照程序中语句的排列顺序依次执行程序，如图 5.1 所示，实战练习 5-1 和实战练习 5-2 均属于顺序结构。

语句 1；

语句 2；

……

语句 n；

【实战练习 5-6】顺序结构程序应用

某铅球密度是 $11340kg/m^3$，输入铅球的半径，求其重量（保留 2 位小数）。

编程代码如下：

```
r=input('请输入铅球的半径(cm)=? \n');
V=4/3*pi*(r/100)^3;
W=11340*V;
fprintf('铅球的半径是%gcm,重量是%.2fkg ',r,W)
```

结果：

```
请输入铅球的半径(cm)=?
4.5678
铅球的半径是 4.5678cm,重量是 4.53kg
```

5.2.2　选择结构

选择结构：根据条件选择执行语句 A 或 B，如图 5.2 所示。

1. 单分支选择

单分支选择语法格式：

```
if   条件
    执行语句 A
else
    执行语句 B
end
```

说明：当条件成立时，执行语句 A；否则执行语句 B。

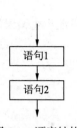

图 5.1　顺序结构

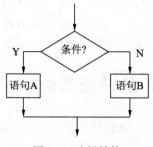

图 5.2　选择结构

【实战练习 5-7】简单选择结构程序的应用

输入三角形三边长，求三角形面积和周长。

编程代码如下：

```
clear;
a=input('请输入三角形的边长 a=? ');
b=input('请输入三角形的边长 b=? ');
c=input('请输入三角形的边长 c=? ');
if a+b<c | a+c<b|b+c<a
fprintf('无法构成三角形！，请重新输入数据。\n');
else
l=(a+b+c);
q=l/2;
s=sqrt(q*(q-a)*(q-b)*(q-c));
disp(['该三角形的周长=',num2str(l)])
disp(['该三角形的面积=',num2str(s)])
end
```

结果：

请输入三角形的边长 a=? 4
请输入三角形的边长 b=? 5
请输入三角形的边长 c=? 10
无法构成三角形，请重新输入数据。
再次运行后的结果：
请输入三角形的边长 a=? 3
请输入三角形的边长 b=? 4
请输入三角形的边长 c=? 5
该三角形的周长=12
该三角形的面积=6

【实战练习 5-8】利用选择结构处理阶段函数

根据下列分段表达式，编写程序。

$$y = \begin{cases} \cos(x+1) + \sqrt{x^2+1}, & x = 10 \\ x\sqrt{x+\sqrt{x}}, & x \neq 10 \end{cases}$$

编程代码如下：

```
x=input('请输入 x 的值:');
if x==10
y=cos(x+1)+sqrt(x*x+1);
else
y=x*sqrt(x+sqrt(x));
end
disp(['x=',num2str(x)])
disp(['y=',num2str(y)])
```

结果：

请输入 x 的值:5

x=5

y=13.45

2. 条件嵌套

条件嵌套语法格式：

```
if（表达式）
    if（条件 1）语句 11
    else     语句 12
        else  if（条件 2）语句 21
        else     语句 22
```

条件嵌套流程图如图 5.3 所示。

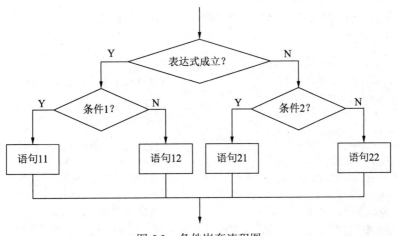

图 5.3　条件嵌套流程图

功能：先判断表达式条件 1 的值，若为真，则执行语句 11，否则执行语句 12；若表达式不成立，则判断条件 2 的值，若为真，则执行语句 21，否则执行语句 22，多个条件以此类推。

【实战练习 5-9】利用条件嵌套判断输入数据

输入一个字符，若为大写字母，则输出其对应的小写字母；若为小写字母，则输出其对应的大写字母；若为数字则输出其对应的数值，若为其他字符则原样输出。

编程代码如下：

```
c=input('请输入一个字符','s');
if c>='A' & c<='Z'
    disp(setstr(abs(c)+abs('a')-abs('A')));% setstr()将 ASCII 码值转换成字符
elseif c>='a'& c<='z'
    disp(setstr(abs(c)- abs('a')+abs('A')));
elseif c>='0'& c<='9'
    disp(abs(c)-abs('0'));
else
    disp(c);
end
```

结果：

请输入一个字符 We study MATLAB
We study MATLAB

【实战练习 5-10】利用条件嵌套购买折扣商品

某商场对顾客所购买的商品实行打折销售，设商品价格用 price 表示，折扣标准为：

（1）price<200 元没有折扣；

（2）price 在 200～500 元有 3%折扣；

（3）price 在 500～1000 元有 5%折扣；

（4）price 在 1000～2500 元有 8%折扣；

（5）price 在 2500～5000 元有 10%折扣；

（6）price 在 5000 元以上有 15%折扣；输入所售商品的价格，求其实际销售价格。

编程代码如下：

```
price=input('请输入商品价格');
if  price>=200&price<500              %价格大于或等于 200 但小于 500
    price=price*(1-3/100);
elseif price>=500&price<1000          %价格大于或等于 500 但小于 1000
    price=price*(1-5/100);
elseif price>=1000&price<2500         %价格大于或等于 1000 但小于 2500
    price=price*(1-8/100);
elseif price>=2500&price<5000         %价格大于或等于 2500 但小于 5000
    price=price*(1-10/100);
elseif price>=5000                    %价格大于或等于 5000
    price=price*(1-15/100);
else                                  %价格小于 200
    price=price;
end
    price
```

结果：

请输入商品价格 2600
price =   2340

再次运行结果：

请输入商品价格 6000
price =   5100

3. 多分支选择

多分支选择也称为多开关选择，语法格式：

```
switch　表达式（标量或字符串）
    case　值 1
        语句组 1
    case　值 2
        语句组 2          .
    case　值 n
        语句组 n
    otherwise
        语句组 n+1
end
```

多分支选择流程图如图 5.4 所示。

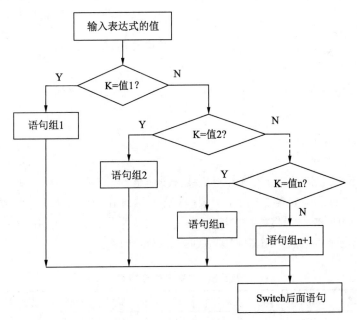

图 5.4　多分支选择流程图

说明：

（1）在执行时，只执行一个 case 后的语句就跳出 switch-case 结构，若 case 子句后面的表达式为一个单元矩阵，当表达式的值等于该单元矩阵中的某个元素时，则执行相应的语句组。

（2）case 后常量的值，必须互异。

（3）switch 语句中 otherwise 为可选项，如果表达式的值与列出的每种情况都不相等，则 switch-case 结构中的语句将不被执行，程序继续向下运行。

（4）case 子句后面的表达式不仅可以为一个标量或一个字符串，还可以为一个单元矩阵。

【实战练习 5-11】利用多分支选择购买折扣商品

针对【实战练习 5-10】，使用多分支选择重新编写程序。

编程代码如下：

```
price=input('请输入商品价格');
switch fix(price/100)
    case {0,1}                          %价格小于 200
        rate=0;
    case {2,3,4}                        %价格大于或等于 200 但小于 500
        rate=3/100;
    case num2cell(5:9)                  %价格大于或等于 500 但小于 1000
        rate=5/100;
    case num2cell(10:24)                %价格大于或等于 1000 但小于 2500
        rate=8/100;
    case num2cell(25:49)                %价格大于或等于 2500 但小于 5000
        rate=10/100;
    otherwise                           %价格大于或等于 5000
        rate=14/100;
end
        price=price*(1-rate)            %输出商品实际销售价格
```

结果：

```
请输入商品价格 6000
price =       5160
```

【实战练习 5-12】利用多分支选择将成绩分段输出

有一组学生考试成绩如表 5.3 所示。根据规定，成绩在 100 分为满分，成绩在 90～99 分为优秀，成绩在 80～89 分为良好，成绩在 70～79 分为中等，成绩在 60～69 分为及格，成绩在 60 分以下为不及格，编制一个根据成绩划分等级的程序。

表 5.3　学生考试成绩表

学生姓名	王峰	张丽颖	刘晓苏	李然	陈召	杨瑞娟	于珊	黄博	郭巧巧	赵康路
成绩	87	83	46	95	100	88	96	68	54	65

编程代码如下:

```
Name=['王峰','张丽颖','刘晓苏','李然','陈召','杨瑞娟','于珊','黄博','郭巧巧',
'赵康路'];
scores=[87,83,46,95,100,88,96,68,54,65];
Marks=fix(scores/10);
n=length(scores)
  for i=1:n
    switch Marks(i)
    case 10                               %得分 100
      Rank(i,:)= '满分';
    case 9                                %得分在 90~99
      Rank(i,:)= '优秀';
    case 8                                %得分在 80~89
      Rank(i,:)= '良好';
    case 7                                %得分在 70~79
    Rank(i,:)= '中等';
    case 6                                %得分在 60~69
    Rank(i,:)= '及格';
      otherwise                          %成绩在 60 以下为不及格
  Rank(i,:)= '不及格';
    end
end
disp(' ')
 disp(['学生姓名  ','得分  ','等级']);              %显示学生姓名，得分，等级
    k=1;
  for i=1:n;
    disp([' ',Name(k),Name(k+1),'  ',num2str(scores(i)),' ',Rank(i,:)]);
    k=k+2;
  end
```

结果:

```
n =    10
学生姓名    得分    等级
王峰        87      良好
张丽颖      83      良好
刘晓苏      46      不及格
李然        95      优秀
陈召        100     满分
杨瑞娟      88      良好
于珊        96      优秀
黄博        68      及格
郭巧巧      54      不及格
赵康路      65      及格
```

5.2.3 循环结构

循环结构：当条件满足时被重复执行的一组语句，循环是计算机解决问题的主要手段，流程图如图 5.5 所示。

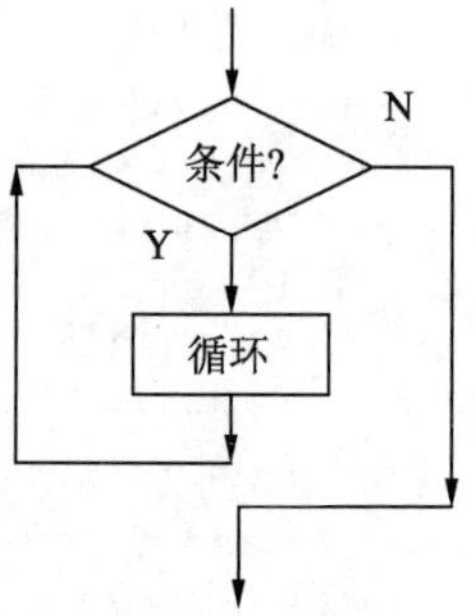

1. while循环语句

while 循环语句语法格式：

```
while   条件表达式
          循环体

end
```

说明：

（1）表达式一般由逻辑运算、关系运算以及一般运算组成，以判断循环的进行和停止。

图 5.5 循环结构流程图

（2）表达式的值可以是标量或数组，其值的所有元素为 1（真）则继续循环，直到表达式值的某元素为 0（假）时循环停止。

【实战练习 5-13】 利用 while 循环计算阶乘

计算 n 值的阶乘，使其 $n!$ 的值小于 10^{50} 的最大值，并输出 n 及 $n!$ 的值。

编程代码如下：

```
r=1;k=1;
while r<1e50
   r=r*k;k=k+1;
 end
k=k-1 ;r=r./k;k=k-1;
disp(['The ',num2str(k),'!is ',num2str(r)])
```

结果：

```
The 41!is 3.34525266131638e+49
```

2. for循环语句

for 循环语句语法格式：

```
for 循环变量 = 表达式 1 : 表达式 2 : 表达式 3
    循环体
end
```

说明：

（1）表达式 1 为起始值；表达式 2 为步长，步长为 1 时，可以省略；表达式 3 为终值。

（2）在每次循环中，循环变量值被指定为数组的下一列，循环体语句按数组中的每列执行一次，常用以固定的和预定的次数循环。

（3）执行过程：依次将矩阵的各列元素赋给循环变量，然后执行循环体语句，直至各列元素处理完毕。

【实战练习 5-14】 利用 for 循环计算矩阵行和列的和

已知 4×3 矩阵数值如下，求矩阵对应列元素的和 $s1$、对应行元素的和 $s2$ 及整个矩阵元素的和 S。

$$
data = \begin{array}{ccc}
12 & 13 & 14 \\
15 & 16 & 17 \\
18 & 19 & 20 \\
21 & 22 & 23
\end{array}
$$

编程代码如下：

```
clc; s1=0;
data=[12 13 14;15 16 17;18 19 20;21 22 23];
for k=data
  s1=s1+k;
end
s1
s2=sum(data)
S=sum(sum(data))
```

结果：

```
s1 =    39
        48
        57
        66
s2 =    66    70    74
S=   210
```

【实战练习 5-15】 利用条件和循环输出水仙花数

输出 $100 \sim 999$ 的全部水仙花数（三位整数各位数字的立方和等于该数本身则称该数为水仙花数）。

编程代码如下：

```
for m=100:999
    m1=fix(m/100);              %求 m 的百位数字
    m2=rem(fix(m/10),10);      %求 m 的十位数字
    m3=rem(m,10);              %求 m 的个位数字
    if m==m1*m1*m1+m2*m2*m2+m3*m3*m3
        disp(m)
     end
end
```

结果：

```
153
370
371
407
```

【**实战练习 5-16**】利用 for 循环绘制同心圆

按照圆周轨迹，画出多个不同中心点、半径相等的圆。

编程代码如下：

```
for i=0:pi/50:2*pi                    %循环变量
    x=2*sin(i);
    y=2*cos(i)                        %x，y 为圆心位置
    t=0:pi/100:2*pi;
    xx=x+sin(t);   yy=y+cos(t);       %改变圆心位置
    plot(xx,yy)                       %圆心
    hold on                           %保留图形
end
```

结果如图 5.6 所示。

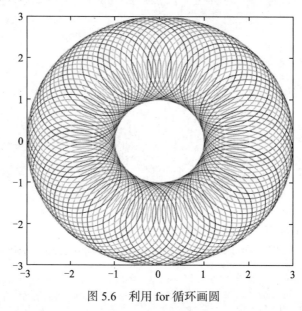

图 5.6　利用 for 循环画圆

【**实战练习 5-17**】利用 for 循环输出斐波那契级数

编程实现求斐波那契级数的前 20 项，且每行 4 个数换行显示。

编程代码如下：

```
i=0;x1=1;x2=1;
for k=1:10
    fprintf("%8d,\t%8d\t",x1,x2);
    x1=x1+x2;
    x2=x1+x2;
    i=i+2;
    if rem(i,4)==0
        fprintf("\n");
    end
end
```

结果:

```
    1       1       2       3
    5       8      13      21
   34      55      89     144
  233     377     610     987
 1597    2584    4181    6765
```

5.2.4　break 与 continue 语句

break 语句用于终止循环的执行。当在循环体内执行到该语句时，程序强制跳出循环，继续执行循环体后面的语句，或者直接结束程序。

continue 语句控制跳过循环体中的某些语句。当在循环体内执行到该语句时，程序将跳过循环体中的语句，重新判断条件继续下一次循环。

break 和 continue 两个语句通常用于 for 或 while 循环语句中。在嵌套循环体中，break 语句常与 if 语句一起联用，跳出最内层循环，继续外层循环。

【实战练习 5-18】continue 与 break 的应用

求 100～200 能被 21 整除的最小的数。

编程代码如下:

```
for n=100:200
    if rem(n,21)~=0
    continue                    %重新循环
    end
n
break                           %跳出循环
end
```

结果:

```
n=    105
```

【实战练习 5-19】利用 continue 与 break 语句设计猜数小游戏

首先由计算机产生[1,100]之间的随机整数，再由用户猜测所产生的随机数。根据用户猜测的情况给出不同提示，如猜测的数大于产生的数，则显示"太大了"；若小于则显示"太小了"；当等于产生的数时，则显示"猜对了，你真聪明!",同时退出游戏。用户最多可以猜 5 次。

编程代码如下:

```
a=randi(100);                   %产生一个 100 以内的随机整数
    for i=1:5                   % 允许猜 5 次
        b=input('请输入一个 0～100 的整数? \n');
        if b>a
            disp('太大了')
            continue
        elseif b==a
            disp('猜对了，你真聪明! ')
```

```
            break;
        else
            disp('太小了')
            continue
    end
end
```

结果:

请输入一个 0～100 的整数?
50
太大了
请输入一个 0～100 的整数?
30
太大了
请输入一个 0～100 的整数?
28
猜对了，你真聪明!

【实战练习 5-20】利用 break 语句设计抓奖程序

抓奖程序要求: 有 20 张奖券, 号码是 1～20, 获得奖金数如表 5.4 所示。

表 5.4　获得奖金数

号　　码	奖金/元
12	1000
5	800
18	300
1	10
其他号码	无奖

每个人只有 3 次机会, 若抓到奖项则不再继续; 若未获奖且不到 3 次, 告知还有几次机会; 最后输出 "恭喜你获得奖金 X 元", 否则输出 "很遗憾你没有获奖"。

编程代码如下:

```
for i=1:3
    n=input("请输入你抓的奖券号码(1～20)? \n" );
    switch n
      case 1
       Flag=1;prize=10;
      case 12
       Flag=1;prize=1000;
      case 5
       Flag=1;prize=800;
      case 18
       Flag=1;prize=300;
      otherwise
```

```
        Flag=0;
    end
    if Flag==1
        break;
    else
        fprintf("还有%d 次机会\n",3-i);
    end
end
if Flag==1
    fprintf("恭喜你获得奖金%d 元\n",prize);
else
    fprintf("很遗憾你没有获奖\n");
end
```

结果：

请输入你抓的奖券号码（1～20）？
8
还有 2 次机会
请输入你抓的奖券号码（1～20）？
6
还有 1 次机会
请输入你抓的奖券号码（1～20）？
18
恭喜你获得奖金 300 元

【实战练习 5-21】 利用 break 和 continue 语句设计猜拳游戏

猜拳游戏是一种简单的游戏，共有剪刀、石头、布三个手势，根据人机同时做出相应形状判断输赢，判断规则为：剪刀赢布，布赢石头，石头赢剪刀。

编程代码如下：

```
clc;
while 1
    s = randi(3);
    if s == 1
        ind = "石头";
    elseif s == 2
        ind = "剪刀";
    elseif s == 3
        ind = "布";
    end
    m = input('输入石头、剪刀、布,输入"N/n"结束游戏:','s');
    blist = ['石头', "剪刀", "布"];
    if strcmp(blist(1),m)|strcmp(blist(2),m)|strcmp(blist(3),m)
        if strcmp(m ,ind)
            fprintf ("电脑出了: " + ind + ", 平局! \n");
        elseif strcmp(m,'石头') &ind =='剪刀'|strcmp(m,'剪刀') &ind ==
'布'|strcmp(m,'布') &ind =='石头'
```

```
        fprintf ("电脑出了: " + ind +", 你赢了! \n");
      elseif strcmp(m,'石头') &ind =='布'|strcmp(m,'剪刀')&ind ==
'石头'|strcmp(m,'布')&ind =='剪刀'
        fprintf ("电脑出了: " + ind +", 你输了! \n");
      end
    elseif m == 'N'|m=='n'
      fprintf("\n 游戏退出中…\n");
      break;
    else
      fprintf("输入错误，请重新输入! \n");
      continue;
    end
  end
```

结果：

输入石头、剪刀、布,输入"N/n"结束游戏:布
电脑出了: 剪刀, 你输了!
输入石头、剪刀、布,输入"N/n"结束游戏:石头
电脑出了: 布, 你输了!
输入石头、剪刀、布,输入"N/n"结束游戏:布
电脑出了: 剪刀, 你输了!
输入石头、剪刀、布,输入"N/n"结束游戏:剪刀
电脑出了: 剪刀, 平局!
输入石头、剪刀、布,输入"N/n"结束游戏:剪刀
电脑出了: 石头, 你输了!
输入石头、剪刀、布,输入"N/n"结束游戏:布
电脑出了: 布, 平局!
输入石头、剪刀、布,输入"N/n"结束游戏:N
游戏退出中…

5.2.5 循环嵌套

1. 循环嵌套的格式

循环中包括循环称为循环嵌套，常用语法格式如图 5.7 所示。

```
for  初值；步长；终值        while 条件表达式          for  初值；步长；终值
  for 初值；步长；终值         for 初值；步长；终值         while 条件表达式
    ……                       ……                         ……
  end                        end                        end
end                        end                        end
```

图 5.7 循环嵌套的常用语法格式

2. 循环嵌套的规则

循环嵌套的规则只允许两种形式，如图 5.8 所示，不允许交叉嵌套。

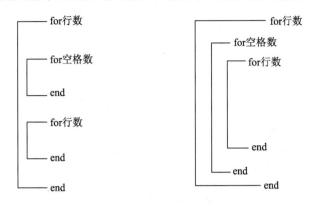

图 5.8　循环嵌套的规则

【实战练习 5-22】利用循环嵌套完成阶乘计算

编程实现求 sum=1!+2!+3!+⋯+10!。

编程代码如下：

```
sum=0;
for i=1:1:10
    pdr=1;
    for j=1:1:i
        pdr=pdr*j;
    end
    sum=sum+pdr;
end
sum
```

结果：

```
sum =
    4037913
```

【实战练习 5-23】利用循环嵌套完成条件购物

用 100 元买苹果、香蕉和梨共 100 个，要求 3 种水果都要。已知苹果 3 元一个，香蕉 1 元一个，梨 0.8 元一个，要求每种水果最少 5 个，问有多少种买法？可以各买多少个？输出全部购买方案。

编程代码如下：

```
clc; n=0;
for apple=5:33
  for banana=5:100
    for pear=5:125
      if (apple*3+banana+pear*0.8==100)&(apple+banana+pear==100)
    disp(['第',num2str(n+1),'种方案'])
```

```
        disp(['苹果=',num2str(apple),',香蕉=',num2str(banana),',梨=',num2str(pear)])
            n=n+1;
            end
        end
    end
end
disp(['购买方案共有',num2str(n),'种'])
```

结果:

第 1 种方案
苹果=5, 香蕉=45, 梨=50
第 2 种方案
苹果=6, 香蕉=34, 梨=60
第 3 种方案
苹果=7, 香蕉=23, 梨=70
第 4 种方案
苹果=8, 香蕉=12, 梨=80
购买方案共有 4 种

【实战练习 5-24】利用循环嵌套完成空心正方形输出

要求输入正方形的行数 n，编程实现利用"*"输出正方形。

编程代码如下:

```
clc;disp("空心正方形");
rows=input("请输入空心正方形的行数 n=?");
fprintf("\n")
for i=0:rows-1
    for k=0:rows-1
        if i~=0 &i~= rows-1
            if k == 0|k == rows-1
                fprintf (" * ")
            else
                fprintf ("   ")
            end
        else
                fprintf (" * ")
        end
        k=k+1;
    end
i=i+1;
fprintf ("\n")
end
```

结果如图 5.9 所示。

【实战练习 5-25】利用循环嵌套完成空心三角形输出

要求输入三角形的行数 n，编程实现利用"*"输出三角形。

编程代码如下:

```
rows=input("inputrows=?\n");
 for x=1:rows
  for y=1:rows-x
  fprintf("  ");
  end
   for y=1:2*x-1
    if y==1|y==2*x-1|x==rows
    fprintf("  *");
    else
    fprintf("   ");
    end
   end
  fprintf("\n") ;
  end
```

输出结果如图 5.10 所示。

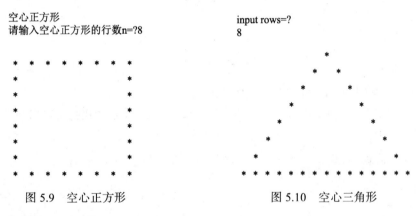

图 5.9　空心正方形　　　　　　　　　　图 5.10　空心三角形

【实战练习 5-26】利用循环嵌套完成实心菱形输出

要求输入菱形的一半高度 h，编程实现利用"*"输出实心的菱形。

编程代码如下：

```
h=input("输入三角形的高度 h=?")
    for j=1:2*h-1                  %行控制
      if j<=h
        m=h-j; n=2*j-1;            %m 为空格个数，n 为"*"号个数
      else
        m=j-h; n=4*h-1-2*j;
      end
      for k=1:m                    %打印空格
        fprintf (" ");
      end
      for k=1:n                    %打印 n 个*号
        fprintf ("* ")
      end
      fprintf("\n");
    end
```

输出结果如图 5.11 所示。

$$h = 6$$

```
                    *
                 *  *  *
              *  *  *  *  *
           *  *  *  *  *  *  *
        *  *  *  *  *  *  *  *  *
     *  *  *  *  *  *  *  *  *  *  *
        *  *  *  *  *  *  *  *  *
           *  *  *  *  *  *  *
              *  *  *  *  *
                 *  *  *
                    *
```

图 5.11　实心菱形

【实战练习 5-27】 利用循环嵌套完成回字形输出

要求输入回字形的一半高度 n（回字中心数字值），编程实现利用数字输出回字形。

编程代码如下：

```matlab
n=input("请输入行数 n=? ");
for x=1:n
    for y=1:n-x
        fprintf("  ");
    end
    for y=1:x
        fprintf("%2d",y);
    end
    for y=x-1:-1:1
        fprintf("%2d",y);
    end
    fprintf("\n");
end
for x=n-1:-1:1
    for y=1:n-x
        fprintf("  ");
    end
    for y=1:x
        fprintf("%2d",y);
    end
    for y=x-1:-1:1
        fprintf("%2d",y);
    end
    fprintf("\n");
end
```

输出结果如图 5.12 所示。

```
                        1
                      1 2 1
                    1 2 3 2 1
                  1 2 3 4 3 2 1
                1 2 3 4 5 4 3 2 1
              1 2 3 4 5 6 5 4 3 2 1
            1 2 3 4 5 6 7 6 5 4 3 2 1
          1 2 3 4 5 6 7 8 7 6 5 4 3 2 1
        1 2 3 4 5 6 7 8 9 8 7 6 5 4 3 2 1
      1 2 3 4 5 6 7 8 9 10 9 8 7 6 5 4 3 2 1
    1 2 3 4 5 6 7 8 9 10 11 10 9 8 7 6 5 4 3 2 1
  1 2 3 4 5 6 7 8 9 10 11 12 11 10 9 8 7 6 5 4 3 2 1
1 2 3 4 5 6 7 8 9 10 11 12 13 12 11 10 9 8 7 6 5 4 3 2 1
1 2 3 4 5 6 7 8 9 10 11 12 13 14 13 12 11 10 9 8 7 6 5 4 3 2 1
1 2 3 4 5 6 7 8 9 10 11 12 13 12 11 10 9 8 7 6 5 4 3 2 1
1 2 3 4 5 6 7 8 9 10 11 12 11 10 9 8 7 6 5 4 3 2 1
  1 2 3 4 5 6 7 8 9 10 11 10 9 8 7 6 5 4 3 2 1
    1 2 3 4 5 6 7 8 9 10 9 8 7 6 5 4 3 2 1
      1 2 3 4 5 6 7 8 9 8 7 6 5 4 3 2 1
        1 2 3 4 5 6 7 8 7 6 5 4 3 2 1
          1 2 3 4 5 6 7 6 5 4 3 2 1
            1 2 3 4 5 6 5 4 3 2 1
              1 2 3 4 5 4 3 2 1
                1 2 3 4 3 2 1
                  1 2 3 2 1
                    1 2 1
                      1
```

图 5.12　回字形

【**实战练习 5-28**】利用循环嵌套实现概率抽取

问题描述：若一个口袋中共有 12 个球，其中有 3 个红球，3 个白球和 6 个黑球，问从中任取 8 个共有多少种不同的颜色搭配？每种颜色各多少个？

问题分析与算法设计：

设：任取的红球个数为 i，白球个数为 j，则黑球个数为 $8-i-j$。

依据题意红球 i 和白球 j 个数的取值范围是 $0\sim3$，在红球和白球个数确定的条件下，球个数取值应为 $8-i-j<=6$。

编程代码如下：

```
count=0;
fprintf("COUNT:RED WHITE BLACK \n");
fprintf("-------------------\n");
  for i=0:3                          %任取红球的个数 0～3
    for j=0:3                        %任取白球的个数 0～3
      if 8-i-j<=6
          count=count+1;
        fprintf("%2d:   %d   %d   %d\n",count,i, j, 8-i-j);
      end
    end
end
```

结果:

```
COUNT:RED WHITE BLACK
-------------------
 1:     0    2    6
 2:     0    3    5
 3:     1    1    6
 4:     1    2    5
 5:     1    3    4
 6:     2    0    6
 7:     2    1    5
 8:     2    2    4
 9:     2    3    3
10:     3    0    5
11:     3    1    4
12:     3    2    3
13:     3    3    2
s=0;F=1;sum=0;
  for n=2:100
   for i=2:sqrt(n)
    if rem(n,i)==0
      F=0;break;
    end
     if F==1
       fprintf("%4d",n);
        s=s+1;
        if rem(s,10)==0
          fprintf("\n")
        end
      sum=sum+n;
     end
      F=1;
   end
  end
    fprintf("\n 个数 s = %d, 和=%d",s,sum);
```

5.2.6 try 语句

try 语句是一种试探性执行语句, 语法格式:

```
try
    语句组 1
catch
    语句组 2
end
```

说明: try 语句先试探性执行语句组 1, 如果语句组 1 在执行过程中出现错误, 则错误信息由 catch 捕捉, 执行语句 2。

【**实战练习 5-29**】利用 try 语句实现矩阵乘积

矩阵乘法运算要求两矩阵的维数兼容，否则会出错。先求两矩阵的乘积，若出错，则自动转去求两矩阵的点乘。

编程代码如下：

```
clc
A=[1,2,3;4,5,6];
B=[7,8,9;10,11,12];
try
  C=A*B
catch
  C=A.*B
end
```

结果：

```
C =
    7    16    27
   40    55    72
```

5.3　m 文件

m 文件包含 MATLAB 的脚本文件和函数文件，使用脚本编辑器编写的脚本文件默认扩展名为.m。选择 Debug->Run 命令即可运行，也可在命令行窗口中直接输入 m 文件的名称执行代码。

5.3.1　脚本文件与函数文件

脚本文件是包含多条 MATLAB 命令的文件，可单独运行；函数文件可以包含输入变量，并把结果传送给输出变量，一般被脚本文件调用，两者的简要区别如下：

1. 脚本文件

（1）多条命令的综合体，没有函数声明行；

（2）没有输入、输出变量被调用；

（3）所有变量均使用 MATLAB 基本工作区。

2. 函数文件

（1）常用于扩充 MATLAB 函数库，包含函数声明行：function　输出变量 = 函数名称（输入变量）；

（2）可以包含输入、输出变量，用于多次调用；

（3）运算中生成的所有变量都存放在函数工作区。

3. 说明

脚本(.m)文件中的变量都是全局变量，函数文件是在脚本文件的基础之上多添加了函数定义行，其代码组织结构和调用方式与对应的脚本文件截然不同。函数文件是以函数声明行function 开始，相当于用户在 MATLAB 函数库里编写的子函数，函数文件中的变量都是局部变量，除非使用了特别声明，函数运行完毕之后，其定义的变量将从工作区中清除；脚本文件只是将一系列相关的代码集合封装，没有输入参数和输出参数，既不自带参数，也不一定要返回结果。函数文件一般都有输入和输出变量。

5.3.2 函数文件的基本使用

函数文件的功能是建立一个函数，它与 MATLAB 的库函数使用一样，其扩展名为.m。函数文件必须由其他语句调用，不能直接输入函数文件名运行，允许有多个输入、输出参数值。

1. 函数定义

函数定义语法格式：

输出实参表 = 函数名(输入实参表)

```
function[f1,f2,f3,…]=fun(x,y, z,…)
```

其中：

f1,f2,f3,…表示形式输出参数；x,y,z,… 表示形式输入参数；fun 表示函数名。

调用函数格式：

```
[y1, y2, y3, …]=fun(x1,x2,x3,…)
```

其中：y1,y2,y3,…表示输出参数；x1,x2,x3,…表示输入参数。

函数可以嵌套调用，即一个函数可以被其他函数调用，甚至可以被它自身调用，此时称为递归调用。

2. 说明

（1）如果在函数文件中插入了 return 语句，则执行到该语句时就结束，程序流程转至调用该函数的位置。函数文件中可以不含 return 语句，这时当被调用函数执行完成后就自动返回。

（2）函数文件与脚本文件一样，均保存为 m 文件。若函数文件单独保存，则第一行必须冠以 function 函数名()，保存的文件名与函数名相同。若需要传递参数和返回值，则需在括号内添加形式参数，并在 function 后加返回值参数，函数调用时，参数顺序应与定义一致。例如：function[x,x2]=equa(A)。

（3）若将函数与脚本保存到一个文件中，则需要将 function 放置到脚本代码后面，直接保存为脚本文件即可。

（4）函数能被脚本文件调用，不同函数之间也可相互调用。

（5）函数文件运行时，MATLAB 为它开辟一个临时函数工作区，由函数执行的命令，以及由这些命令所创建的中间变量，都隐含其中。当文件执行完毕，该临时工作区及其中的变量立即被清除。只能看到输入和输出内容，函数运行后只保留最后结果，不保留中间结果，函数中的变量均为局部变量。

【实战练习 5-30】利用函数将直角坐标转换为极坐标

利用函数文件，实现直角坐标(x, y)到极坐标(r, θ)的转换，建立函数 transfer.m 文件，在命令行窗口直接调用输出结果。

编程代码如下：

```
function [r,theta]=transfer(x,y)
r=sqrt(x^2+y^2);
theta=atan(y/x);
```

在命令行窗口中调用：

```
[r,theta]=transfer(3,4)
```

结果：

```
r = 5
theta = 0.9273
```

【实战练习 5-31】利用递归函数求阶乘

编写递归调用函数，求 n 的阶乘，函数名为 factor.m，通过调用函数完成计算表达式

$y = \dfrac{8!}{4! + 5!}$ 的值。

编程代码如下：

```
y=factor(8)/(factor(4)+factor(5))
function f=factor(n)
    if n<=1
        f=1;
    else
        f=factor(n-1)*n;
    end
end
```

结果：
```
280
```

【实战练习 5-32】利用递归函数求斐波那契级数

要求从键盘输入斐波那契级数的前 n 项，编程实现按 5 列输出。

编程代码如下：

```
n=input("输入斐波那契级数项数 n=? \n");      %输入 n 项
for k=1:n;                                   %设置循环项 n
    f=fb(k);
    if rem(k-1,5)==0                         %5 列换行
        fprintf("\n");
    end
        fprintf("%8d",f);                    %输出占 8 字节
end
function f=fb(n)                             %定义函数 fb
    if n>2
```

```
        f=fb(n-1)+fb(n-2);                        %第 3 项开始
    else
      f=1;
    end
  end
```

结果：

输入斐波那契级数项数 n=?
25

1	1	2	3	5
8	13	21	34	55
89	144	233	377	610
987	1597	2584	4181	6765
10946	17711	28657	46368	75025

【实战练习 5-33】利用函数求一元二次方程的解

利用函数编程实现求一元二次方程的解，通过脚本程序传递多组系数，反复调用函数得到不同的解。要求将函数和脚本保存在一个 m 文件中。

编程代码如下：

```
disp("调用函数求解方程");
while 1                                       %设定无限循环
  str=input("\n 继续求解方程（Y/N)?","s");
    if str=="N"|str=="n"
     break;                                   %满足条件退出调用
    end
  A=input("请输入一元二次方程的系数：a,b,c=? ");
  equation(A);                                %调用函数
end                                           %脚本程序结束
function [x1,x2]=equation(A)                   %函数开始
  delta=A(2)^2-4*A(1)*A(3);                   %计算判别式
  if delta>0
    fprintf('该方程有 2 个实数解\n');
    x1=(-A(2)+sqrt(delta))/(2*A(1));
    x2=(-A(2)-sqrt(delta))/(2*A(1));
    fprintf('x1=%.2f , x2=%.2f\n',x1,x2);
  elseif delta==0
    fprintf('该方程有一个解\n');
    x=-A(2)/(2*A(1));
    fprintf(' x=%.2f',x)
  else
    fprintf('该方程有 2 个虚数解\n');
    x1=(-A(2)+i*sqrt(abs(delta)))/(2*A(1));
    x2=(-A(2)-i*sqrt(abs(delta)))/(2*A(1));
    disp("x1="+x1+" ,x2="+x2);
  end
end                                           %函数结束
```

结果：

继续求解方程（Y/N)?y
请输入一元二次方程的系数：a,b,c=? [1,2,3]
该方程有 2 个虚数解
x1=-1+1.4142i ,x2=-1-1.4142i
继续求解方程（Y/N)?y
请输入一元二次方程的系数：a,b,c=? [1,2,1]
该方程有一个解
 x=-1.00
继续求解方程（Y/N)?y
请输入一元二次方程的系数：a,b,c=? [1,-1,-30]
该方程有 2 个实数解
x1=6.00 , x2=-5.00
继续求解方程（Y/N)?n

5.3.3　函数文件的嵌套使用

1. 主函数与子函数

一个 m 文件可以包含多个函数，第一个为主函数，其他为子函数，文件组成的语法结构：

```
┌─function 主函数名(参数 1，参数 2，…)              %主函数
│      函数体语句
└─end

┌─function 子函数名 1(参数 1，参数 2，…)           %主函数
│      函数体语句
└─end

┌─function 子函数名 2(参数 1，参数 2，…)           %主函数
│      函数体语句
└─end
   ……
```

说明：
（1）主函数必须放在最前面，子函数次序可以随意改变。
（2）子函数仅能被主函数或同一文件的其他子函数所调用。
（3）子函数仅能在主函数中编辑。

【实战练习 5-34】利用函数嵌套调用实现矩阵运算

使用随机数产生两个 3×3 的整数矩阵 A 和 B，编程实现求（A^2+B^2）.×(A^2-B^2)。

函数代码如下：

```
A=floor(rand(3)*10)
B=floor(rand(3)*10)
D=fun(A,B)
```

```
function c=fun(a,b)
c=fun1(a,b).*fun2(a,b);
end
function c=fun1(a,b)
c= a^2+b^2;
end
function c=fun2(a,b)
c= a^2-b^2;
end
```

结果：

```
A = 1     5     8
    1     5     6
    8     1     3
B = 5     2     2
    4     1     4
    0     1     0
D = 3811      1248      3520
    2340      1127      2992
    1073      2303      6225
```

2. 函数的嵌套规则

函数的嵌套是指子函数包含在主函数内，语法结构

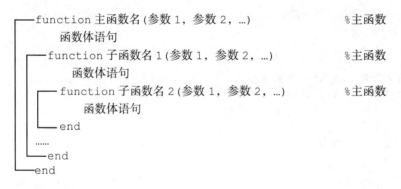

说明：

（1）外层的嵌套函数可直接调用内层函数。

（2）有相同父函数的同层嵌套函数可以相互调用。

（3）内层的函数可以调用任何外层的函数。

3. 函数嵌套使用

```
Function A(x,y)                    %主函数
  B(x,y);
  D(y);
Function B(x,y)                    %在 A 内嵌套
C(x);
D(y);
Function C(x)                      %在 B 内嵌套
```

```
D(x);
  end
    end
function D(x)                      %在 A 内嵌套
  E(x);
Function E(x)                      %在 D 内嵌套
...
  end
  end
end
```

说明：

（1）外层的嵌套函数可直接调用内层函数，即 A 可以调用 B 或 D，但不能调用 C 或 E。

（2）有相同父函数的同层嵌套函数 B 和 D 可以互相调用。

（3）内层的函数可以调用任何外层的函数：C 可以调用 B 或 D，但不能调用 E。

【实战练习 5-35】利用函数嵌套绘制微分方程曲线

使用函数嵌套求微分方程 $y'' + 6y = 5\sin(At)$ 在[0，5]范围内的解，并绘制当 $A=8$ 时的微分曲线。

其中：A 是参数，初始条件为：$y(0)=1$，$y'(0)=0$。使用微分方程函数 ode45 求解。

分析：将原二阶微分方程变成一阶微分方程式的形式，即

$$\begin{cases} y_1' = y_2 \\ y_2' = 5\sin(At) - 6y \end{cases}$$

编程代码如下：

```
function secondpe(A)
t0=[0,5];                              %变量求解区间
y0=[1,0];                              %初始值
[t,y]=ode45(@fun1,t0,y0);              %调用 ode45 求解方程
plot(t,y(:,1),'k-');                   %画函数 y(t)的曲线
hold on;
plot(t,y(:,2),'kp');                   %画函数 y(t)导数的曲线
xlabel('时间','fontsize',16);          %标注 x 轴为时间
ylabel('幅值','fontsize',16);          %标注 y 轴为幅值
    function dy=fun1(t,y)              %用嵌套函数定义微分方程组
        dy(1,1)=y(2);                 %对应于方程组的第一个方程
        dy(2,1)=5*sin(A*t)-6*y(1);    %对应于方程组的第二个方程
    end
end
```

调用函数完成绘图

```
secondpe(8)
```

绘制的曲线如图 5.13 所示。

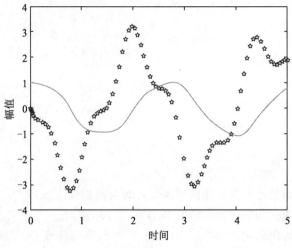

图 5.13　微分方程曲线

【实战练习 5-36】利用函数嵌套调用求极值

已知 $w=[\pi/2,\pi,3\pi/2]$；$K=[\pi/2-1,-2,-3\pi/2-1]$，使用函数求下列表达式 Y 中 m 在[0, 2]范围内的最小值。

$$Y=\left(\int_0^{w(1)}x^m\cos(x)\,\mathrm{d}x-K(1)\right)^2+\left(\int_0^{w(2)}x^m\cos(x)\,\mathrm{d}x-K(2)\right)^2+\left(\int_0^{w(3)}x^m\cos(x)\,\mathrm{d}x-K(3)\right)^2$$

编程代码如下：

```
Y=pe
function m=pe
    w=[pi/2,pi,pi*1.5];
    K=[pi/2-1,-2,-1.5*pi-1];
    function y=ObjectFun(m)
        y=(quadl(@(x)x.^m.*cos(x),0,w(1))-K(1))^2+…
            (quadl(@(x)x.^m.*cos(x),0,w(2))-K(2))^2+…
            (quadl(@(x)x.^m.*cos(x),0,w(3))-K(3))^2;
    end
    m=fminbnd(@ObjectFun,0,2)
end
```

结果：

```
Y =   1.0000
```

5.4　文件操作

文件操作是一种重要的输入/输出方式，MATLAB 提供了一系列输入/输出函数专门用于文件操作。MATLAB 包括二进制文件和文本文件两种格式，打开文件时默认是二进制格式，如果要以文本格式打开，则必须在打开方式中加上字符 t 作为标识。MATLAB 对文件操作主要有打开文件、文件读写操作和关闭文件三个步骤。

5.4.1　文件操作函数

文件操作函数如表 5.5 所示。

表 5.5　文件操作函数

函　数　名	含　　义	函　数　名	含　　义
fclose(fid)	关闭指定标识文件	fscanf(fid)	读取标识文件格式化数据
fopen(fid)	打开指定标识文件	feof(fid)	测试标识文件是否结束
fread(fid)	从标识文件中读入二进制数据	ferror(fid)	测试标识文件输入/输出错误
fwrite(fid)	把二进制数据写入标识文件	fseek(fid)	设置标识文件位置指针
fgetl(fid)	逐行从标识文件中读取数据	sprintf(%x)	按照%字母输出格式化字符
fgets(fid)	读取标识文件行，保留换行符	sscanf(str,%x)	用格式控制读取字符串

5.4.2　文件的打开

文件的打开语法格式：

```
fid=fopen(文件名，打开方式)
```

其中：fid 为文件句柄，通过句柄引用对象完成对文件的操作。如果句柄值大于 0，则表示文件打开成功；若 fid 的返回值为–1，则表示打开失败，文件名用字符串形式表示（可以带路径名）。

5.4.3　二进制文件的读写

二进制文件的读写操作分为只读，写，可读可写和可读、可写、可添加四种方式，不同方式操作符号如表 5.6 所示。

表 5.6　文件读写操作符号表

符　　号	说　　明
r	只读，文件必须存在（默认的打开方式）
w	写文件，若文件已存在，则原内容将被覆盖；若文件不存在，则新建一个文件
a	在文件末尾添加，文件若不存在则新建一个文件
r+	可读、可写，文件必须存在
w+	可读、可写，若文件已存在，则原内容将被覆盖；若文件不存在，则新建一个文件
a+	可读、可写、可添加，文件若不存在则新建一个文件

说明：读写文件必须先要打开文件，只有两个标准代码文件，不需打开就可以直接使用，

分别为：fid=1 标准输出文件；fid=2 标准错误文件。若不指定打开方式，则表示只读。

1. 二进制文件的读操作

二进制文件的读操作语法格式：

```
[A,count]=fread(fid,size,precision)
```

其中：

（1）A 用来存放读取的数据；

（2）count 返回读取数据的个数，为可选项；

（3）fid 为文件句柄；

（4）precision 代表读取的数据类型，size 为可选项，默认为读取整个文件，取值选择是：

① Inf，读取整个文件（默认）。

② N，读取 N 个数据到一个列向量。

③ [m,n]，读取 m×n 个数据到一个 m×n 矩阵中，按列存放。

【实战练习 5-37】读二进制文件

设已有二进制数据文件 output.dat，从文件中读入二进制数据。

编程代码如下：

```
fid=fopen('output.dat','r');
A=fread(fid,100,'double');              %fread ：从文件中读入二进制数据
status=fclose(fid);
fid=fopen('output.dat','r');
[A,count]=fread(fid,[100,100],'double');
status=fclose(fid);
```

2. 二进制文件的写操作

二进制文件的写操作语法格式：

```
count=twrite(fid,A,precision)
```

其中：按指定的数据类型将矩阵 A 中的元素写入文件中。count 返回所写入的数据元素个数（可默认）；fid 为文件句柄；A 用来存放写入文件的数据；precision 代表数据精度，常用的数据精度有 char、uchar、int、long、float、double 等，默认数据精度为 uchar，即无符号字符格式。

【实战练习 5-38】写二进制文件

将 4×4 杨辉三角矩阵存储为二进制数据，并写入文件 pascal4.dat 中。

编程代码如下：

```
A=pascal(4);
fid=fopen('pascal4.dat','w');
fwrite(fid,A,'int8');                   %用 8 位整型数据把二进制数据写入文件
fclose(fid);
fid=fopen('pascal4.dat','r');
[B,count]=fread(fid,[4,inf],'int8');
fclose(fid);
B
```

结果：

```
B=  1    1    1    1
    1    2    3    4
    1    3    6    10
    1    4    10   20
```

【**实战练习** 5-39】二进制文件读写操作

二进制文件的读写操作：将 5×5 的魔方矩阵存入二进制文件中，通过读取数据输出。

编程代码如下：

```
fid=fopen('mofang.dat','w');
a=magic(5);
fwrite(fid,a,'long');                    %用长整型数据把二进制数据写入文件
fclose(fid);
fid=fopen('mofang.dat','r');
[A,count]=fread(fid, [5, inf], 'long');
fclose(fid);
A
```

结果：

```
A =  17   24    1    8   15
     23    5    7   14   16
      4    6   13   20   22
     10   12   19   21    3
     11   18   25    2    9
```

5.4.4　文件的关闭

当不需要对文件进行操作时，要使用 fclose()函数将这个文件关闭，以免数据丢失。语法格式：

```
status=fclose(fid)
```

其中：fid 为所要关闭的文件句柄，status 为关闭文件的返回代码，若关闭成功则为返回 0；否则返回−1。如果要关闭所有已打开的文件用 fclose('all')。

5.4.5　文本文件的读写

1．读文本文件

语法格式：

```
[A,count]=fscanf(fid,format,size)
```

其中：

（1）A 用来存放读取的数据变量；

（2）count 返回读取数据的个数，为可选项；

（3）fid 为文件句柄；

（4）format 用来控制读取的数据格式，由%加格式控制符组成，常见的格式符有：d（整型）、f（浮点型）、s（字符串型）、c（字符型）等，在%与格式控制符之间还可以插入附加格式说明，如数据宽度说明等；

（5）size 为可选项，表示矩阵 A 中数据的排列形式，它可以取下列值：N（读取 N 个元素到一个列向量）、inf（读取整个文件）、[m，n]（读数据到 m×n 的矩阵中，数据均按列存放）。

【实战练习 5-40】读文本文件

使用 fscanf()函数读取文本文件：当 x 取值为 $0\sim1$ 时，求 $f(x)=\exp(x)$ 的值，并将结果写入文件 output.txt 中，最后读取显示。

编程代码如下：

```
x=0:0.1:1;  y=[x;exp(x)];                    %y 有两行数据
fid=fopen('output.txt','w');
fprintf(fid,'%6.2f  %12.8f\n',y);
fclose(fid); fid = fopen('output.txt','r');
[a,count] = fscanf(fid,'%f %f',[2 inf]);
fprintf(1,'%f %f\n',a);  fclose(fid);
```

结果：

```
0.000000 1.000000
0.100000 1.105171
0.200000 1.221403
0.300000 1.349859
0.400000 1.491825
0.500000 1.648721
0.600000 1.822119
0.700000 2.013753
0.800000 2.225541
0.900000 2.459603
1.000000 2.718282
```

2. 写文本文件

写文本文件语法格式：

```
fprintf (fid, format, A)
```

说明：fprintf()函数可以将数据按指定格式写入文本文件中。fid 为文件句柄，指定要写入数据的文件；format 是用来加入控制格式的符号，与 fscanf()函数相同；A 是用来存放数据的矩阵。也可以使用：dlmwrite('filename', M)将矩阵 M 写入文本文件 filename 中。

例如：

```
a = [1 2 3; 4 5 6; 7 8 9];
dlmwrite('test.txt', a);
```

则文本文件 test.txt 中的内容为：

```
1,2,3
4,5,6
7,8,9
```

【实战练习 5-41】写文本文件

创建一个字符矩阵并存入磁盘，并读出赋值给另一个矩阵。

编程代码如下：

```
clear;
char1='创建一个字符矩阵并存入磁盘再读出赋值给另一个矩阵。';
fid=fopen('mytest.txt','w+');
fprintf(fid,'%s',char1);
fclose(fid);
fid1=fopen('mytest.txt','rt');
char2=fscanf(fid1,'%s')
```

结果：

char2=

创建一个字符矩阵并存入磁盘再读出赋值给另一个矩阵。

5.4.6　文件定位和查询文件状态

1. 检测文件是否已经结束

检测文件是否已经结果语法格式：

```
status=feof(fid)                          %fid 为文件句柄
```

其中：status 为状态逻辑值，若检测文件结束，status 返回值为 0；否则返回值为–1。

2. 查询文件的输入、输出错误信息

查询文件的输入、输出错误信息语法格式：

```
ioerror=ferror(fid)                       %fid 为文件句柄
```

其中：ioerror 为逻辑值，若文件的输入、输出有错误则返回 0；否则返回 1。

3. 设置文件的位置指针

设置文件的位置指针语法格式：

```
status=fseek(fid, offset, origin)
```

其中：若定位成功，status 返回值为 0，否则返回值为–1；fid 为文件句柄；offset 为位置指针相对移动的字节数；origin 表示位置指针移动的参照位置，有三种取值：

（1）cof 表示当前位置；

（2）bof 表示文件的开始位置；

（3）eof 表示文件末尾。

4. 位置指针重新返回文件首

位置指针重新返回文件首语法格式：

```
Start=frewind(fid)                        %fid 为文件句柄
```

其中：Start 为逻辑值，若返回文件开头则 Start=0；否则 Start=1。

5. 查询当前文件指针的位置

查询当前文件指针的位置语法格式：

```
position=ftell(fid);                    %fid 为文件句柄
```

其中：position 返回值为从文件开始到指针当前位置的字节数，若返回值为–1，则表示获取文件当前位置失败。

【实战练习 5-42】对文本文件进行操作

读取实战练习 5-40 的 output.txt 文件，查询该文件的大小和当前指针位置。

编程代码如下：

```
fid=fopen('mytest.txt','r');
fseek(fid,0,'eof');  x=ftell(fid);
fprintf(1,'File Size=%d\n',x);
frewind(fid); x=ftell(fid);
fprintf(1,'File Position =%d\n',x);
fclose(fid);
```

结果：

```
File Size=25
File Position =0
```

5.4.7 按行读取文件数据

1. 按行读取文件不包括换行符

按行读取文件不包括换行符语法格式：

```
tline=fgetl(fid)                        %fid 为文件句柄
```

其中：fgetl 从 fid 文件中读取一行数据并丢弃其中的换行符。如果读取成功，则 tline 容纳了读取到的文本字符串，如果遇到文件末尾的结束标志（EOF），则函数返回–1，即 tline 值为–1。

2. 按行读取文件包括换行符

按行读取文件包括换行符语法格式：

```
tline=fgets(fid)                %读取文件的一行,包括换行符
tline=fgets(fid,nchar)          %返回文件标识符指向的一行, 最多包含 nchar 个字符
```

【实战练习 5-43】读取文件生成矩阵

编写一个程序，用于读取文件生成的矩阵数据包括换行符号。

编程代码如下：

```
clear;
a = [1 2 3; 4 5 6; 7 8 9];
  dlmwrite('test.txt', a);
```

```
fid=fopen('test.txt','r');
while ~feof(fid)                          %在文件没有结束时按行读取数据
  s=fgets(fid); fprintf(1,'%s',s);
end
fclose(fid);
```

结果：

```
1,2,3
4,5,6
7,8,9
```

【实战练习 5-44】数据文件的读写与输出

创建文件 file1.dat，将数据 1～10 添加到文件中，并使用 sprintf()格式输出。

编程代码如下：

```
fid=fopen('file1.dat','w+');              %创建并打开 file1.dat 文件
A=[1:10];                                 %创建数组 A,数据 1～10
count=fwrite(fid,A);                      %将数组 A 写入文件
fseek(fid,0,'bof');                       %指针指向第 1 个元素
f1=fgets(fid)                             %读取数据到 f1
f1=sprintf('%3d',f1)                      %输出 f1 数据
fseek(fid,4,'bof');                       %指针指向第 5 个元素
f2=fgets(fid)                             %读取数据到 f2
f2=sprintf('%3d',f2)                      %输出 f2 数据
```

结果：

```
f1=  1  2  3  4  5  6  7  8  9 10
f2 =  5  6  7  8  9 10
```

5.5　MATLAB 面向对象设计方法

面向对象的编程具有封装、多态、继承的特点，它将程序中的数据和行为封装在类中，通过类定义一组数据、属性、方法和操作对象。使用面向对象设计方法，一方面能将复杂的问题分解为多个简单小模块，且模块之间既相互独立，又相互联系，实现多态输出；另一方面能通过继承实现代码复用，提高程序的可重复性和可维护性。

5.5.1　类的定义及说明

MATLAB 的每个类包含一个名称和一个构造函数，构造函数中定义类可用的属性和方法，用于创建对象并初始化。类中的对象是一组数据成员，反映对象的状态和特征；属性用于存储数据类型，包括数值、字符及逻辑型数据等；方法是类中可用的功能，描述属性的操作行为。

1. 类的定义

类的定义语法格式：

```
%定义类的开始，只有空白行和注释可以位于 classdef() 函数的前面
classdef(ClassAttributes) ClassName              %className 为类名
    properties (Attributes)                       %开始属性定义块
        PropertyName                              %属性名
            PropertyName size class {validation functions}  %说明类型或大小
        end                                       %终止属性定义块
    methods (Attributes)                          %开始方法定义块
    function obj = className(obj,arg2,…)          %构造函数和形参
        …
        End                                       %终止构造函数
        function obj = methodName(obj,arg2,…)     %方法名和形参
        …
        end
    end                                           %终止方法定义块
    events (Attributes)                           %开始事件定义块
        EventName                                 %事件名
    end                                           %终止事件定义块
end                                               %终止类定义块
```

说明：类的代码需要保存为与类同名的 m 文件中。

2. 类的组成

类的组成如下：

（1）构造函数：与类名相同，可以在其中完成成员初始化工作；在构造函数中可给属性赋值，即使在属性块中已经提供了默认值，构造函数中赋的新值也将替代属性中的默认值。

（2）显示函数：函数名为 display，用于显示成员的数据；如果在命令行窗口中输入一个类变量直接按 Enter 键，display 函数自动被调用。

（3）赋值函数：函数名为 set，用于设置类成员的数值。

（4）取值函数：函数名为 get，用于读取类成员的函数。

3. 类的补充说明

类的补充说明如下：

（1）MATLAB 声明一个对象时的工作顺序是：先装载类的定义，然后再调用构造函数，这时属性被重新赋值。

（2）由于 MATLAB 属于边检查边运行的解释型语言，不能通过函数重载的方式找到相匹配的函数，但是可以通过参数数目的不同选择不同的代码。

5.5.2　类的应用案例

【实战练习 5-45】完成一个简单类的调用

创建一个简单类 Basic，实现对传递的数值取 2 位小数，并完成相加运算。

（1）类的编程代码如下：

```
classdef Basic
   properties
      value
   end
   methods
      function r = rd(obj)
         r = round([obj.value],2);
      end
      function r = Add(obj,n)
         r = [obj.value]+n;
      end
   end
end
```

（2）在命令行窗口输入数据，调用类：

```
>>p1=Basic                         %p1 为类 Basic 的对象
>>p1.value=pi/6                    %传递参数给 value
>>p1.rd()                          %实现对 value 取 2 位小数
>>p1.Add(pi/4)                     %实现加 π/4 的运算
```

结果：

```
p1 =   Basic - 属性:
     value: []
p1 =   Basic - 属性:
     value: 0.5236
ans =   0.5200
ans =   1.3090
```

【实战练习 5-46】使用类调用完成判别式

通过调用类，输入一元二次方程的系数 a,b,c，判别是否有实数解？并输出判别式的值。

（1）类的编程代码如下：

```
classdef Testval<handle
  methods(Static=true)
    function q=T(a,b,c)
      q=b^2-4*a*c;
      fprintf("判别式的值=%f, ",q);
      if q>0
        disp("有实数根");
      else
        disp("没有实数根");
      end
    end
  end
end
```

（2）在命令行窗口输入数据、调用类，完成判断：

```
>>p1=Testval.T(1,-1,-30)
>> p2=Testval.T(1,2,3)
```

结果：

```
判别式的值=121.000000，有实数根
p1 =   121
判别式的值=-8.000000，没有实数根
p2=   -8
```

【实战练习 5-47】使用类绘制三维网格图

在 x，y=[-10,0.5:10]范围内，使用类编程方法，绘制 $z=\dfrac{\sin(\sqrt{x^2+y^2})}{\sqrt{x^2+y^2}}$ 三维网格图。

（1）类的编程代码如下：

```
classdef Draw3D
    properties
        x=0;                            %构造函数被调用之前 x 的默认值
        y=0;                            %构造函数被调用之前 y 的默认值
    end
    methods
        function obj = Draw3D(x0,y0)    %构造函数初始化
            obj.x=x0;
            obj.y=y0;
        end
        function display(obj)           %调用类对象的自动调用方法完成绘图
          [xx,yy]=meshgrid(obj.x);
          r=sqrt(xx.^2+yy.^2);
          zz=sin(r)./r;
          mesh(xx,yy,zz)                %绘图命令参照【实战练习 6-30】
        end
    end
end
```

将上述代码自动保存为 Draw3D.m 文件。

（2）在命令行窗口输入数据、调用类，完成绘图：

```
>> t=-10:0.5:10;
>>P1=Draw3D(t,t);
```

绘图结果如图 5.14 所示。

【实战练习 5-48】使用类计算三角形面积

输入三角形三边，判断是否能构成三角形，若能构成三角形则求其面积；若不能构成三角形则提示重新输入数据。要求：循环输入数据进行判断并完成计算，直至输入结束符号 N/n 为止。

（1）类的编程代码如下：

```
classdef Triangle
    properties
     a                              %成员变量a,b,c
     b
     c
    end
   methods
      function S=Triangle(a,b,c)
        S.a=a;S.b=b;S.c=c;
      end
      function display(S)
          s=(S.a+S.b+S.c)/2;
          S=sqrt(s*(s-S.a)*(s-S.b)*(s-S.c));
          fprintf("三角形面积是：%f\n",S);
      end
   end
end
```

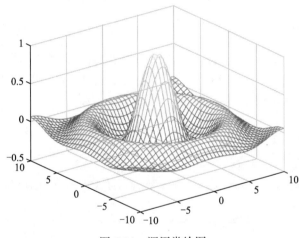

图 5.14 调用类绘图

（2）编写脚本程序调用类，代码如下：

```
clc;
while 1
ch=input("继续求三角形面积？（Y/N)?","s");
  if ch == 'N'|ch == 'n'
     break;
  else
     a=input("输入三角形的三条边 a b c，用空格或逗号隔开");
     if a(1) + a(2) <= a(3) | a(1) + a(3) <= a(2)| a(2) + a(3) <= a(1)
         disp("不能构成三角形，请重新输入数据！");
     else
      S=Triangle(a(1),a(2),a(3));
      S
```

```
        end
      end
    end
```

结果：

继续求三角形面积？（Y/N)?y
输入三角形的三条边 a b c，用空格或逗号隔开[3 4 5]
三角形面积是：6.000000
继续求三角形面积？（Y/N)?y
输入三角形的三条边 a b c，用空格或逗号隔开[3,4,8]
不能构成三角形，请重新输入数据！
继续求三角形面积？（Y/N)?y
输入三角形的三条边 a b c，用空格或逗号隔开[6,7,9]
三角形面积是：20.976177
继续求三角形面积？（Y/N)?N
>>

5.5.3　类的继承和多态

面向对象中的继承关系也叫泛化关系，被继承的类称为父类或基类，继承的类称为子类或派生类。继承能够在已有类的基础上，定义出另一个新类，利用两个类之间的相似关系，在新类中只需要添加新的属性和方法即可，减少了代码的冗余。

1. 继承的定义

继承的语法格式：

```
classdef(ClassAttributes) ClassName<SuperclassName
%className 为父类名,SuperclassName 为子类名,若继承多个类使用&连接
```

2. 调用父类方法

调用父类语法格式：

父类函数名+@父类类名+（obj,其他参数）

3. 什么是多态?

多态指同名的方法被不同的对象调用，能产生不同的行为（结果）。

【实战练习 5-49】类的继承与多态应用

根据已有二维坐标点类 Point2D，建立三维坐标点类 Point3D，在 Point2D 类基础上，添加三维点的属性和方法，并分别调用类中同名方法，实现多态。

（1）Point2D 类的编程代码如下：

```
classdef Point2D <handle
  properties
    x
    y
  end
```

```
methods
  function obj=Point2D(x0,y0)
    obj.x=x0;
    obj.y=y0;
  end
  function print(obj)
    disp(['x=',num2str(obj.x)]);
    disp(['y=',num2str(obj.y)]);
  end
end
end
```

（2）Point3D 类的编程代码如下：

```
classdef Point3D <Point2D
  properties
   z
  end
  methods
    function obj=Point3D(x0,y0,z0)
      obj=obj@Point2D(x0,y0);        %调用父类 Point2D，返回一个对象 obj
      obj.z=z0;
    end
    function print(obj)
      print@Point2D(obj);            %调用父类同名方法 print
      disp(['z=',num2str(obj.z)]);
    end
  end
end
```

（3）在命令行窗口调用类：

```
>>p1=Point3D(4,6,9)
>>p1.print
```

结果：

```
x=4
y=6
z=9
```

（4）在命令行窗口使用函数 isa()，查询 Point3D 类对象是否属于 Point2D 类，如属于结果则为逻辑 1；否则为逻辑 0：

```
>>p2 = Point2D(1,1);
>> p3 = Point3D(1,1,1);
>>yn=isa(p3,'Point2D')
```

结果：

```
yn=  logical
    1
```

（5）在命令行窗口对两个类建立对象，均调用 print()方法，体现多态输出：

```
>> obj2 = Point2D(1,2)
>> obj3 = Point3D(1,2,5)
>>obj2.print
>>obj2.print
```

结果：

```
x=1
y=2
x=1
y=2
z=5
```

5.5.4　类中 get()和 set()函数

在 MATLAB 面向对象编程中，set()与 get()分别是重新设置参数和获取类属性值功能的函数。

1. set()函数

set()函数用于设置类中属性值，当给类中属性赋值时，会自动调用 set()函数，通常用来检查修改的数据是否合法，语法格式：

```
set.属性名(参数)
```

2. get()函数

get()函数用于获取类的属性值。它可在用到属性时被调用，最常见的就是设置为 Dependent 属性，语法格式：

```
output =get.属性名(obj)          %get 必须有且仅有一个输出
```

例如：在 SArea 类中定义了一个属性 Area，通过函数调用 get.Area 方法，访问属性得到结果。

```
classdef SArea                     %定义类 SArea
    properties                     %添加成员变量 w, h
        w
        h
    end
    properties (Dependent)         %添加属性 Area
        Area
    end
    methods
        function S= get.Area(obj)  %添加方法函数
            S= obj.w * obj.h
        end
    end
end
```

【**实战练习** 5-50】类中 get() 和 set() 函数的应用

创建一个类，实现简单的 set() 与 get() 函数的功能。

（1）类的编程代码如下：

```
classdef GetS
properties
ge;
shi;
bai;
end
methods
function obj = GetS(g,s,b)
obj.ge = g;
obj.shi = s;
obj.bai = b;
end
function value = get.ge(obj)
value = obj.ge;
end
function value = get.shi(obj)
value = obj.shi;
end
function value = get.bai(obj)
value = obj.bai;
end
function obj = set.ge(obj,value)
obj.ge = value * 1;
end
function obj = set.shi(obj,value)
obj.shi = value * 10;
end
function obj = set.bai(obj,value)
obj.bai = value * 100;
end
end
end
```

（2）在命令行窗口调用类：

```
>>GS = GetS (4,6,8)
```

结果：

```
GS = GetS 属性:
    ge: 4
    shi: 60
    bai: 800
```

结论：原默认的 set 以及 get 方式都被自行设计的方法所覆盖。

第 6 章

MATLAB 的绘图应用

MATLAB 具有强大的绘图功能，不仅能绘制二维、三维、网格、曲面图形和等高线图，还可生成图形的动画效果。通过对线型、立面、色彩、渲染、光线、视角的控制，把数据的特征按照层次颜色突显得非常清晰。此外，MATLAB 在自定义函数绘图基础上，系统提供了极坐标、台阶、火柴杆、饼图、直方图、条形图、折线图和散点图等特色绘图函数，利用函数可方便、快捷地绘制多种特色图形，且这些图形也能创建动画效果，最后保存为视频文件。

6.1 二维绘图功能

二维图形是描述不包含深度信息的平面图形，即：是按平面坐标上的数据点连接起来，只有面积没有体积。数据值可为实数也可为复数，数据可由向量或矩阵的形式给出。

6.1.1 绘制函数曲线

MATLAB 的 plot( )函数是绘制二维图形最基本的函数，它是针对向量或矩阵列绘制曲线的，绘制以 x 轴和 y 轴为线性尺度的直角坐标曲线。

1. 语法格式

```
plot(x1,y1,option1,x2,y2,option2,…)
```

其中：x1,y1,x2,y2 给出的数据分别为 x 轴、y 轴坐标值，option 定义了图形曲线的颜色、字符和线型，它由一对单引号引起来。可以画一条或多条曲线。若 x1 和 y1 都是数组，则按列取坐标数据绘图。

2. option的含义

option 通常由颜色（见表 6.1）、字符（见表 6.2）和线型（见表 6.3）组成。

表 6.1　颜色表示

选　项	含　义	选　项	含　义	选　项	含　义
r	红色	w	白色	k	黑色
g	绿色	y	黄色	m	锰紫色
b	蓝色	c	亮青色		

表 6.2　字符表示

选　项	含　义	选　项	含　义	选　项	含　义
.	画点号	o	画圈符	d	画菱形符
*	画星号	+	画十字符	p	画五角形符
x	画叉号	s	画方块符	h	画六角形符
^/v	画上/下三角	>	画左三角	<	画右三角

表 6.3　线型表示

选　项	含　义	选　项	含　义
-	画实线	.-	画点画线
--	画虚线	:	画点线

【实战练习 6-1】绘制正弦曲线

画 $y=2e^{-0.5t}\sin(2\pi t)$ 的曲线。

编程代码如下：

```
t=0:pi/100:2*pi;
y1=2*exp(-0.5*t).*sin(2*pi*t);
y2=sin(t);
plot(t,y1,'b-',t,y2,'r-o')
```

结果如图 6.1 所示。

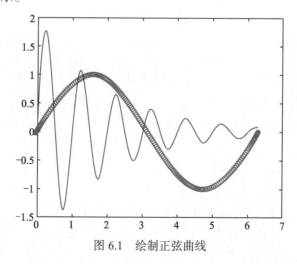

图 6.1　绘制正弦曲线

【**实战练习 6-2**】绘制多条曲线

绘制 $x=t\sin3t$，$y=t\sin t\sin t$ 曲线。

编程代码如下：

```
t=0:0.1:2*pi;
x=t.*sin(3*t);
y=t.*sin(t).*sin(t);
plot(x,y,'r-p');
```

结果如图 6.2 所示。

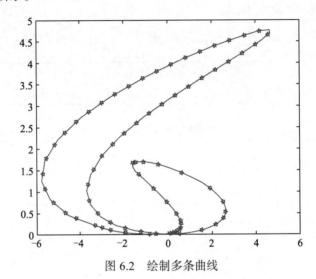

图 6.2　绘制多条曲线

3. 图形的屏幕控制命令

```
figure                    %打开图形窗口
clf:                      %清除当前图形窗口的内容
hold on                   %保持当前图形窗口的内容
hold off:                 %解除保持当前图形状态
grid on:                  %给图形加上栅格线；grid off：给图形删除栅格线
box on:                   %在当前坐标系中显示一个边框，box off 为去掉边框
close:                    %关闭当前图形窗口；close all：关闭所有图形窗口
```

【**实战练习 6-3**】在不同窗口绘制图形

要求在两个窗口中分别绘制正弦和余弦曲线。

编程代码如下：

```
t=0:pi/100:2*pi;
y1=cos(t);
y2=sin(t).^2;
figure(1);plot(t,y1,'g-p');box on
figure(2);plot(t,y2,'r-O');grid on;
```

结果如图 6.3 所示。

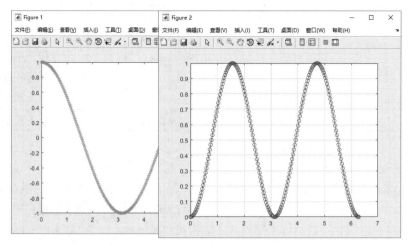

图 6.3　不同窗口绘图

4. 图形标注

图形标注属性如表 6.4 所示。

表 6.4　图形标注属性

属　性　名	说　　明	属　性　名	说　　明
title	图题标注	xlabel	x 轴说明
ylabel	y 轴说明	zlabel	z 轴说明
legend	图例标注	text	指定位置显示字符串
annotation	线条、箭头和图框标注	gtext	将字符串显示在十字光标处

说明:

(1) legend()函数用于绘制曲线所用线型、颜色或数据点的标注, 语法格式:

```
legend('字符串 1','字符串 2',…)      %指定字符串顺序标注当前轴的图例
legend(句柄,'字符串 1','字符串 2',…)  %指定字符串标注句柄图形对象图例
legend(M)                          %M 矩阵的每一行字符串作为图形对象标签, 标注图例
legend(句柄,M)                     %指定句柄的图形对象, 标注图例
```

(2) text 为在指定位置标注图形信息, 语法格式:

```
text(x,y,'string')                          %x、y 为指定坐标
```

(3) annotation 常用于画箭头线, 例如:

```
annotation('arrow',[0.1,0.45],[0.3,0.5])             %画箭头线
```

5. 字体属性

字体属性如表 6.5 所示。

表 6.5　字体属性

属 性 名	说 明	属 性 名	说 明
FontName	字体名称	FontWeight	字形
FontSize	字体大小	FontUnits	字体大小单位
FontAngle	字体角度	Rotation	文本旋转角度
BackgroundColor	背景色	HorizontalAlignment	文字水平方向对齐
EdgeColor	边框颜色	VerticalAlignment	文字垂直方向对齐

说明：

（1）FontName 属性定义名称，其取值是系统支持的一种字体名。

（2）FontSize 属性设置文本对象的大小，其单位由 FontUnits 属性决定，默认值为 10 磅。

（3）FontWeight 属性设置字体粗细，取值可以是 normal（默认值）、bold、light 或 demi。

（4）FontAngle 属性设置斜体文字模式，取值可以是 normal（默认值）、italic 或 oblique。

（5）Rotation 属性设置文本旋转角，取值是数值量，默认值为 0，取正值时表示逆时针方向旋转；取负值时表示顺时针方向旋转。

（6）BackgroundColor 和 EdgeColor 属性设置文本对象的背景颜色和边框线的颜色，可取值为 none（默认值）或颜色字母。

（7）HorizontalAlignment 属性设置文本与指定点的相对位置，可取值为 left（默认值）、center 或 right。

6. 坐标区 axis() 函数的用法

坐标区语法格式：

```
axis([x_min x_max y_min y_max])
```

或：

```
axis([x_min x_max y_min y_max z_min z_max])
```

说明：该函数用来标注输出图线的坐标范围。若给出 4 个参数为分别标注二维曲线最大值和最小值，给出 6 个参数则分别标注三维曲线最大值和最小值，常用坐标属性如表 6.6 所示。

表 6.6　坐标属性

属 性 名	说 明	属 性 名	说 明
axis equal	将两坐标轴设为相等	axis on/off	显示/关闭坐标轴
axis auto	将坐标轴字体大小设置为默认值	axis square	生成两轴相等的正方形坐标系

7. 子图分割

子图分割语法格式：

```
subplot(n,m,p)                              %指定位置绘制子图
```

其中：n 表示行数，m 表示列数，p 表示绘图序号，顺序是按从左至右、从上至下排列，

它把图形窗口分为 n×m 个子图，在第 p 个子图处绘制图形。

【**实战练习 6-4**】使用子图绘制多条曲线

使用子图绘制 4 条任意曲线。

编程代码如下：

```
t=0:pi/100:2*pi;
y1=sin(t);
y2=cos(t);
y3=sin(t).^2;
y4=cos(t).^2;
subplot(2,2,1),plot(t,y1);title('sin(t)');
subplot(2,2,2),plot(t,y2,'g-p');title('cos(t)')
subplot(2,2,3),plot(t,y3,'r-O');title('sin^2(t)')
subplot(2,2,4),plot(t,y4,'k-h');title('cos^2(t) ')
```

结果如图 6.4 所示。

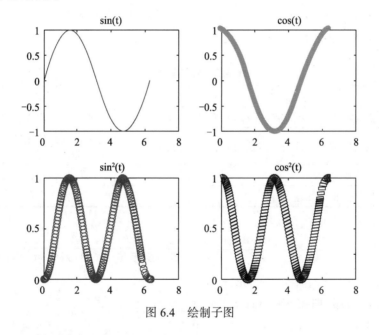

图 6.4　绘制子图

6.1.2　使用图形对象及句柄绘图

1．设置图形对象属性

设置图形对象属性语法格式：

set(句柄, 属性名 1, 属性值 1, 属性名 2, 属性值 2, …)

其中："句柄"用于指明要操作的图形对象。如果在调用 set() 函数时省略全部属性，则将显示出句柄所有的允许属性。

2. 获取图形对象属性

获取图形对象属性语法格式：

```
V=get(句柄，属性名)
```

其中：V 是返回的属性值。如果在调用 get()函数时省略属性名，则将返回句柄所有的属性值。

例如，以下命令用来获得上述曲线的颜色属性值：

```
col=get(h,'Color');
```

3. 使用句柄画线

画线对象是坐标轴的子对象，它既可以定义在二维坐标系中，也可以定义在三维坐标系中。建立画线对象使用 line()函数。

语法格式：

句柄变量=line(([x1,x2],[y1,y2],属性名 1,属性值 1,属性名 2,属性值 2,…)

常用画线属性如表 6.7 所示。

表 6.7　常用画线属性

属 性 名	说 明	属 性 名	说 明
LineStyle	定义线型，包括实线、点画线等	LineWidth	定义线宽，默认值为0.5磅
Marker	定义数据点标注符，默认为none	MarkerSize	定义数据点标注符号的大小，默认值为6磅
Color	定义颜色	LineJoin	定义线条边角的样式
EdgeColor	定义边框线的颜色	Position	定义位置

例如：

```
line([1,2],[3,4], 'LineStyle','-','Color','r' )
                    %绘制坐标点 x(1,3)到点 y(2,4)的)红色实线
```

【实战练习 6-5】绘制曲线 $y=e^{-t}\sin 2\pi t$

利用画线对象绘制曲线 $y=e^{-t}\sin 2\pi t$。

编程代码如下：

```
t=0:pi/100:pi;
y=sin(2*pi*t).*exp(-t);
title('修改颜色和线宽');
h1=line(t ,y,'Marker','*');
text(1,0.6,'y= e^{-t}sin(2{\pi}t)','FontSize',16)
set(h1,'Color','r','LineWidth',3)
xlabel('时间','FontSize',20)
ylabel('幅度','FontSize',20)
grid on
```

结果如图 6.5 所示。

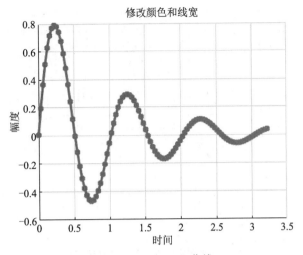

图 6.5　$y=e^{-t}\sin 2\pi t$ 曲线

4. 画矩形对象

在 MATLAB 中，矩形、椭圆以及二者之间的过渡图形，如圆角矩形都称为矩形对象。创建矩形对象的函数是 rectangle()。

语法格式：

```
rectangle(属性名1,属性值1,属性名2,属性值2,…)
```

说明：矩形对象常用属性和画线基本相同，此外，还包括定义矩形对象边的曲率 Curvature 属性，曲率参数范围为 0～1，表示矩形对象边的弯曲程度，数值越大，则弯曲角越大，当为[1,1] 时表示为圆，不加该属性为直线；Position 定义矩形对象位置坐标，4 个参数[x,y,width,height]，(x,y) 为矩形对象的左下角坐标，width 表示矩形对象宽度、height 表示矩形对象的高度。

例如：

```
rectangle('Position',[1,2,3,4])
                    %绘制左下角坐标（1,2），宽度为3和高度为4的矩形对象
```

【实战练习 6-6】在同一坐标轴绘制多条曲线

在同一坐标轴上绘制矩形、直线、椭圆形和圆。

编程代码如下：

```
rectangle('Position',[1,1,20,18],'Curvature',0.4,'LineStyle','-.')
rectangle('Position',[3,8,16,5],'LineWidth',4,'EdgeColor','b')
rectangle('Position',[5,4,4,4],'Curvature',[1,1],'Linewidth',4,
'EdgeColor','r')
rectangle('Position',[13,4,4,4],'Curvature',[1,1],'Linewidth',4,
'EdgeColor','r')
rectangle('Position',[6,5,2,2],'Curvature',[1,1],'Linewidth',2,
'EdgeColor','r')
rectangle('Position',[14,5,2,2],'Curvature',[1,1],'Linewidth',2,
'EdgeColor','r')
```

```
line([3,8],[13,18],'Color','b','Linewidth',4)
rectangle('Position',[8,13,5,5],'Linewidth',4,'EdgeColor','b')
rectangle('Position',[2.1,11,1,1.5],'Curvature',[1,1],'Linewidth',3,
'EdgeColor','b')
axis equal
```

结果如图 6.6 所示。

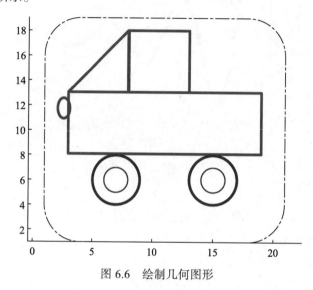

图 6.6　绘制几何图形

6.1.3　绘制对数坐标图

在实际应用中，常常使用到对数坐标，MATLAB 提供了绘制对数和半对数坐标曲线的函数。

语法格式：

```
semilogx（x1, y1, 选项 1, x2, y2, 选项 2, …）
semilogy（x1, y1, 选项 1, x2, y2, 选项 2, …）
loglog（x1, y1, 选项 1, x2, y2, 选项 2, …）
```

其中：函数中选项的定义与 plot()函数完全一样，所不同的是坐标轴的选取，semilogx()函数使用半对数坐标，x 轴为对数刻度，而 y 轴仍保持线性刻度；semilogy()函数恰好和 semilogx()函数相反；loglog()函数使用全对数坐标，x、y 轴均采用对数刻度。

【实战练习 6-7】使用 subplot 绘制曲线

使用子图分别绘制 $y=2^x$ 线性坐标/对数坐标、$1/x$ 对数坐标和 e^x 双对数坐标的 4 条不同曲线。

编程代码如下：

```
x=0:.1:10;
subplot(2,2,1);plot(x,2.^x,'b-*');
title('双线性坐标')
```

```
 subplot(2,2,3);semilogy(x,2.^x);
title('x 线性 y 对数坐标')
 x=logspace(-1,2);
 subplot(2,2,2);semilogx(x,1./x)
;title('y 线性 x 对数坐标')
 subplot(2,2,4);loglog(x,exp(x),'-s');
title('双对数坐标')
 grid on
```

结果如图 6.7 所示。

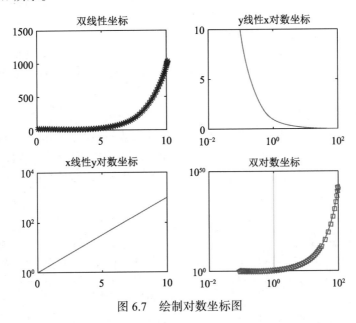

图 6.7　绘制对数坐标图

6.1.4　绘制特色二维图

常用特色二维图的函数如表 6.8 所示。

表 6.8　常用特色二维图的函数

函 数 名	含 义	函 数 名	含 义
bar	条形图	loglog	对数图
polar	极坐标图	semilogx	x轴对数，y轴线性
staris	阶梯图	semilogy	y轴对数，x轴线性
stem	火柴杆图	fill	实心图
scatter	散点图	area	面积图
pie	饼图	histogram	直角坐标系的柱状图
polarplot	在极坐标中画线	feather	横坐标等距显示向量羽毛图

1. scatter画图说明

scatter(x,y)以向量(x,y)指定的位置创建一个大小相等空心圆的散点图也称为气泡图，语法格式：

```
scatter(x,y,sz)            %若相同 sz 指定为标量绘制大小相同的空心圆散点图，若不同 sz
                           %指定为向量或矩阵
scatter(x,y,sz,c)          %同理，若 c 指定为颜色名称或 RGB 三元组，绘制相同的颜色，若
                           %指定为向量或由 RGB 三元组组成的三列矩阵绘制不同颜色
scatter(…,'filled')        %同理，填充圆形，filled 选项可与前面语法中的任何输入参数组
                           %合一起使用
scatter(…,mkr)             %mkr 指定标记类型
scatter(…,Name,Value)      %使用一个或多个名-值对参数修改散点图
scatter(ax)                %将散点图绘制在 ax 指定的坐标区中，选项 ax 可以位于前面的语
                           %法中的任何输入参数组合之前
```

2. polarplot绘图说明

polarplot(theta,rho)是在极坐标中绘制线条，由 theta 表示弧度角，rho 表示每个点的半径值。输入必须是长度相等的向量或大小相等的矩阵。如果输入为矩阵，polarplot()将绘制 rho 的列对 theta 列的图。也可以一个输入为向量，另一个为矩阵，但向量的长度必须与矩阵的一个维度相等。

语法格式：

```
polarplot(theta,rho)                    %根据角和半径绘图，theta 必须从度转换为弧度
polarplot(theta,rho,LineSpec)           %设置线条的线型、标注符号和颜色
polarplot(theta1,rho1,…,thetaN,rhoN)    %绘制多个 rho,theta 对组
polarplot(rho)                          %按等间距角度 0～2π 绘制 rho 中的半径值
```

【**实战练习 6-8**】绘制特色羽毛图

绘制 0～2π 余弦曲线的羽毛图。

编程代码如下：

```
x=-pi:pi/15:2*pi;
y=cos(x);
feather(x,y)
```

结果如图 6.8 所示。

【**实战练习 6-9**】绘制多种特色二维曲线

使用子图分别绘制台阶图、火柴杆图、柱状图和极坐标特色曲线。

编程代码如下：

```
t=0:.2:2*pi;
y=sin(t);
subplot(2,2,1),stairs(t,y);title('stairs')        %绘制台阶图
```

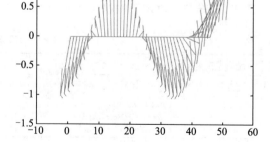

图 6.8　余弦羽毛曲线

```
subplot(2,2,2),stem(t,y);title('stem')              %绘制火柴杆图
subplot(2,2,3),bar(t,y);title('bar')                %绘制柱状图
subplot(2,2,4),polar(t,y);title('polar')            %绘制极坐标特色曲线
```

结果如图 6.9 所示。

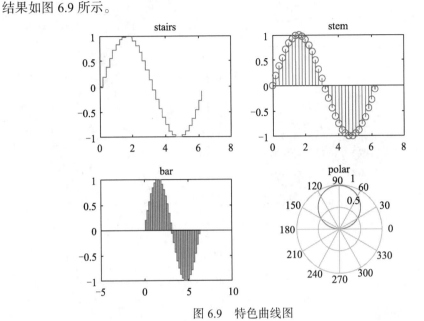

图 6.9 特色曲线图

【实战练习 6-10】 绘制面积图与散点图

分别绘制一个 4×3 矩阵 100 以内随机数的面积图和一个 0～200 个等间距、且带随机干扰的正弦曲线散点图。

编程代码如下：

```
subplot(1,2,1);
x1=rand(4,3)*100;                                    %得到 4×3 矩阵 100 内随机数
area(x1)                                             %绘制面积图
subplot(1,2,2)
x2=linspace(0,4*pi,200);                             %在 0～4pi 中取 200 个等向距点
y=sin(x2)+rand(1,200);
sz=linspace(1,100,200);
scatter(x2,y,sz,'MarkerEdgeColor',[0,0.5,0.9],'MarkerFaceColor',
[0,0.5,0.9]);                                        %绘制散点图
```

结果如图 6.10 所示。

【实战练习 6-11】 绘制饼图和直角柱状图

分别绘制一个 2×4 矩阵随机饼图和一个 100×1 正态分布矩阵随机数的柱状图。

编程代码如下：

```
subplot(1,2,1);
x=rand(2,4)*100;
```

```
pie(x);
subplot(1,2,2);
x=randn(100,1);                         %正态分布的随机矩阵 100×1
histogram(x);
```

结果如图 6.11 所示。

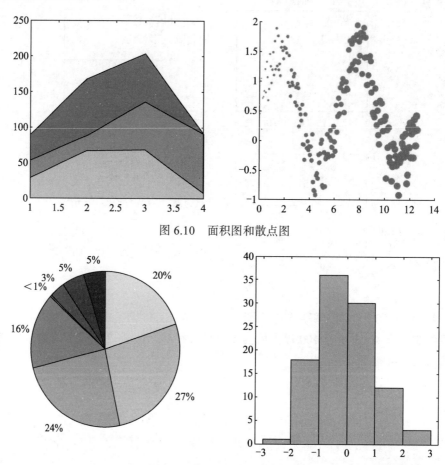

图 6.10   面积图和散点图

图 6.11   饼图与直角系下的柱状图

【实战练习 6-12】绘制在极坐标系中的曲线

使用子图分别绘制 rh1=sin(2θ)cos(2θ)、rh2=0.005(θ/10)、rh3=θ/10、rh4=sin(θ)共 4 条极坐标曲线。

编程代码如下：

```
subplot(2,2,1)
theta = 0:0.01:2*pi;
rh1 = sin(2*theta).*cos(2*theta);
polarplot(theta,rh1)
subplot(2,2,2)
```

```
theta = linspace(0,360,50);
rh2 = 0.005*theta/10;
theta_radians = deg2rad(theta);
polarplot(theta_radians,rh2)
subplot(2,2,3)
theta = linspace(0,6*pi);
rh3 = theta/10;
polarplot(theta,rh3)
rho2 = theta/12;
hold on
polarplot(theta,rho2,'--')
hold off
rho = 10:5:70;
polarplot(rho,'-o')
subplot(2,2,4)
theta = linspace(0,2*pi);
rh4 = sin(theta);
polarplot(theta,rh4)
```

结果如图 6.12 所示。

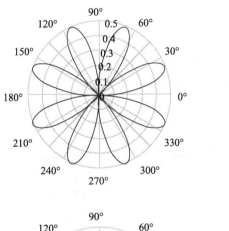
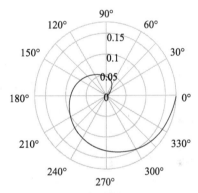
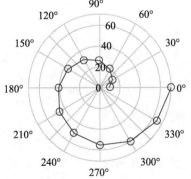
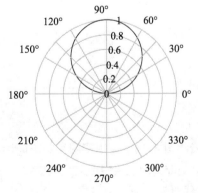

图 6.12 极坐标系下的曲线

6.1.5　绘制符号函数曲线

1．符号函数绘图

符号函数绘图主要用于显函数、隐函数和参数方程的画图。

语法格式：

```
ezplot('f(x)',[a,b])                        %表示在 a<x<b 绘制显函数 f=f(x)的函数图
ezplot(f,[xmin,xmax],figure(n))            %指定绘图窗口绘图
ezplot('f(x,y)',[xmin,xmax,ymin,ymax])     %表示在区间 xmin<x<xmax 和 ymin< y
                                           %<ymax 绘制隐函数 f(x,y)=0 的函数图
ezplot('x(t)','y(t)',[tmin,tmax])          %表示在区间 tmin<t<tmax 绘制参数
                                           %方程 x=x(t),y=y(t)的函数图
```

【实战练习 6-13】利用 ezplot()函数绘制曲线

使用 ezplot 在[−10,10]区间绘制函数曲线：$y = \dfrac{\sin(\sqrt{2x^2})}{\sqrt{2x^2}}$

编程代码如下：

```
ezplot('sin(sqrt(2.*x.^2))/sqrt(2.*x.^2)',[-10,10]);
```

结果如图 6.13 所示。

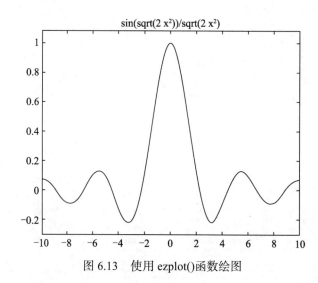

图 6.13　使用 ezplot()函数绘图

【实战练习 6-14】使用子图绘制不同函数曲线

使用 ezplot()函数绘制不同函数曲线，函数曲线如图 6.14 所示。

编程代码如下：

```
subplot(2,2,1);
ezplot('x^2+y^2-9');axis equal;
```

```
subplot(2,2,2);
ezplot('x^3+y^3-5*x*y+1/5')
subplot(2,2,3);
ezplot('cos(tan(pi*x))',[0,1]);
subplot(2,2,4);
ezplot('8*cos(t)','4*sqrt(2)*sin(t)',[0,2*pi]);
```

结果如图 6.14 所示。

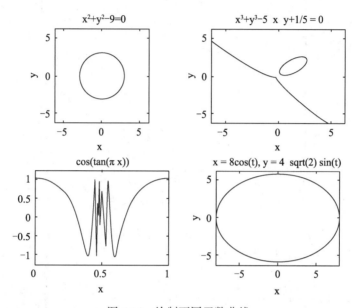

图 6.14　绘制不同函数曲线

2. 利用函数画图

函数画图语法格式：

```
fplot(fun,lims)                    %绘制函数 fun 在 x 区间 lims=[xminxmax]的函数图
```

或

```
fplot(fun,lims,'corline')          %按照指定线型绘图
[x,y]=fplot(fun,lims)              %只返回绘图点的值,而不绘图，需用 fplot(x,y)绘图
```

说明：

（1）fun 必须是 m 文件的函数名或是独立变量为 x 的字符串。

（2）fplot()函数不能画参数方程和隐函数图形，但在一个图上可以画多个图形。

【实战练习 6-15】利用 fplot()函数绘图

建立函数文件 myfun1.m，在[-1, 2]区间上画 $y=e^{2x}+\sin(3x^2)$ 曲线。

编程代码如下：

```
function Y=myfun1(x)
Y=exp(2*x)+sin(3*x.^2)
```

在命令行窗口输入命令调用函数：

```
fplot('myfun1',[-1,2])
```

结果如图 6.15 所示。

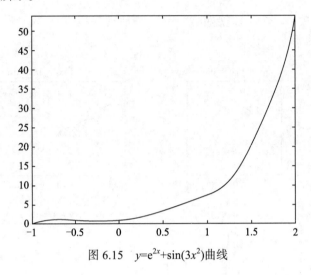

图 6.15 $y=e^{2x}+\sin(3x^2)$曲线

【实战练习 6-16】绘制同一坐标系上多条三角函数曲线

在[-2π,2π]区间，绘制正切和余弦曲线。

编程代码如下：

```
fplot('[sin(x),tan(x),cos(x)]',2*pi*[-1 1 -1 1],'r-p')
```

结果如图 6.16 所示。

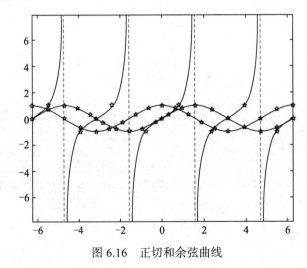

图 6.16   正切和余弦曲线

6.2　三维绘图功能

MATLAB 的三维绘图包括三维曲线图、常用三维立体图、三维网格图、三维曲面图和特色三维立体图，绘制的图形不仅能观测面积和体积，还可添加各种颜色修饰及色彩渲染、设置光照、加入等高线、设置不同视角等特殊效果。

6.2.1　绘制三维曲线图

绘制三维曲线图与 plot() 函数相类似，使用 plot3() 函数能绘制三维空间的曲线，语法格式：

```
plot3(x, y, z, option)                    %绘制三维曲线
```

其中：x、y 和 z 是同维数的数组，(x,y,z)构成了三维曲面图形在定义域上的坐标点，option 是图元属性，用于修饰颜色、标注和线型，不加 option 时，系统按照默认的颜色绘制图形。

【实战练习 6-17】绘制两组函数三维曲线

已知两组三元函数如下：

$$\begin{cases} X = \sin(t)\cos(10t) \\ Y = \sin(t)\sin(10t) \\ Z = \cos(t) \end{cases}, \quad \begin{cases} X = \sin(t)\cos(12t) \\ Y = \sin(t)\sin(12t) \\ Z = \cos(t) \end{cases}$$

绘制两组函数的三维曲线。

编程代码如下：

```
t = 0:pi/500:pi;
X1= sin(t).*cos(10*t);
Y1= sin(t).*sin(10*t);
Z1= cos(t);
X2= sin(t).*cos(12*t);
Y2= sin(t).*sin(12*t);
Z2= cos(t);
plot3(X1,Y1,Z1,X2,Y2,Z2)
```

结果如图 6.17 所示。

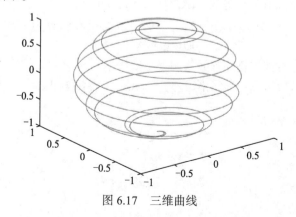

图 6.17　三维曲线

【实战练习 6-18】 修饰图元属性绘制三维曲线

绘制 $x = e^{-t/10}\sin(5t)$ 及 $y = e^{-t/10}\cos(5t)$ 的三维曲线。

编程代码如下：

```
t = linspace(-10,10,500);
x = exp(-t./10).*sin(5*t);
y = exp(-t./10).*cos(5*t);
plot3(x,y,t,'rp');          %添加红色的五角星线
grid on
```

结果如图 6.18 所示。

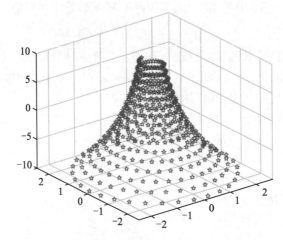

图 6.18　添加修饰的三维曲线

说明：绘制三维图形常使用 meshgrid() 函数生成二维或三维网格矩阵，meshgrid() 函数可产生二维或三维阵列网格采样点，被看作平面或立体空间内的坐标值。

语法格式：

```
[X, Y]=meshgrid(x,y)    %产生二维向量分别指定 x 和 y 轴的数据点。当 x 为 n 维向量，
                        %y 为 m 维向量时，得到 X、Y 均为 m×n 的矩阵
```

其中：[X,Y] = meshgrid(x) 等效于 [X,Y] = meshgrid(x,x)。

```
[X,Y,Z] = meshgrid(x,y,z)    %产生三维向量分别指定 x、y 和 z 轴的数据点，构建三维空
                             %间的向量矩阵
```

【实战练习 6-19】 构建网格矩阵并绘制三维曲线

利用 meshgrid() 函数构成三维网格矩阵，绘制 x、y 在 $[0,4\pi]$ 区间的三维曲线，其中三元函数如下：

$$\begin{cases} X = x\cos(y) \\ Y = x\sin(y) \\ Z = \sin\left(2\sqrt{X^2 + Y^2}\right) \end{cases}$$

编程代码如下：

```
t=0:0.02*pi:4*pi;
theta=0:0.02*pi:4*pi;
[x,y]=meshgrid(t,theta);
X = x.*cos(y);
Y = x.*sin(y);
Z=sin(2*sqrt(X.^2+Y.^2));
plot3(X,Y,Z);
```

title('$\sin\left(2\sqrt{X^2+Y^2}\right)$')

```
xlabel('X-axis'),ylabel('Y-axis');
zlabel('Z-axis');grid on;
```

结果如图 6.19 所示。

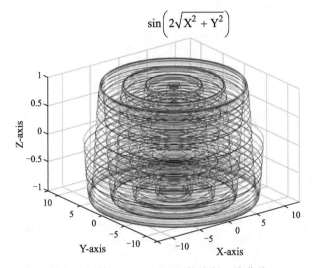

图 6.19　利用 meshgrid()函数绘制三维曲线

【实战练习 6-20】绘制三元函数三维曲线图

三元函数如下：

$$\begin{cases} x = (8+\cos(V))\cos(U) \\ y = (8+\cos(V))\sin(U) \\ z = \sin(V) \end{cases} \qquad U > 0, V \leqslant 2$$

绘制三维曲线。

编程代码如下：

```
r = linspace(0, 2*pi, 60);
[u,v] = meshgrid(r);
x = (8+3*cos(v)).*cos(u);
y = (8+3*cos(v)).*sin(u);
z = 3*sin(v);
plot3(x,y,z)
```

```
title('三维空间绘图');
xlabel('X轴');ylabel('Y轴')
zlabel('Z轴')
```

其结果如图 6.20 所示。

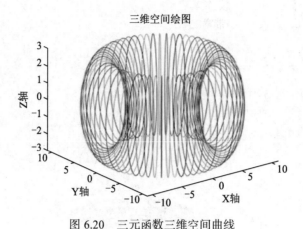

图 6.20　三元函数三维空间曲线

6.2.2　绘制常用三维立体图

常用三维立体图包括三维条形图、针状图、三维饼图、三维彩带图等共 8 种。

（1）绘制三维条形图，语法格式：

```
bar3(y)              %y 的每个元素对应于一个条形图
bar3(x,y)            %在指定位置 x 上绘制 y 元素的条形图
```

（2）绘制针状图（火柴杆图），语法格式：

```
stem3(z)             %将数据序列 z 表示为从 xy 平面向上延伸的针状图，x 和 y 自动生成
stem3(x,y,z)         %在(x,y)位置上绘制数据序列 z 的针状图，要求 x、y、z 的维数相同
```

（3）绘制三维饼图，语法格式：

```
pie3(x)              %用 x 中的数据绘制一个三维饼图，x 为向量
```

（4）绘制填充过的多边形，语法格式：

```
fill3(x,y,z,c)       %用 x、y、z 做多边形的顶点，c 指定填充颜色
```

（5）绘制三维顶点的空间多边形立体图，语法格式：

```
patch('Faces',f,'Vertices',v','FaceColor','color')      %f 为要连接的顶点，
                                                        %v 指定顶点的值，
                                                        %color 为颜色
```

（6）绘制三维散点图，语法格式：

```
scatter3(x,y,z)      %用法同二维散点图
```

（7）绘制三维向量场图，语法格式：

```
quiver3(x,y,z)              %由(x,y,z)指定的笛卡儿坐标处，绘制具有定向分量的箭头
```

（8）绘制三维彩带图，语法格式：

```
ribbon(x,y,z)              %x 可以是行或列向量，y 是包含 length(x)行的矩阵，z 指定条
                           %带宽度（默认值为 0.75）
```

【实战练习 6-21】利用子图绘制多种三维立体图

三维子图包括：

（1）绘制魔方矩阵的三维条形图；

（2）以三维针状图形式绘制曲线 $y=2\sin x$；

（3）已知 $x=[2347,1827,2043,3025]$，绘制三维饼图；

（4）用随机的顶点坐标值画出 5 个黄色三角形。

编程代码如下：

```
subplot(2,2,1);bar3(magic(4));
title('魔方矩阵的三维条形图')
subplot(2,2,2);y=2*sin(0:pi/6:2*pi);
stem3(y);title('三维针状图');
subplot(2,2,3);pie3([2347,1827,2043,3025]);
title('饼图');subplot(2,2,4);
fill3(rand(3,5),rand(3,5),rand(3,5),'y');
title('随机数填充图');
```

结果如图 6.21 所示。

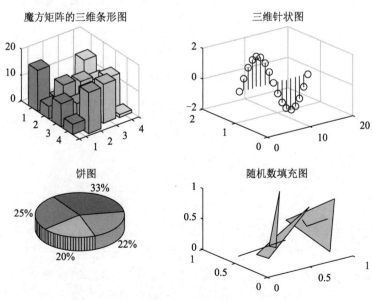

图 6.21　子图绘制

【实战练习 6-22】绘制三维顶点多边形立体图

指定顶点的值和要连接的顶点，绘制三维顶点多边形立体图。

编程代码如下：

```
f = [1 2 3 4;2 6 7 3;4 3 7 8;1 5 8 4;1 2 6 5;5 6 7 8];    %连接顺序：上、下、
                                                          %后、右、前、左
v=[-1 1 1 -1 -1 1 1 -1;1 1 1 1 -1 -1 -1 -1;-1 -1 1 1 1 1 -1 -1];
subplot(1,2,1);
patch('Faces',f,'Vertices',v,'FaceColor','none');
view(3);
subplot(1,2,2);
patch('Faces',f,'Vertices',v,'FaceColor','#cccccc')
view(3)
```

结果如图 6.22 所示。

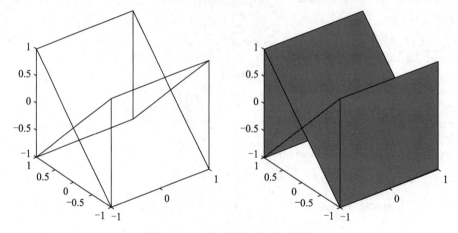

图 6.22　三维顶点多边形立体图

【实战练习 6-23】绘制三维向量场图和三维彩带图

绘制函数 $f(x,y)=\left(x^2-2x\right)\mathrm{e}^{-y^2-xy-x^2}$ 的三维向量场图和三维彩带图。

编程代码如下：

```
[x,y]=meshgrid(-3:0.1:3);
z=(x.^2-2*x).*exp(-x.^2-x.*y-y.^2);
[x1,y1]=gradient(z);
x1=x1*10;
y1=y1*10;
subplot(1,2,1);quiver3(x,y,x1,y1);
subplot(1,2,2);ribbon(x1,z)
grid on;
```

结果如图 6.23 所示。

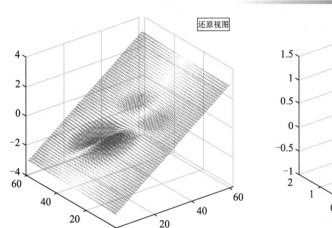
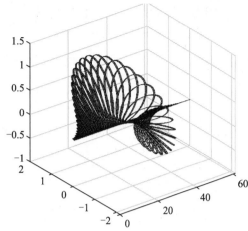

图 6.23　三维向量场图和三维彩带图

【实战练习 6-24】绘制随机数三维散点图

在三维空间绘制随机数的散点图。

编程代码如下：

```
X = 1:32;
Y = randn()*10*[1:32]
Z = randperm(32)
scatter3(X,Y,Z,60,"blue");                %绘制三维散点图
title("随机数三维散点图")
```

结果如图 6.24 所示。

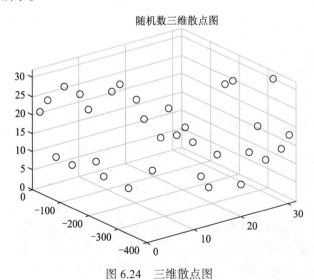

图 6.24　三维散点图

【实战练习 6-25】绘制三维组合图

三元函数如下：

$$\begin{cases} x = e^{-t}\sin(3t) \\ y = t^3 e^{-t}\cos(3t) \\ z = t^2 \end{cases}$$

绘制 t 在 $0\sim2\pi$ 的三维针状图和三维柱状图。

编程代码如下：

```
t=0:.1:2*pi;
x=t.^3.*sin(3*t).*exp(-t);
y=t.^3.*cos(3*t).*exp(-t);
z=t.^2;
plot3(x,y,z);hold on;
stem3(x,y,z);hold on;
bar3(x,y,z);hold on;
```

结果如图 6.25 所示。

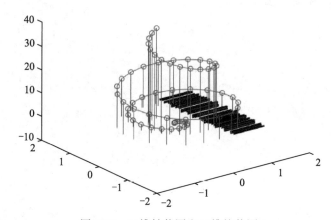

图 6.25 三维针状图和三维柱状图

6.2.3 绘制三维网格图

绘制三维网格图语法格式：

```
mesh(x, y, z, c)
```

说明：

（1）三维网格图是由一些四边形相互连接在一起构成的一种曲面图。

（2）x，y，z 是维数相同的矩阵，x，y 是网格坐标矩阵，z 是网格点上的高度矩阵，c 用于指定在不同高度下的颜色范围。

（3）c 省略时，c=z，即颜色的设定是正比于图形的高度。

（4）当 x，y 是向量时，要求 x 向量的长度必须等于 z 矩阵的列数，y 向量的长度必须等于 z 矩阵的行数，x，y 向量元素的组合构成网格点的 x，y 坐标，z 坐标则取自 z 矩阵，然后绘制三维曲线。

【实战练习 6-26】绘制给定函数三维网格图

根据函数 $z=f(x,y)$ 的 x,y 坐标找出 z 的高度，绘制 $z=x^2+y^2$ 的三维网格图。

编程代码如下：

```
x=-5:5; y=x;
[X,Y]=meshgrid(x,y)
Z=X.^2+Y.^2
mesh(X,Y,Z)
```

结果如图 6.26 所示。

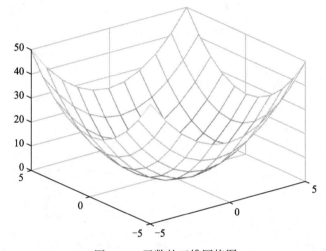

图 6.26　函数的三维网格图

【实战练习 6-27】绘制三角函数三维网格图

利用 mesh()函数绘制 $z=\sin(x).\cos(x)$ 三维网格图。

编程代码如下：

```
x=0:0.1:2*pi;
[x,y]=meshgrid(x);
z=sin(y).*cos(x);
mesh(x,y,z);
xlabel('x-axis');
ylabel('y-axis');
zlabel('z-axis');
title('mesh'); pause;
```

结果如图 6.27 所示。

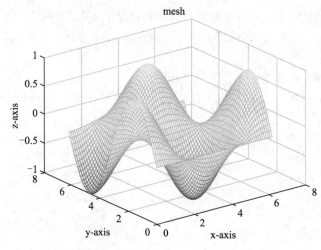

图 6.27　$z=\sin(x).\cos(x)$三维网格图

【实战练习 6-28】绘制给定区间的三维网格图

绘制函数 $z=\sin(x+\sin(y))-x/10$ 在$(0,4\pi)$的三维网格图。

编程代码如下：

```
[x,y]=meshgrid(0:0.25:4*pi);
z=sin(x+sin(y))-x/10;
mesh(x,y,z);
axis([0 4*pi 0 4*pi -2.5 1]);
```

结果如图 6.28 所示。

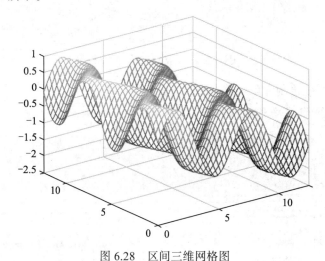

图 6.28　区间三维网格图

6.2.4　绘制三维曲面图

绘制三维曲面图语法格式：

```
surf(x,y,z,c)
```

其中：x,y,z,c 参数同 mesh()的，它们均使用网格矩阵 meshgrid()函数产生坐标，自动着色，其三维阴影曲面四边形的表面颜色分布通过 shading 命令指定。

【**实战练习 6-29**】绘制马鞍曲面图

绘制函数 $z=f(x,y)=x^2-y^2$ 的曲面图。

编程代码如下：

```
x=-10:0.1:10
[xx,yy]=meshgrid(x);
zz =xx .^2-yy .^2;
surf(xx,yy,zz );
title('马鞍面'); xlabel('x 轴')
ylabel('y 轴') zlabel('z 轴')
grid on;
```

结果如图 6.29 所示。

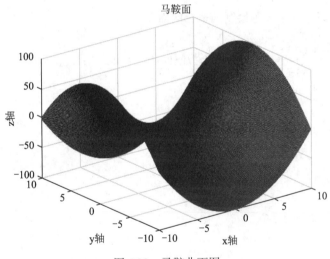

图 6.29　马鞍曲面图

【**实战练习 6-30**】绘制函数曲面图

绘制函数 $z=f(x,y)=x+2y^2$ 的曲面图。

编程代码如下：

```
xx=linspace(-1,1,50);
yy=linspace(-2,2,100);
[x,y]=meshgrid(xx,yy);
z=x+2*y.^2;
surf(x,y,z)
```

结果如图 6.30 所示。

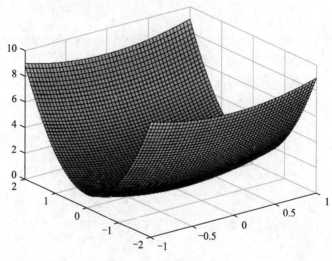

图 6.30 函数曲面图

【实战练习 6-31】利用子图绘制网格及曲面图

绘制函数 $z = \dfrac{\sin(\sqrt{x^2+y^2})}{\sqrt{x^2+y^2}}$ 的网格图与曲面图，并进行对比。

编程代码如下：

```
x=-10:0.5:10
[xx,yy]=meshgrid(x);
R=sqrt(xx.^2+yy.^2);
zz=sin(R)./R;
subplot(1,2,1); mesh(xx,yy,zz);
subplot(1,2,2);surf(xx,yy,zz);
```

结果如图 6.31 所示。

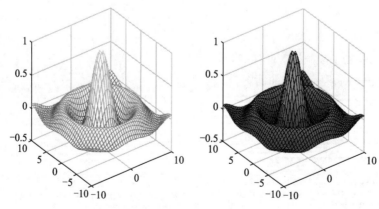

图 6.31 网格图与曲面图对比

6.2.5　绘制特色三维立体图

1. 球面图

MATLAB 提供了球面和柱面等标准的三维曲面绘制函数，用户能方便地得到标准三维曲面图，绘制球面使用 sphere()函数。

语法格式：

```
sphere(n)                    %画 n 等分球面，默认半径=1，n=20 ，n 表示球面绘制的精度
```

或

```
[x, y, z]=sphere(n)          %获取球面 x，y，z 空间坐标位置
```

【实战练习 6-32】绘制球面图

分别绘制 *n*=4,6,20,40 的不同球面图。

编程代码如下：

```
subplot(2,2,1); sphere(4);title('n=4');
subplot(2,2,2);sphere(6);title('n=6');
subplot(2,2,3);sphere(20);title('n=20');
subplot(2,2,4);sphere(40);title('n=40');
```

结果如图 6.32 所示。

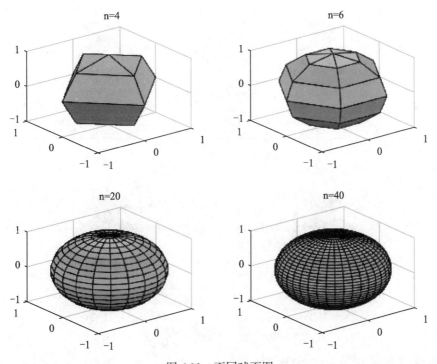

图 6.32　不同球面图

2. 柱面图

柱面图语法格式：

```
cylinder(R,n)                    %R 为半径；n 为柱面圆周等分数
```

或

```
[x,y,z]=cylinder(R,n)            %x，y，z 代表空间坐标位置
```

其中：若在调用该函数时不带输出参数，则直接绘制所需柱面。n 决定了柱面的圆滑程度，其默认值为 20；若 n 值取得比较小，则绘制出多面体的表面图。

【实战练习 6-33】绘制柱面图

绘制函数 $R=\cos(t)+2$ 在 $n=3,6,20,50$ 时共 4 种不同柱面图。

编程代码如下：

```
t=linspace(pi/2,3.5*pi,50)
R=cos(t)+2;
subplot(2,2,1); cylinder (R,3);title('n=3');
subplot(2,2,2); cylinder (R,6);title('n=6');
subplot(2,2,3); cylinder (R,20);title('n=20');
subplot(2,2,4); cylinder (R,50);title('n=50');
```

结果如图 6.33 所示。

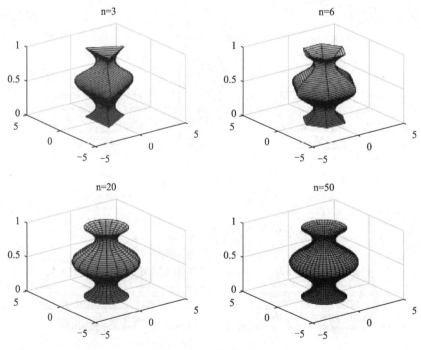

图 6.33 不同柱面图

【实战练习 6-34】绘制柱面函数立体图

绘制函数 $y=2+\cos^2 t$ 的立体曲面图。

编程代码如下：

```
clear; clc;
t=0:pi/10:2*pi;
subplot(1,2,1);
cylinder(t,10);
subplot(1,2,2);
cylinder(2+(cos(t)).^2);
axis square
```

结果如图 6.34 所示。

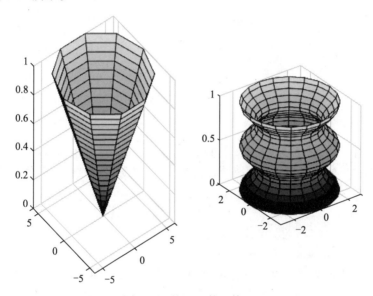

图 6.34　柱面函数立体图

多峰函数为：

$$f(x,y) = 3(1-x)^2 e^{-x^2-(y+1)^2} - 10\left(\frac{x}{5} - x^3 - y^5\right) e^{-x^2-y^2} - \frac{1}{3} e^{-(x+1)^2-y^2}$$

语法格式：

```
peaks(n)                              %输出 n×n 矩阵多峰函数图形
```

或

```
[x,y,z]=peaks(n)                      %x，y，z 代表空间坐标位置
```

【实战练习 6-35】绘制多峰立体图

编程代码如下：

```
[X,Y,Z]=peaks(30);
subplot(1,2,1);surf(X,Y,Z)
subplot(1,2,2);surfc(X,Y,Z)
```

结果如图 6.35 所示。

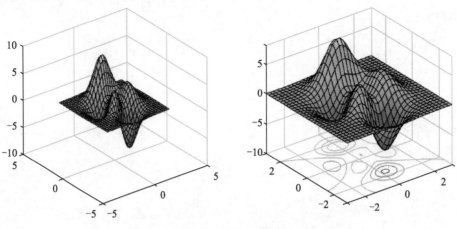

图 6.35 多峰立体图

6.2.6 图形颜色的修饰

MATLAB 有极好的颜色表现功能，colormap 实际上是一个 $m×3$ 的矩阵，m 为颜色维数。用矩阵映射当前图形的色图，每行的 3 个值都为 0~1 的数，分别代表颜色组成的 RGB 值，如[0 0 1]代表蓝色。系统自带了一些色图，如 winter、autumn 等，语法格式：

```
colormap(MAP)
```
或
```
colormap([R, G, B])
```

图形颜色可根据需要任意生成，也可用系统自带的色图。典型色彩的三基色调表如表 6.9 所示。

表 6.9 三基色调表

三基色比例	颜　色	三基色比例	颜　色
[0 0 0]	黑色	[0.5 0.5 0.5]	灰色
[0 0 1]	蓝色	[0.5 0 0]	暗红色
[0 1 0]	绿色	[1 0.62 0.4]	铜色
[0 1 1]	浅蓝色	[0.49 1 0.8]	浅绿色
[1 0 0]	红色	[0.49 1 0.83]	宝石蓝
[1 0 1]	品红色	[1 0.5 0]	橘黄
[1 1 0]	黄色	[0.667 0.667 1]	天蓝
[1 1 1]	白色	[0.5 0 0.5]	紫色

常见色图配置如表 6.10 所示。

表 6.10 色图配置

函 数 名	含 义	函 数 名	含 义
bone	从黑色渐变到白色	jet	蓝-红-青绿-黄-橙色渐变
cool	青色渐变到品红色	pink	淡粉红色图
copper	黑色渐变到深红色	prism	绿-黄-橙-紫-红-蓝6色带
flag	红-白-蓝-黑交错色	spring	紫色和黄色渐变颜色构成
gray	线性灰色	summer	绿色和黄色的阴影
hot	黑-红-黄-白色	autumn	黄色和橙色渐变色构成
white	全白单色板	winter	蓝色和绿色的阴影构成
hsv（默认）值	红-黄-绿-青绿-品红-红色循环		

例如：

```
sphere(30);colormap([1 1 0]);           %绘制黄色球体
sphere(30);colormap([0.5 0 0.5]);       %绘制紫色球体
sphere(30);colormap(hot);               %绘制白、黄、红、黑渐变的暖色球体
sphere(30);colormap(winter);            %绘制由蓝色和绿色阴影组成的球体
```

6.2.7 色彩的渲染

MATLAB 色彩的渲染是按照点的某一属性赋予颜色进行显示，它可以从线型、边界色、色彩、光线、视角等方面把数据的特征表现出来。

1. 着色

shading()是阴影函数，控制曲面和图形对象的颜色着色及图形的渲染方式，语法格式：

```
shading faceted       %在曲面或图形对象上叠加黑色的网格线
shading flat:         %在 shading faceted 的基础上去掉图上的网格线
shading interp        %对曲面或图形对象的颜色着色进行色彩的插值处理，使色彩平滑过渡
```

2. 关于着色的说明

（1）shading faceted 命令将每个网格片用其高度对应的颜色进行着色，但网格线仍保留，其颜色为黑色，这是系统的默认着色方式。

（2）shading flat 将图形渲染为平坦状态，即每个小方块面取一种颜色，其值由线段两端点或小方块四角的颜色值决定。

（3）shading interp 对每条线段或每个小方块面的颜色是线性渐变的，其值由两端点或小方块四角颜色插值决定。

（4）三维表面图形的着色是在网格图的每个网格片上涂上颜色。shading flat 命令将每个网格片用同一个颜色进行着色，且网格线也用相应的颜色，从而使图形表面显得更加光滑；shading interp 命令在网格片内采用颜色插值处理，使表面图显得光滑。

（5）surf 函数采用默认的着色方式对网格片着色，也可以用 shading 命令改变着色方式。

例如：

```
peaks(30);shading faceted            %默认的自动着色
peaks(30);shading flat               %去掉黑色线条，根据小方块的值确定颜色
peaks(30);shading interp   %颜色整体改变，根据小方块四角的值补过渡点的值来确定颜色
peaks(30);shading interp;colormap(hot)%在暖色基础上，将网格片内采用颜色插
                                     %值处理，表面图显得更光滑
```

【实战练习 6-36】输出球体不同渲染效果

使用色彩的渲染对球体进行三种不同着色处理。

编程代码如下：

```
[x,y,z]=sphere(20);
colormap(copper);
subplot(1,3,1);surf(x,y,z);
axis equal;subplot(1,3,2);
surf(x,y,z);shading flat;
axis equal;subplot(1,3,3);
surf(x,y,z);shading interp;
axis equal
```

结果如图 6.36 所示。

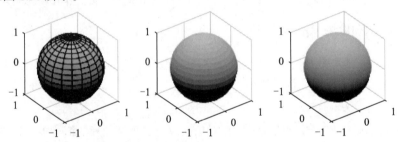

图 6.36　球体不同渲染效果

6.2.8　设置光照效果

1. 设置光源

设置光源语法格式：

```
light('Color',选项 1, 'Style',选项 2, 'Position', 选项 3)
```

其中：选项 1 表示光的颜色，取 RGB 三元组或相应的颜色字符；选项 2 可取 infinite 和 local 两个值，分别表示无穷远光和近光；选项 3 为三维坐标点组成的向量形式[x,y,z]。无穷远光表示光穿过该点并射向原点，对于近光表示光源所在位置。若函数不包含任何参数，则采用默认设置，即白光、无穷远光、穿过(1,0,1)并射向坐标原点。

例如：

```
peaks;
light('Color',[1 10],'Style','local','Position',[-4,-4,10]);
                      %此命令表示在点[-4,-4,10]处有一处黄色光源
```

2. 设置光照模式

设置光照模式语法格式：

lighting 选项　　　　　　　　　　　　%选项可取值为 flat、gouraud、phong 和 none

其中选项为：

flat（默认值）表示使入射光均匀洒落在图形对象的每个面上。

gouraud 表示先对顶点颜色插补，再对顶点勾画的面上颜色进行插补。

phong 表示对顶点处的法线插值，再计算各个像素的反光。

none 表示关闭所有光源。

【实战练习 6-37】输出柱体不同光照效果

在两个柱体上设置不同光照模式，查看显示效果。

编程代码如下：

```
subplot(1,2,1);colormap([1 1 0]);cylinder(2,10);
lighting gouraud
light('color','r','style','local','position',[3,-3,0.6])
title('光照模式为: gouraud')
subplot(1,2,2);cylinder(2,10);
lighting flat;
light('color','y','style','local','position',[1,-1,0.8])
title('光照模式为: flat')
```

不同光照效果如图 6.37 所示。

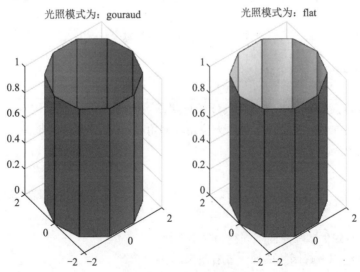

图 6.37　不同光照效果

6.2.9　设置等高线及垂帘

meshc()和 surfc()函数在三维网格和曲面图下的 xy 平面上生成曲面的等高线，meshz()函数在曲线下面加上矩形垂帘。

【实战练习6-38】输出等高线和垂帘效果

利用 meshc()、surfc()和 meshz()函数绘制 $z = \dfrac{\sin(\sqrt{x^2+y^2})}{\sqrt{x^2+y^2}}$ 的等高线和垂帘曲面。

编程代码如下：

```
[x,y]=meshgrid(-8:0.5:8);
z=sin(sqrt(x.^2+y.^2))./sqrt(x.^2+y.^2);
subplot(1,3,1); meshc(x,y,z);title('meshc');
subplot(1,3,2); surfc(x,y,z); title('surfc');
subplot(1,3,3); meshz(x,y,z); title('meshz');
```

结果如图 6.38 所示。

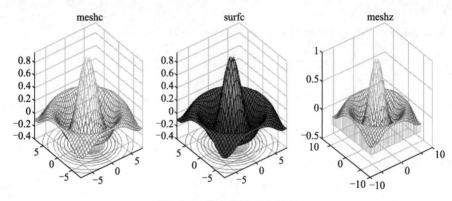

图 6.38　等高线及垂帘效果

6.2.10　设置三维图形姿态

从不同的角度观察物体，所看到的物体形状是不同的，同理，从不同视角绘制的三维图形的形状也是不一样的。视角位置可由方位角和仰角表示，MATLAB 提供了设置视角的函数以达到设置不同效果。

语法格式：

```
View(az,el)          %az 为方位角，el 为仰角，均以度为单位，系统默认的视角定义是方
                     %位角为-37.5 度，仰角为 30 度
```

【实战练习6-39】多峰曲面不同视角效果对比

从不同视角绘制多峰函数曲面，查看效果图。

编程代码如下：

```
subplot(2,2,1);mesh(peaks);
view(-37.5,30);title('方位角=-37 度,仰角=30 度');
subplot(2,2,2);mesh(peaks);
view(0,90);title('方位角=0 度,仰角=90 度');
```

```
subplot(2,2,3);mesh(peaks);
view(90,0);title('方位角=90 度,仰角=0 度');
subplot(2,2,4);mesh(peaks);
view(-7,-10);title('方位角=-7 度,仰角=-10 度');
```

结果如图 6.39 所示。

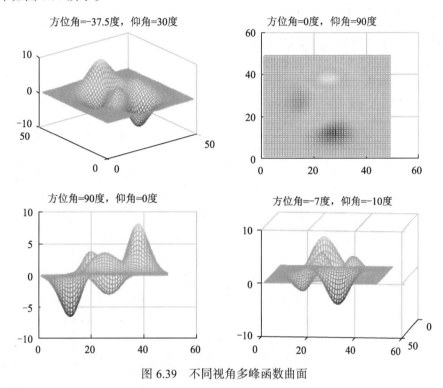

图 6.39　不同视角多峰函数曲面

6.3　创建动画

MATLAB 提供了三种动画方法：质点动画、电影动画、程序动画，质点动画是最简单的动画生成方法，它是通过一个顺着曲线轨迹运动的质点产生动画；电影动画首先会保存一系列的图形数据，然后按照一定的顺序像电影胶片一样，按照 20～24 帧/s 的播放产生视频效果；程序动画是在图形窗口中按照一定的算法连续擦除和重绘图形对象。

6.3.1　质点动画

质点动画分别对应二维 comet()和三维 comet3()函数产生质点动画。对于坐标下的质点，首先求解出质点完整的运动轨迹坐标，再绘制二维 comet(x,y)或三维 comet3(x,y,z）动点曲线，质点动画函数及说明如表 6.11 所示。

表 6.11　质点动画函数及说明

函 数 名	含 义
comet(y)	显示质点绕着向量y的动画轨迹运动（二维）
comet(x,y)	显示质点在横轴、纵轴方向的运动随向量x，y的动画轨迹（二维）
comet(x,y,p)	效果与上一个相同，额外定义轨迹尾巴线的长度p*length(y)，p介于0～1，默认为0.1

【实战练习 6-40】绘制二维平面动点曲线

绘制正弦函数的二维平面动点曲线。

编程代码如下：

```
x =linspace(0,2*pi,100);
y = sin(x);
comet(x,y);
box on;
grid on;
```

结果如图 6.40 所示。

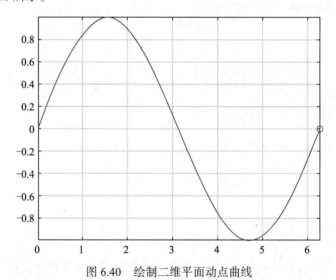

图 6.40　绘制二维平面动点曲线

【实战练习 6-41】绘制三维立体动点曲线

绘制正弦和余弦函数的三维立体动点曲线。

编程代码如下：

```
clear;
grid on;
vx = 100*cos(1/4*pi);
vy = 100*sin(1/4*pi);
t = 0:0.02:15;
dx = vx*t;
dy = vy*t-9.8*t.^2/2;
```

```
comet3(dx,dy,t);
```

结果如图 6.41 所示。

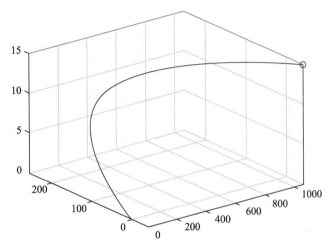

图 6.41　绘制三维立体动点曲线

6.3.2　电影动画

电影动画是一个先"拍"再"播"的过程，即将捕捉的要构成动画帧的图像逐个存到一个大矩阵中，然后再播放这个大矩阵的数据，其制作步骤描述如下：

1. 初始化

调用 moviein(n)函数对内存进行初始化，创建一个能够容纳当前坐标轴和一系列指定图形的矩阵，其大小取决于每帧的像素和帧数的乘积。n 为存储画面空间用于快速播放。

2. 生成动画帧

调用 getframe()函数生产动画的数据矩阵，它截取每幅画面信息(称为动画中的一帧)，把多幅画面信息保存为一个 n 幅图的列向量，组成电影动画矩阵。

getframe()函数可以捕捉动画帧，并保存到矩阵中，使用格式见表 6.12 所示。

表 6.12　电影动画函数getframe()及说明

调用格式	调用说明
f=getframe	从当前图形框中得到动画帧
f=getframe(h)	从图形句柄h中得到动画帧
f=getframe(h,rect)	从图形句柄h的指定区域rect中得到动画帧

3. 播放

调用 movie()函数按照指定的速度和次数运行该电影动画。当创建了一系列的动画帧后，可以利用 movie()函数播放这些动画帧。

该函数的用法如表 6.13 所示。

表 6.13 电影动画movie()函数及说明

调用格式	调用说明
movie(M)	将矩阵M中的动画帧播放一次
movie(M, n)	将矩阵M中的动画帧播放n次
movie(M,n,fps)	将矩阵M中的动画帧，以每秒fps帧的速度播放n次

【实战练习 6-42】输出多峰旋转效果

绘制多峰 peaks()函数曲面图，并且将它绕 z 轴旋转。

编程代码如下：

```
clear;
peaks(30); axis off;
shading interp;colormap(hot);
m=moviein(20);                    %建立 20 列矩阵
for i=1:20
    view(-37.5+24*(i-1),30)       %改变视角
    m(:,i)=getframe;              %将图形保存到 m 矩阵
end
movie(m,2);                       %播放画面 2 次
```

结果如图 6.42 所示。

【实战练习 6-43】输出直径变化的旋转效果

使用 sphere()函数绘制一个球体，使用循环改变直径大小，完成球体的动画效果。

编程代码如下：

```
n=30
[x,y,z]=sphere
m=moviein(n);
for i=1:n
    surf(i*x,i*y,i*z)
    m(:,i)=getframe;
end
movie(m,30);
```

图 6.42 峰值不同视角动画

结果如图 6.43 所示。

【实战练习 6-44】输出多峰立体图动画效果

绘制带圆盘的峰值动画。

编程代码如下：

```
clear;r=linspace(0, 4, 30);       %圆盘半径
t=linspace(0, 2*pi, 50);          %圆盘极坐标角
[rr, tt]=meshgrid(r, t);
xx=rr.*cos(tt);                   %圆盘 x 坐标
```

```
yy=rr.*sin(tt);                            %圆盘 y 坐标
zz=peaks(xx,yy);                           %画小山
n = 30;                                    %30 个画面
scale = cos(linspace(0, 2*pi, n));
for i = 1:n
    surf(xx, yy, zz*scale(i));             %画图
    axis([-inf inf-inf inf-8.5 8.5]);      %轴范围
    box on  M(i) = getframe;               %存 M 阵
end
movie(M, 5);                               %播放 5 次
```

结果如图 6.44 所示。

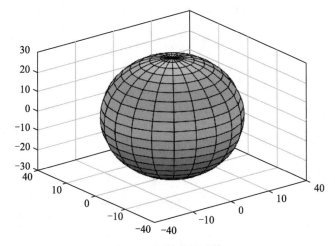

图 6.43　转动的球体

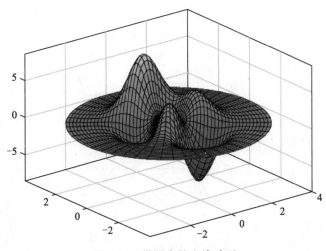

图 6.44　带圆盘的山峰动画

6.3.3　程序动画

在 MATLAB 中，把用于数据可视和界面制作的基本绘图要素称为句柄图形对象，每个图形对象有相应的属性值，例如：线条（Line）对象的颜色、位置等属性。通过改变图形对象的属性值，重绘图形对象，从而创建程序动画。动画基本思路是：首先新建一个图形窗口，再使用循环逐渐改变图形对象的相应属性值，并使用 drawnow() 函数更新当前图形，整个循环就会表现出变化的动画效果。当 drawnow() 函数刷新屏幕执行时间过长，需要反复执行绘图时，该函数可实时看到图形的每一步变化过程。

【实战练习 6-45】实时更新曲线效果

使用 drawnow() 函数实时擦除 $y=\sin(2x+k)$ 曲线并完成实时更新。

编程代码如下：

```
x = -pi:pi/20:pi;
h = plot(x,cos(x))
for k = 1:1000
    y = sin(2*x+0.01*k);
    set(h,'ydata',y);
    drawnow;
    pause(0.02);
end
```

结果如图 6.45 所示。

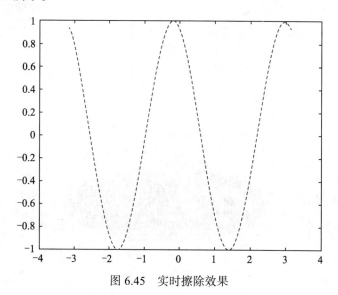

图 6.45　实时擦除效果

【实战练习 6-46】绘制动画圆环

使用循环完成在圆环上实时重新画圆的动画。

编程代码如下：

```
x=0:0.01:2*pi;
y=sin(x);z=cos(x);
h=plot(y,z,'b-');axis([-2 2 -2 2]);
hold on;axis square;
for k=0:0.01:2*pi
    x=sin(k);
    y=cos(k);
    plot(x,y,'r*');    drawnow;
end
```

结果如图 6.46 所示。

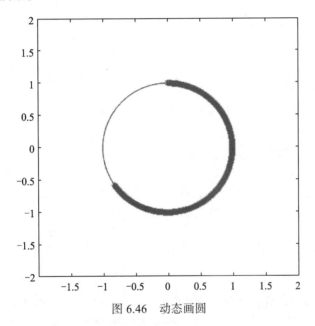

图 6.46   动态画圆

【实战练习 6-47】绘制动画衰减曲线

绘制动画衰减曲线 $y = \sin(x+k)\mathrm{e}^{-\frac{x}{5}}$。

编程代码如下：

```
x = 0:0.1:8*pi;
h = plot(x, sin(x).*exp(-x/5));
set(h, 'linestyle','none','markersize', 3, 'color', 'red','marker','o')
axis([-inf inf -1 1]); grid on
for i = 1:5000
    y = sin(x+i/50).*exp(-x/5);
    h.YData = y;                     %设定新坐标
    drawnow                          %刷新
end
```

结果如图 6.47 所示。

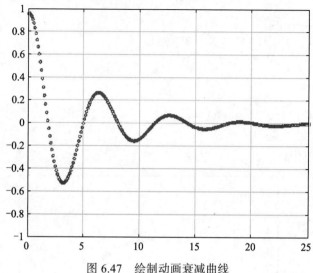

图 6.47　绘制动画衰减曲线

6.4　图像及视频操作

通过 MATLAB 提供的图像提取、更新、播放和保存的操作，加深理解图像处理的方法，更加熟练地掌握 MATLAB 中各种函数在图像处理领域中的作用。

6.4.1　提取图像文件

1. 文件格式

imread()和 imwrite()函数分别用于将图像文件读入 MATLAB 工作区以及将图像数据和色图数据一起写入一定格式的图像文件。MATLAB 支持多种图像文件格式，包括.bmp、.jpg、.jpeg、.tif 等。

2. image()和imagesc()函数

image()和 imagesc()函数用于图像显示，为了保证图像的显示效果，一般还需要使用colormap()函数设置图像色图。

【实战练习 6-48】显示静态图片

根据图像文件 smbu.jpg，编程实现在图形窗口中显示该图像。

编程代码如下：

```
[x,cmap]=imread('smbu.jpg');
%读取图像的数据阵和色图阵
image(x);                                    %放图
colormap(cmap);                              %保持颜色
axis image off
%保持宽高比并取消坐标轴
```

结果如图 6.48 所示。

【实战练习 6-49】实时更新图片效果

针对一张静态图片进行逐步放大，产生动画效果。

编程代码如下：

```
clear;clc;
hFigure=figure('position',[800 800 320 280],'menubar','none','name',
'图片切换动画');
movegui(hFigure,'center');                          %设置居中
hAxes=axes('Visible','off','position',[0 0 1 1]);   %绘图区域位置和大小
                                                    %[0 0 1 1]([左 底 宽 高])

Im=imread('k1.png');                                %在图形窗口中显示图片
hIm=imshow(Im);
[x,y,z]=size(Im);
for i=1:100
I=Im(1:x/100*i,1:y/100*i,:);                        %逐渐放大显示
set(hIm,'CData',I);
drawnow;
end
```

结果如图 6.49 所示。

图 6.48　显示一幅图像

图 6.49　实时更新图片效果

说明：

（1）figure 图窗参数设置中 menubar，none 为禁用菜单栏；Position,[800 800 360 360]为设置图窗位置与大小，格式为[左 底 宽 高]；Name 为图形窗口标题。

（2）CData 将显示的图像数据设置为矩阵 I，drawnow 将属性改变了的图形显示出来。

6.4.2　播放视频文件

MATLAB 提供了专门的视频文件播放函数 implay()和视频文件读取函数 VideoReader()，

用于完成视频播放和读取的功能，在不同系统平台下，可以读取的视频文件类型包括：

（1）所有 Windows 系统：AVI (.avi)、JPEG 2000 (.mj2)文件、MPEG-1 (.mpg)、MPEG-4，、H.264 编码视频 (.mp4, .m4v)、Media Video (.wmv, .asf, .asx)类型；

（2）Microsoft DirectShow 支持的类型；

（3）Apple QuickTime Movie (.mov)和任何 Microsoft Media Foundation 支持的类型。

1. implay()函数

implay()函数语法格式：

```
implay('视频文件名')              %播放指定视频文件的所有帧
```

2. VideoReader()函数

VideoReader()函数语法格式：

```
obj = VideoReader('视频文件名')  %其中 obj 为结构体，用于读取视频文件
obj = VideoReader('视频文件名',设定值)
```

若播放 1～100 帧的调用方法：

```
mov =  VideoReader('视频文件名');
 frames=read(mov, [1, 100]);
implay(frames)
```

3. read()函数

read()函数语法格式：

```
video = read(obj)                %用于读取视频帧，该句获取该视频文件的所有帧
video = read(obj,index)          %获取该视频文件的指定帧
```

例如：

```
video = read(obj, 1);            %first frame only 获取第一帧
video = read(obj, [1 10]);       %first 10 frames 获取前 10 帧
video = read(obj, Inf);          %last frame only 获取最后一帧
video = read(obj, [50 Inf]);     %frame 50 thru end 获取第 50 帧之后的帧
```

4. get/set()函数

get/set()函数语法格式：

```
obj = VideoReader('视频文件名');
Value = get(obj,Name)            %获取视频文件的参数
Values = get(obj,{Name1,…,NameN})
set(obj,Name,Value)              %设置视频文件的参数，Name 为属性名,Value 为值
```

【实战练习 6-50】实现图片的动画效果

10 幅打篮球的静态图片（k1.png, k2.png, …, k10.png），是从不同的视角拍下一系列对象的静态图片，然后按照一定的顺序像电影一样播放，实现动画效果。

编程代码如下：

```
clear; clc;
for i=1:5;
c=strcat('old',num2str(i));c=strcat(c,'.gif');
[n,cmap]=imread(c);  %读图片数据和色阵
image(n); colormap(cmap);
m(:,i)=getframe;                          %保存画面
end
movie(m,20)                               %播放 m 阵定义的画面 20 次
```

结果如图 6.50 所示。

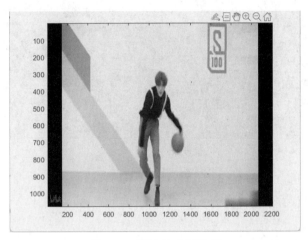

图 6.50　图片的动画效果

【实战练习 6-51】拆分视频文件为静态图片

根据给出的视频文件 happy.mp4，按照要求拆分成不同视角的静态图片。

（1）播放 happy.mp4 视频文件的 1～100 帧；

（2）播放所有视频；

（3）将该视频拆分成静态图片，并保存为.jpg 文件。

编程代码如下：

```
clear; clc;
obj=VideoReader('happy.mp4');                    %读取视频文件
frames=read(obj,[1,100]);                        %读取视频文件 1～100 帧
mplay(frames)                                    %播放 1～100 帧
implay('happy.mp4')                              %播放全部帧
numFrames=obj.NumberOfFrames;                    %帧的总数
for k=1:numFrames                                %读取数据
    frame=read(obj,k);
    imshow(frame);                               %显示帧
    imwrite(frame,strcat(num2str(k),'.jpg'),'jpg');    %保存帧
end
```

结果如图 6.51 所示。

说明：MATLAB 使用 mplay()函数，需要在附加功能中加载 Computer Vision Toolbox。

图 6.51　拆分视频文件

程序运行结束后保存了文件名为 1.jpg～139.jpg 共计 139 幅图片（原有帧数）。

6.4.3　保存视频文件

保存电影动画是在脱离 MATLAB 环境下，先将动画图片逐帧保存下来，再使用 VideoWrite()、open()、writeVideo()和 close()函数配合，创建视频文件。若保存为 MPEG-4 格式，则可在 Windows 平台或其他平台上播放。VideoWrite()函数支持大于 2GB 的视频文件。写入视频的前提是不断获取图像帧，而这一步骤则是每次用更新画图框上的图像来完成的，即在绘图循环中，所有图像重绘结束后，使用 getframe 方法获取当前画图框上的图像并写入打开的视频文件中。VideoWrite()函数可设置为.avi、.mj2、.mp4 或者.m4v 的文件格式，默认保存为.avi 文件，写入视频的步骤如下：

（1）指定视频文件名称，并打开该视频文件，语法格式：

```
myObj=VideoWriter('test.avi');        %指定一个视频文件名
open(myObj);                          %打开该视频文件
```

（2）在循环中更新图像帧，语法格式：

```
Frame = getframe                      %获取视频帧
```

说明：在循环中使用 getframe 方法获取当前图像，循环方法见 6.4.1 节【实战练习 6-49】。

（3）将不断更新的图像帧写入视频中，语法格式：

```
writeVideo(myObj,Frame);              %将每帧写入视频中
```

（4）循环结束后关闭视频文件句柄，语法格式：

```
close(myObj)                                    %关闭文件句柄
```

【**实战练习 6-52**】将静态图片存储为视频文件

把 k1.png～k10.png 的 10 幅静态图片生成动画，并存储为一个 ball.avi 的视频文件。

编程代码如下：

```
clear;
myObj = VideoWriter('ball.avi');               %将视频文件写入视频对象中
myObj.FrameRate = 15;                          %设置播放速度
open(myObj);
for i=1:10
    fname=strcat('k',num2str(i),'.png');
    [n,cmap] = imread(fname);
    image(n);
    colormap(cmap);
    frame(:,i)= getframe;                      %把图像存入视频文件中
    writeVideo(myObj,frame);                   %将帧写入视频中
end
close(myObj);
```

第 7 章 **Simulink 仿真基础应用**

Simulink 是 MATLAB 的一种可视化图形仿真环境，它提供了基本模块库和专业模块库两大类，使用模块库可构成各种复杂的系统模型，当设置了仿真参数时，单击"运行"按钮，即可启动对模型的仿真并能实时查看仿真曲线。此外，Simulink 使用时与 MATLAB 都有独自的变量空间，仿真程序保存为.slx 模型文件，而脚本代码保存为.m 程序文件。

7.1 Simulink 仿真界面及模型

Simulink 具有强大的用户交互界面，是用来进行动态系统建模、仿真和分析的软件包。它提供了一种图形化的交互环境，不需要编写代码，只需用鼠标拖动的方法便能迅速建立系统框图模型。

7.1.1 仿真界面及模型仿真

1. 仿真界面

在 MATLAB 的命令行窗口运行 Simulink 或在主页面工具栏中单击 Simulink 图标📖，即可打开 Simulink（仿真）起始页，如图 7.1 所示。

图 7.1 Simulink 仿真起始页

2. 搭建模型

（1）双击方框中的"空白模型"，即可打开仿真模型编辑器窗口，如图 7.2 所示。

图 7.2　仿真模型编辑器窗口

（2）单击工具栏上带颜色的"库浏览器"，即可打开模块库进行编辑，该界面有两个窗口，其中左窗口为模块库目录，右窗口为编辑器，选择目录下的子模块库可看到相应的模块图形，如图 7.3 所示。

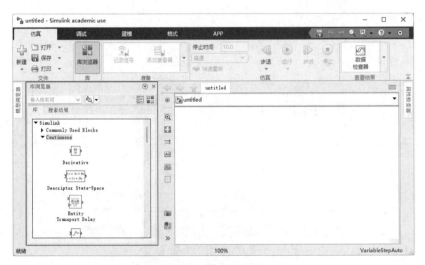

图 7.3　模块库界面

【实战练习 7-1】建立简单 PID 控制仿真

操作步骤如下：

（1）打开仿真模型编辑器窗口，如图 7.2 所示。选择所需要的模块拖动到空白模型窗口中即可编辑仿真模型。

（2）选择 Sources（信号源）→Step（阶跃信号）、Continues（连续系统）→Transfer Fun

（传递函数）、PID Controller（PID 控制器）、Sinks（接收器）→Scope（示波器）、Math Operations（数学运算库）→sum（求和）模块到编辑器窗口。

（3）按布局适当排列位置后，每个模块的一侧或两侧带有尖括号，尖括号表示输入和输出端口，其中模块左侧 ">" 表示输入端口，模块右侧 ">" 符号表示输出端口，直接拖动鼠标自动出现输入端到输出端的连接线，如图 7.4 所示。

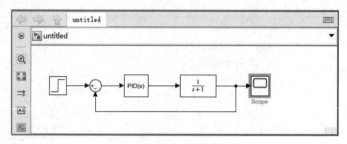

图 7.4　搭建模型

（4）可选中 PID(s)和 1/(s+1)（传递函数）模块单击选择参数，单击 "运行" 按钮后，再双击 Scope 即可显示仿真结果，如图 7.5 所示。

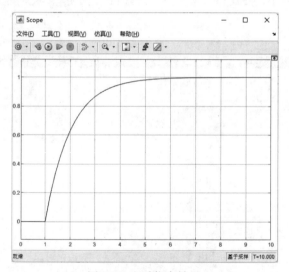

图 7.5　查看仿真结果

3. 仿真的方法

仿真方法包括：

（1）直接按工具栏的绿色箭头 ▶。

（2）单击菜单 Simulation→Run 命令。

（3）使用快捷键 Ctrl+T。

根据【实战练习 7-1】可分别使用三种方法完成仿真，双击 Scope，即可观测仿真结果。

7.1.2　基本模块

1.　数学运算子（Math Operations）模块库

常用的数学运算模块库如表 7.1 所示。

表 7.1　常用的数学运算模块

名　　称	模　块　形　状	功　能　说　明
Add	Add	信号叠加
Divide	Divide	除法
Gain	Gain	比例运算
Math Function	Math Function	包括指数函数、对数函数、求平方、开根号等常用数学函数
Sign	Sign	符号函数
Subtract	Subtract	减法
Sum	Sum	求和运算
Sum of Elements	Sum of Elements	元素和运算

2.　输入信号源(Sources)模块库

常用的输入信号源模块库如表 7.2 所示。

表 7.2　常用的输入信号源模块

名　　称	模　块　形　状	功　能　说　明
Sine Wave	Sine Wave	正弦波
Chirp Signal	Chirp Signal	产生一个频率不断增大的正弦波
Clock	Clock	显示和提供仿真时间
Constant	Constant	常数信号，可设置数值
Step	Step	阶跃信号
From File(.mat)	untitled.mat From File	从数据文件获取数据
In1	In1	输入信号
Pulse Generator	Pulse Generator	脉冲发生器

续表

名　称	模　块　形　状	功　能　说　明
Ramp	Ramp	斜坡输入
Random Number	Random Number	产生正态分布的随机数
Signal Generator	Signal Generator	信号发生器，可产生正弦波、方波、锯齿波及随意波

3. 接收(Sinks)模块库

常用的接收模块库如表 7.3 所示。

表 7.3　常用的接收模块

名　称	模　块　形　状	功　能　说　明
Display	Display	数字显示器
Floating Scope	Floating Scope	悬浮示波器
Out1	1　Out1	输出端口
Scope	Scope	示波器
Stop Simulation	STOP　Stop Simulation	仿真停止
Terminator	Terminator	终止未连接的输出端口
To File(.mat)	untitled.mat　To File	将输出数据写入数据文件保护
To Workspace	simout　To Workspace	将输出数据写入MATLAB的工作区
XY Graph	XY Graph	显示二维图形

4. 连续（Continuous）系统模块库

常用的连续系统模块库如表 7.4 所示。

表 7.4　常用的连续系统模块

名　称	模　块　形　状	功　能　说　明
Derivative	$\frac{\Delta u}{\Delta t}$　Derivative	微分环节
Integrator	$\frac{1}{s}$　Integrator	积分环节
Integrator Second-Order	$\frac{1}{s^2}\,dx$　Integrator Second-Order	二阶积分器

续表

名　　称	模 块 形 状	功 能 说 明
State-Space	State-Space	状态空间模型
Transfer Fcn	Transfer Fcn	传递函数模型
Transport Delay	Transport Delay	把输入信号按给定的时间做延时
Zero-Pole	Zero-Pole	零-极点增益模型
PID Controller	PID Controller	PID控制器

5. 离散(Discrete)系统模块库

常用的离散系统模块库如表 7.5 所示。

表 7.5　常用的离散系统模块

名　　称	模 块 形 状	功 能 说 明
Difference	Difference	差分环节
Discrete Derivative	Discrete Derivative	离散微分环节
Discrete Filter	Discrete Filter	离散滤波器
Discrete State-Space	Discrete State-Space	离散状态空间系统模型
Discrete Transfer Fcn	Discrete Transfer Fcn	离散传递函数模型
Discrete Zero-Pole	Discrete Zero-Pole	以零-极点表示的离散传递函数模型
Discrete Time Integrator	Discrete Time Integrator	离散时间积分器
First-Order Hold	First-Order Hold	一阶保持器
Zero-Order Hold	Zero-Order Hold	零阶保持器
Transfer Fcn First-Order	Transfer Fcn First-Order	离散一阶传递函数

续表

名　　称	模　块　形　状	功　能　说　明
Transfer Fcn Lead or Lag	z-0.75 / z-0.95　Transfer Fcn Lead or Lag	传递函数（超前或滞后）
Transfer Fcn Real Zero	z-0.75 / z　Transfer Fcn Real Zero	离散零点传递函数

6. 非线性(Discontinuities)系统模块库

常用的非线性系统模块库如表 7.6 所示。

表 7.6　常用的非线性系统模块

名　　称	模　块　形　状	功　能　说　明
Backlash	Backlash	间隙非线性
Coulomb&Viscous Friction	Coulomb & Viscous Friction	库仑和黏度摩擦非线性
Dead Zone	Dead Zone	死区非线性
Rate Limiter Dynamic	Rate Limiter Dynamic	动态限制信号的变化速率
Relay	Relay	滞环比较器，限制输出值在某一范围内变化
Saturation	Saturation	饱和输出，让输出超过某一值时能够饱和

7. 通用子模块(Commonly Used Blocks)库

通用模块库如表 7.7 所示。

表 7.7　通用模块

名　　称	模　块　形　状	功　能　说　明
Bus Creator	Bus Creator	创建信号总线库
Bus Selector	Bus Selector	总线选择模块
Mux	Mux	多路复用
Demux	Demux	一路分解成多路
Logical Operator	AND　Logical Operator	逻辑"与"操作

7.2　模块参数设置

Simulink 模块是在双击时弹出对话框，在打开的对话框中设置模块参数并修改属性值，此时是在参数静态不变的情况下，当模块的参数是动态变化时，要以编程方式用数字、变量和表达式设置模块参数值。

7.2.1　基本参数设置

1. Sine Wave参数设置

选择 Sources 模块库→Sine Wave 模块，会出现如图 7.6 所示的参数设置对话框。其上半部分为参数说明，仔细阅读可以帮助用户设置参数。图中的 Sine Wave 为正弦波；Amp 为正弦幅值；t 为时间；Freq 为角频率；默认的正弦类型是基于时间的。

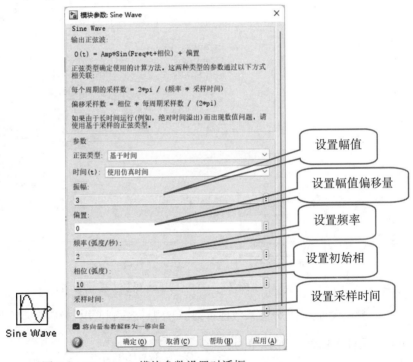

图 7.6　Sine Wave 模块参数设置对话框

2. Step参数设置

Step 也属于 Sources 子模块库的模块，其模块参数对话框如图 7.7 所示。图中"阶跃时间"为初始变化的时间；"初始值"默认为 0；"终值"默认为 1；"采样时间"默认为 0。

3. Transfer Fcn参数设置

Transfer Fcn 模块属于 Continue 模块库，是用来构成连续系统结构的模块，其模块参数对话框如图 7.8 所示。

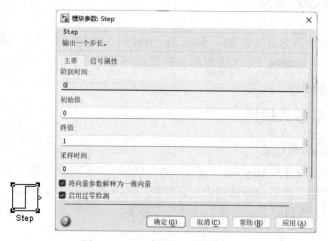

图 7.7　Step 参数设置对话框

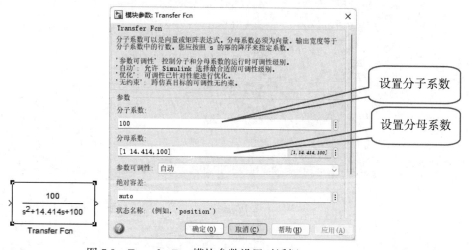

图 7.8　Transfer Fcn 模块参数设置对话框

　　一般只设置分子、分母系数即可，其顺序从高次到低次，最后到零次项。例如分子设置[1,2]，分母设置[1,2,3,100]，则模型为：$\dfrac{x+2}{x^3+2x^2+3x+100}$。

4. 示波器模块参数设置

　　（1）在 Sinks 模块库中拖动 Scope，双击即可打开 Scope 样式界面，修改显示样式属性，如图 7.9 所示。

　　（2）使用标尺可以量测曲线各点的横坐标时间和纵坐标幅度数值。设置方法及完整放大的曲线如图 7.10 所示。

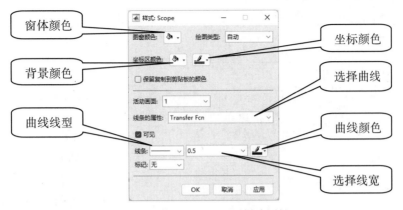

图 7.9　修改 Scope 显示样式属性

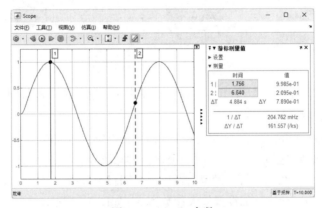

图 7.10　Scope 参数

5. 求和模块参数设置

（1）在 Math Operations 模块库中可以选择求和模块，其中 Sum 和 Subtract 分别是求和与求差，如图 7.11 所示。

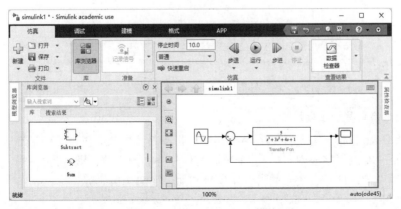

图 7.11　Sum 和 Subtract 模块

（2）双击 Sum 模块，打开设置界面，默认为"++"，将其改变为"+−"，能修改信号的求加和求减，如图 7.12 所示。

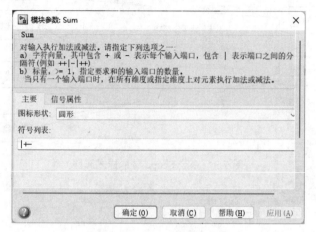

图 7.12　Sum 模块参数设置

说明：单击"信号属性"选项卡，可设置数据类型，默认为内部规则的取整类型。

6. Gain 模块参数设置

（1）在 Math Operations 模块库中可以选择 Gain 模块，当取值大于 1 时为放大器，当取值小于 1 时是缩小倍数，因此它又称为比例模块，常与微分、积分联用，也可单独使用。

（2）双击 Gain 模块图标，打开设置对话框，在编辑字段中可以设置放大倍数，默认值为 1，可根据需要设置相应参数，如设置放大倍数为 5，如图 7.13 所示。

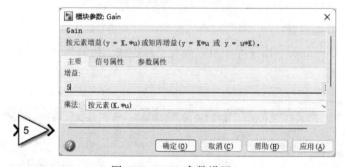

图 7.13　Gain 参数设置

7. Add（信号叠加）模块

在 Math Operations 模块库中选择 Add。它可将多路信号叠加在一起。双击 Add 模块，打开设置对话框，在编辑字段中"+"的个数即为信号叠加的个数，默认为"++"，可根据需要添加个数，如设置"+++"，表示能将 3 路信号相加，如图 7.14 所示。

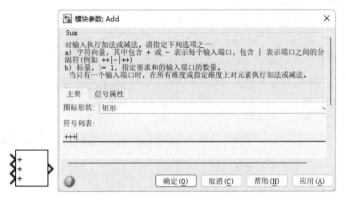

图 7.14　Add 参数设置

说明："信号属性"选项卡设置数据类型，同 Sum 模块。

8．Mux（多路复用）模块

（1）在 Commonly Used Block 模块库中的 Mux 模块是将输入多个信号组合成一个向量输出，输入可以是一个标量或向量信号。所有的输入必须是相同的数据类型和数值类型。向量输出信号的元素，从上到下或从左到右按顺序到输入端口。

（2）默认的输入模块数量为 2，可以双击该模块打开设置对话框进行设置，例如设置模块数量为 3，如图 7.15 所示。

图 7.15　Mux 参数设置

说明：该模块适合将多路输出到一个示波器上显示输出波形，方便进行对比。

【实战练习 7-2】建立三种比例环节的仿真

分别选择放大系数 $K=0.5$、$K=1$、$K=2$ 共三个不同参数模块（用三角形表示，当 $K>1$ 为放大作用，当 $K<1$ 为缩小作用，当 $K=1$ 为原信号，），建立模型并仿真。

操作步骤如下：

（1）打开仿真模型编辑器窗口，选择 Sources→Step 模块、Commonly Used Blocks→Gain 和 Mux、Sinks→Scope 模块到编辑器窗口。

（2）使用比例环节分别设置放大系数为 0.5、1、2，添加连线构成仿真系统。

（3）单击工具栏的箭头（"运行"绿色按钮）开始仿真。也可使用 Simulation→Run 按钮或使用快捷键 Ctrl+T 仿真，双击 Scope 即可显示出阶跃响应。选择菜单 View→Style 命令后可改变 Scope 的属性，包括背景颜色、坐标颜色、曲线的颜色、宽度等。

（4）研究不同比例系数 K 对系统输出的影响，仿真结果如图 7.16 所示。

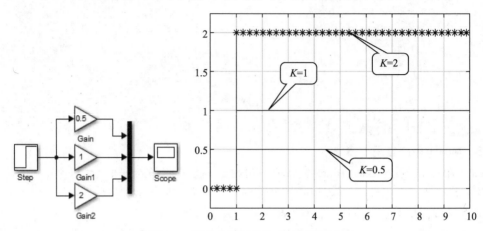

图 7.16　不同比例环节仿真框图及结果

【**实战练习 7-3**】建立三种惯性环节的仿真

建立连续系统不同参数的模型并进行仿真。

操作步骤如下：

（1）打开仿真模型编辑器窗口，选择 Sources→Step、Sinks→Scope 模块到编辑器窗口。

（2）添加 Continuous→Transfer Fcn 模块，分别设置 3 个连续模型参数为：分子 [2,0]、分母 [1,1]；分子[5,0]、分母[1,1]；分子[10, 0] 、分母[1,1]。

（3）单击"运行"按钮或使用快捷键 Ctrl+T 进行仿真，其仿真模型及仿真结果如图 7.17 所示。

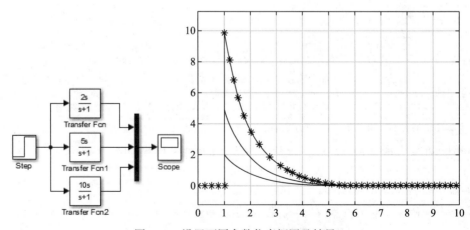

图 7.17　设置不同参数仿真框图及结果

【实战练习 7-4】建立积分环节的仿真

使用比例模块和积分模块（用 $1/s$ 标识），分别改变不同比例参数为 1、3、5，建立模型并进行仿真。

操作步骤如下：

（1）打开仿真模型编辑器窗口，选择 Sources→Step、Sinks→Scope 模块到编辑器窗口。

（2）再添加 Continuous→1/s（积分环节），构成三组比例加积分环节，研究不同比例参数对输出的影响。

（3）单击"运行"按钮或使用快捷键 Ctrl+T 进行仿真，其仿真模型及仿真结果如图 7.18 所示。

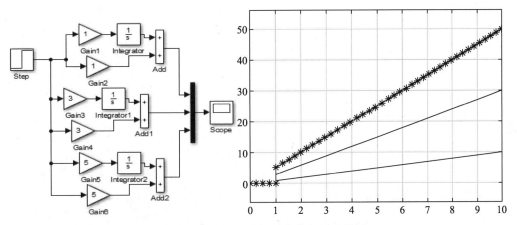

图 7.18　不同比例参数的仿真框图及结果

【实战练习 7-5】建立复杂模型仿真

根据状态空间模型，建立如图 7.19 所示的复杂模型并进行系统仿真。

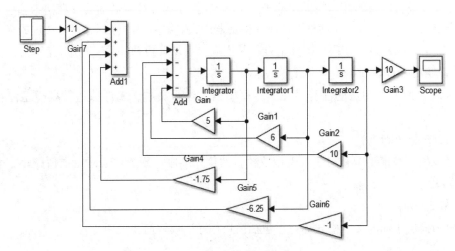

图 7.19　复杂模型仿真

操作步骤如下：

（1）打开仿真模型编辑器窗口，选择 Sources→Step、Continuous→1/s、Sinks→Scope 模块到编辑器窗口。

（2）添加 Math Operations→Add，双击修改属性，分别改为"++++"（4 路相加）和"+－－－"（1 路相加，3 路相减）。

（3）添加 Math Operations→Gain，分别双击每个放大器模块修改比例系数，通过按快捷键 Ctrl+R 可改变比例模块的方向。

（4）按照图 7.19 所示进行连线，使用快捷键 Ctrl+T 进行仿真，其仿真结果如图 7.20 所示。

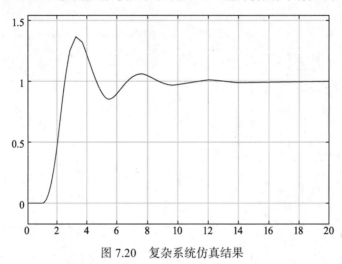

图 7.20　复杂系统仿真结果

7.2.2　模块属性设置

Simulink 设置模块属性是在模块处于选中状态时，在属性检查器的属性和信息选项卡上设置属性或使用"模块属性"对话框，在属性检查器中，使用模块注释部分显示选定的模块参数在注释中的值。注释显示在模块图标下方，其模块属性设置包括：

1. 说明(Description)

对模块在模型中用法的注释，在文本框中输入注释文本，属性值将替换模型注释中的标记。

2. 优先级(Priority)

规定该模块在模型中相对于其他模块执行的优先顺序，用数值表示，数值越小，表示优先级较高。

3. 标记(Tag)

用户为模块添加的文本格式标记，包括模块标题、模块简要说明等。

4. 打开函数(Open Function)

用户双击该模块时调用的 MATLAB 函数。

5. 属性格式字符串(Attributes Format String)

指定在该模块的图标下显示模块的哪个参数和格式。

7.2.3　仿真参数设置

仿真之前，需要修改配置参数，包括数值类型、开始时间、停止时间以及最大步长等。

1. 打开修改窗口

在打开的 Simulink trial use（模型）窗口中选择"建模"选项卡，单击"模型设置"或直接按快捷键 Ctrl+E，如图 7.21 所示。

图 7.21　仿真模型设置

2. 修改数据项参数

在打开的参数设置对话框中，可以设置的数据项包括仿真器参数（Solver）、数据输入/输出（Data Import/Export）、数据类型（Math and DataTypes）、诊断参数（Diagnostics）、硬件实现（Hardware Implementation）、模型引用（Model Referencing）、仿真目标（Simulation Target）、代码生成（Code Generation）等设置。仿真器参数可设置仿真开始和结束时间、仿真求解类型（Type）及微分方程组设置（Solver），定义配置参数如图 7.22 所示。

图 7.22　配置参数

3. 插入子系统

在图 7.21 中单击"插入子系统"，打开子系统操作设置对话框如图 7.23 所示。

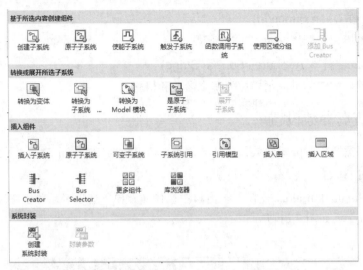

图 7.23　子系统操作设置对话框

说明：根据需要设置仿真参数，可以达到不同的输出效果。

4. 工作间数据导入/导出设置

单击图 7-22 中的"数据导入/导出"选项，打开配置参数设置对话框，如图 7.24 所示。

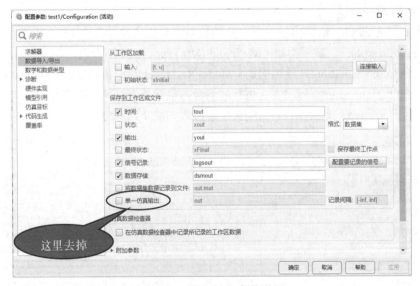

图 7.24　导入/导出参数设置

说明：在"数据导入/导出"中需要把"单一仿真输出"选项取消，否则使用 sim() 函数将会出错，显示"指定的返回参数太多。请仅指定其中一个"。

7.3　Simulink 仿真命令

　　Simulink 主要功能是实现动态系统建模、仿真与分析。该方法对控制理论中系统分析、设计提供了极大方便。系统提供的模块库与传统实验比较,可视为把实验设备硬件搬进了计算机,只需要拖动模块到编辑器即可搭建实验环境。单击仿真按钮,从 Scope 中就能观测输出数据并保存。在传统实验系统中,必须将被控对象的各种电子元器件、导线、输入信号源、Scope 等搬到实验室,才可以搭建控制系统,进行操作得到数据。

7.3.1　线性化处理命令

　　设计控制系统需要分析特定状态下的系统频率、性能指标等相关参数,对应状态点的线性模型需要做模型线性化处理。Simulink 提供的 4 个基本函数如表 7.8 所示。

表 7.8　线性化处理命令

函　数　名	含　　义	函　数　名	含　　义
linmod	从连续时间系统中获取线性模型	dinmod	从离散时间系统中获取线性模型
linmod2	采用高级方法获取线性模型	trim	为仿真系统寻找稳定的状态参数

　　例如:
```
[A,B,C,D]=linmod2('模型名');  提取状态方程模型
G=ss(A,B,C,D);
```

7.3.2　构建模型命令

　　构建仿真模型可以直接通过模型库拖拽的方法创建,也可以使用脚本(.m)文件构建模型。常用的构建模型命令如表 7.9 所示。

1. 创建新模型

　　使用 new_system 命令在 MATLAB 的工作区创建一个空白的 Simulink 模型,语法格式:
```
new_system('newmodel',option)            %创建新模型
```
　　其中:newmodel 为模型名;option 选项可以是 library 和 model 两种,默认为 model(可以省略)。

2. 打开模型

　　使用 open_system 命令打开逻辑模型,在 Simulink 模型窗口显示该模型,语法格式:
```
open_system('model')                     %打开模型
```
　　其中:model 为模型名。

3. 保存模型

　　使用 save_system 命令保存模型为模型文件,扩展名为.mdl,语法格式:

```
save_system('model',文件名)                    %保存模型
```

其中：model 为模型名（可省略），如果不给出模型名，则自动保存当前的模型；文件名是指保存的文件名，是字符串，也可省略，如果不省略，则保存为新文件。

表 7.9　构建模型命令

函　数　名	含　义	函　数　名	含　义
open_system	打开已有的模型	Combinatorial	建立一张真值表
close_system	关闭打开的模型或模块	Dead Zone	建立一个死区模块
new_system	创建新的空模型窗口	bdclose	关闭一个Simulink窗口
load_system	加载模型并使模型不可见	bdroot	根层次下的模块名字
save_system	保存模型	gcb	获取当前模块的名字
find_system	查找模型	gcbh	获取当前模块的句柄
hilite_system	醒目显示模型	gcs	获取当前系统的名字
add_block	添加一个新的模块	getfullname	获取模型的完全路径名
delete_block	删除一个模块	addterms	添加结束模块
replace_block	用新模块代替已有的模块	boolean	将数值数组转换为布尔值
delete_line	删除一根线	Discrete State-Space	建立离散状态空间模型
add_line	添加模块之间的连线	Discrete Transfer Fcn	建立离散多项式传递函数
set_param	设置模型或模块参数	Discrete Zero-Pole	建立零-极点离散传递函数
get_param	获取模块或模型的参数	Filter	建立IIR和FIR滤波器
add_param	添加用户自定义字符串参数	First-Order Hold	建立一阶采样保持器
delete_param	删除用户自定义的参数	Unit Delay	延迟信号采样周期
Gain	添加一个常数增益	Zero-Order Hold	建立采样周期的零阶保持器
Matrix Gain	添加一个矩阵增益	Derivative	对输入信号进行微分
Slider Gain	以滑动形式改变增益	Sum	对输入信号进行求和
Inner Product	对输入信号求点积	Limited Integrator	在规定的范围内进行积分
Integrator	对输入信号进行积分	Logical Operator	对输入进行逻辑运算
State-Space	建立线性状态空间传递函数	MATLAB Fcn	对输入信号进行处理
Transfer Fcn	建立一个线性传递函数	Abs	输入、输出信号的绝对值
Zero-Pole	建立一个零-极点传递函数	Backlash	用放映方式模仿系统的特性

4. 添加模块

使用 add_block 命令在打开的 Simulink 模型窗口中添加新模块，语法格式：

```
add_block('源模块名','目标模块名','属性名1',属性值1,'属性名2',属性值2,…)
```

其中："源模块名"为一个已知的库模块名，或在其他模型窗口中定义的模块名，Simulink 自带的模块为内在模块，例如正弦信号模块为 built-in/Sine Wave；"目标模块名"为在模型窗

口中使用的模块名。

5. 添加信号线

建立仿真的所有模块需要用信号线连接起来，添加信号线使用 add_line 命令，语法格式：

```
add_line('模块名','起始模块名/输出端口号','终止模块名/输入端口号')
```

其中："模块名"为在 Simulink 模型窗口中的模块名；起始模块名为连线的一端，终止模块名为连线的另一端。

例如，添加 Transfer Fcn 与 Scope 连接线：

```
add_line('mymodel','TransferFcn/1','Scope/1')
```

6. 删除模块

使用 delete_block 命令删除 Scope 模块，语法格式：

```
delete_block('文件名/Scope')
```

7. 删除信号线

使用 delete_line 命令删除模块连线，语法格式：

```
delete_line('模块名', '起始模块名/输出端口号','终止模块名/输入端口号');
```

【实战练习 7-6】使用命令建立仿真模型

用 MATLAB 命令分别添加 Step、Sum、Transfer Fcn、Gain 和 Scope 共 5 个模块，连接成一个二阶系统模型，如图 7.25 所示，完成仿真绘制阶跃响应曲线。

操作步骤如下：

（1）打开脚本编辑器，编写代码程序如下：

```
new_system('mymodel')                                    %建立模型文件 mymodel
open_system('mymodel')                                   %打开模型文件 mymodel
save_system('mymodel')                                   %保存模型文件 mymodel
add_block('built-in/Step','mymodel/Step','position',[20,90,50,120])
                                                         %添加方波信号 Step
add_block('built-in/Sum','mymodel/Sum','position',[80,100,100,120])
                                                         %添加 Sum
add_block('built-in/TransferFcn','mymodel/TransferFcn','position',
[150,90,250,130])                                        %添加 Transfer Fcn
add_block('built-in/Scope','mymodel/Scope','position',[290,90,320,130])
                                                         %添加 Scope
add_block('built-in/Gain','mymodel/Gain','position',[200,180,250,200])
                                                         %添加 Gain 模块
set_param('mymodel/Gain','Gain','-1')                    %设置 Gain 值为-1
add_line('mymodel','Step/1','Sum/1')                     %添加 Step 与 Sum 模块连接线
add_line('mymodel','Sum/1','TransferFcn/1')              %添加 Sum 模块与 Transfer Fcn
                                                         %连接线
```

```
add_line('mymodel','TransferFcn/1','Scope/1')    %添加 Transfer Fcn 与 Scope
                                                 %连接线
add_line('mymodel','Gain/1','Sum/2')             %添加 Sum 模块与 Gain 模块连接线
add_line('mymodel','TransferFcn/1','Gain/1')     %添加 Transfer Fcn 与 Gain 模
                                                 %块连接线
```

（2）使用快捷键 F5 运行，选择 Gain 模块后用快捷键 Ctrl+R 改变方向使之旋转 180°。结果如图 7.25 所示。

（3）再使用快捷键 Ctrl+T 运行仿真，得到仿真结果。再双击 Scope，打开 Scope 修改背景颜色、前景颜色和坐标颜色及边缘颜色，仿真结果如图 7.26 所示。

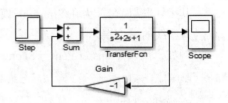

图 7.25　建立二阶系统模型

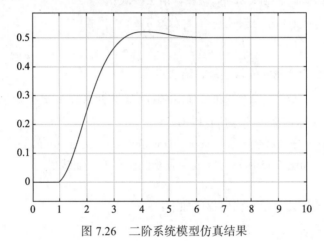

图 7.26　二阶系统模型仿真结果

【实战练习 7-7】利用工具栏进行 PID 仿真

设一级液位被控对象传递函数为：

$$G(s) = \frac{1}{30s+1} e^{-10s}$$

要求根据下面控制器参数：

P 控制：Kp=1.57

PI 控制：Kp=1.42，Ki=0.06

PID 控制：Kp=2.55，Ki=0.1，Kd=1.91

使用 Simulink 仿真完成添加 P、PI、PID 及未加校正的仿真，并在一张图上进行对比。

操作步骤如下：

（1）打开仿真模型编辑器窗口，选择 Sources→Step、Continuous→Transfer Fcn、Sinks→Scope 模块到编辑器窗口。

（2）添加 Continuous→PID Controller 和 Transport Delay。

（3）添加 Math Operations→Sum、Commonly Used Blocks→Mux（多路复用，并修改为"4"表示 4 路信号复用）。

（4）修改 Transfer Fcn 分子系数为 1，分母系数为[30,1]，修改 Transport Delay 参数为 10s，按布局适当排列位置后，直接拖动鼠标连线，如图 7.27 所示（因为是 4 路相同的模块，可采用复制的方法操作）。

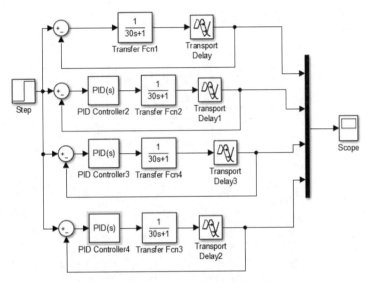

图 7.27　液位系统不同 PID 的仿真模型

（5）单击"运行"按钮，结果如图 7.28 所示。

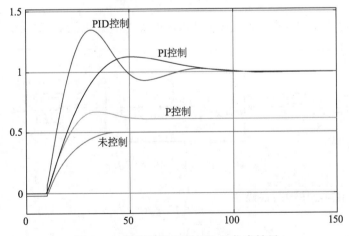

图 7.28　液位系统不同 PID 的仿真结果

【实战练习 7-8】不同二阶系统参数的仿真

根据下列二阶系统标准 Transfer Fcn，研究阻尼比 $\zeta=0,0.5,1,2$ 共 4 种情况下及自由振荡频

率 ω_{n}=1 时，系统的动态指标变化情况。

$$G(s) = \frac{\omega_{\text{n}}}{s^2 + 2\zeta\omega_{\text{n}}s + \omega_{\text{n}}}$$

操作步骤如下：

（1）打开仿真模型编辑器窗口，选择 Sources→Step、Continuous→Transfer Fcn、Sinks→Scope 模块到编辑器窗口。

（2）双击 Transfer Fcn 模块修改变量参数，如图 7.29 所示。

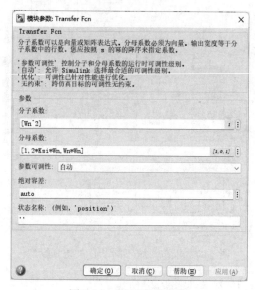

图 7.29　设置变量参数

（3）按布局适当排列位置后，直接拖动鼠标连线，建立的仿真参数模型存储为 order2.slx 文件，如图 7.30 所示。

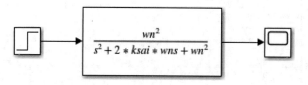

图 7.30　布局、连线并存储

（4）在脚本编辑器中编写代码如下：

```
wn=1;
for ksai=[0,0.5,1,2]
[t,simout] = sim('order2')
plot(t,simout(:,2)*100,'b-'); hold on;
gridon;
end
```

（5）按 "F5" 快捷键运行脚本 test3.m 文件，仿真结果如图 7.31 所示。

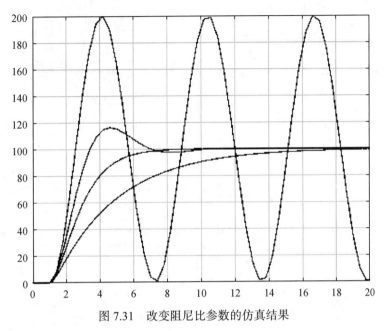

图 7.31　改变阻尼比参数的仿真结果

说明：图 7.29 中因为是变量，保存会报错，指定 test3.m 文件并运行即可。

7.4　子系统的封装

子系统封装是用一个子系统（Subsystem）模块替换一组模块，子系统是将功能相关的模块放在一起，有助于减少窗口中显示的模块数目。对于复杂度高的仿真模型，可以通过子系统简化模块结构。

【实战练习 7-9】创建子系统的仿真

画出 PID 闭环控制系统框图，将 PID 控制器划分为子系统。

操作步骤如下：

（1）打开仿真模型编辑器窗口，选择 Sources→Step、Continues→Transfer Fcn、Sinks→Scope 模块到编辑器窗口。

（2）添加 Sources→$\Delta u/\Delta t$（微分环节）和 $1/s$。

（3）添加 Math Operations→Sum（并修改 Sum 为 "+–" 表示负反馈）、4 个 Gain、Add（信号叠加，修改 Add 为 "+++" 表示 3 路相叠加）。

（4）双击 Gain 分别修改系数 Kp、Ki 和 Kd，如图 7.32 所示。

（5）修改 Transfer Fcn 分子系数为 10，分母系数为[1,2,5,1]，按布局适当排列位置后，直接拖动鼠标连线，用鼠标选择 PID 控制的 7 个模块，选中的颜色将发生变化，如图 7.33 所示。

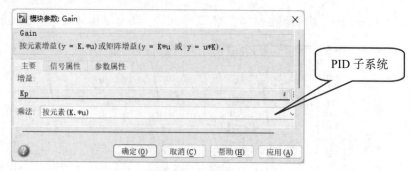

图 7.32　设置放大器参数

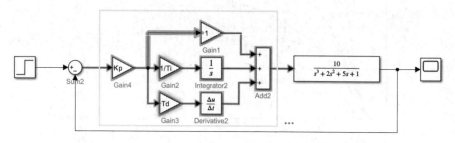

图 7.33　选中封装模块

（6）单击"建模"选项卡，选择"创建子系统"命令，即可将选中的 7 个模块封装成一个子系统模块（完成该操作无法恢复到封装之前的形式，建议封装前进行原系统保存），如图 7.34 所示。

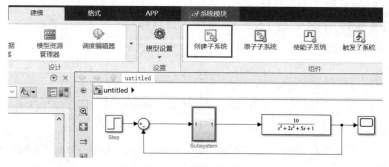

图 7.34　创建子系统

（7）双击封装后的 Subsystem 模块，可以进一步展示子系统的模型结构，如图 7.35 所示。

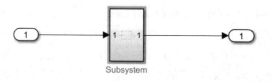

图 7.35　封装子系统的模型结构

（8）再次双击封装后的 Subsystem 模块，可以查看原系统封装前的内部模型结构，如图 7.36 所示。

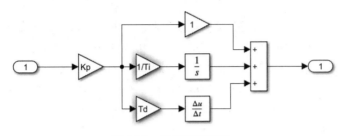

图 7.36　封装前原系统

7.5　S 函数组合仿真

MATLAB 的 S 函数为系统函数（System Function），可以使用 C、C++及 Fortran 语言编写 Simulink 模块。利用系统提供的资源，可以编写对硬件接口的操作，完成复杂的算法设计而不局限于 Simulink 已有的模块功能，特别是 MATLAB 所提供的 Simulink 模块不能满足用户的需求时，需要用编程的形式设计出 S 函数模块，将其嵌入系统中，不仅能支持连续系统，还能支持离散系统和混合系统。可将它看作为一个扩展仿真功能方法。Simulink 在每个仿真阶段都会对 S 函数进行调用。

7.5.1　S 函数的结构

在命令行窗口输入 edit sfuntmpl 即可出现 S 函数模板的内容，sfuntmpl.m 文件位于 MATLAB 根目录 toolbox/Simulink/blocks 文件夹下，打开 S 函数模板能查看工作原理说明及框架结构，S 函数语法格式：

```
function [sys,x0,str,ts,simStateCompliance] = sfuntmpl(t,x,u,flag)
```

其中：t 是采样时间，x 是状态变量，u 是输入（是做成 Simulink 模块的输入），flag 是仿真过程中的状态标志(以它来判断当前是初始化还是运行状态)；sys 为一个通用的返回参数值，用结构体表示，用于设置模块参数，其输出根据 flag 的不同而不同，x0 是状态变量的初始值，str 是保留参数，一般在初始化中将它置空，即 str=[]，ts 是一个 2 列矩阵，ts(1)是采样时间，ts(2)是偏移量，如果设置为[0 0]，那么每个连续的采样时间都运行，[−1 0]则表示按照所连接的模块的采样速率进行，[0.25 0.1]表示仿真开始的 0.1s 后每 0.25s 运行一次，采样时间点为 TimeHit=n*period+offset，它们的次序不能变动。

1.　S函数的标志flag参数

flag 参数是控制在每个仿真阶段调用子函数的参数，由 Simulink 在调用时自动取值，flag 参数有 0、1、2、3、4、9 等数值：

（1）若 flag=0，进行系统的初始化过程，调用 mdlInitializeSizes()函数，对参数进行初始化设置，比如离散状态个数、连续状态个数、模块输入/输出的个数、模块的采样周期个数、状态变量初始数值等。

（2）若 flag=1，进行连续状态变量的更新，调用 mdlDerivatives()函数。

（3）若 flag=2，进行离散状态变量的更新，调用 mdlUpdate()函数。

（4）若 flag=3，求取系统的输出信号，调用 mdlOutputs()函数。

（5）若 flag=4，调用 mdlGetTimeOfNextVarHit()函数，计算下一仿真时刻，由 sys 返回。

（6）若 flag=9，终止仿真过程，调用 mdlTerminate()函数。

2．S函数的编写过程

S 函数的结构十分简单，根据 switch 语句选择 flag 参数值调用相应 m 文件的子函数。编写时建议借助模板文件（sfuntmpl.m）的框架进行修改，把"s-函数名"换成期望的函数名称，用相应的代码替换模板里各个子函数的代码。若需要额外的输入参量，在输入参数列表的后面增加参数即可。flag=1 到 flag=4 是 Simulink 调用 S 函数时自动传入的，在调用时，Simulink 会根据所处的仿真阶段为 flag 参数传入不同的值，而且还会为 sys 返回参数指定不同的角色，若对应的 flag 参数值下不起作用，将其所调用的函数设为空或输入 sys=[ ]即可。编写结构如下：

```
case 1,
sys=mdlDerivatives(t,x,u);
flag=1                          %表示此时要计算连续状态的微分
```

说明：若设置连续状态变量个数为 0，此处只需 sys=[]，若使用状态方程可设置 sys=A*x(1)+B*u，，x(1)是连续状态变量，而 x(2)是离散的，若只用到连续的，此时的输出 sys 就是微分。

```
case 2,
sys=mdlUpdate(t,x,u);          %sys 即为 x(k+1)的值
flag=2                          %表示此时要计算下一个离散状态
```

说明：此时，一般设置 sys=fd(t,x(2),u)或 sys=H*x(2)+G*u；若没有离散状态，设置 sys=[]。

```
case 3,
sys=mdlOutputs(t,x,u);         %sys 表示输出 y 的值
flag=3          %计算输出，使用状态变量时设置 sys=C*x+D*u；若没有输出，设置 sys=[]
case 4,
sys=mdlGetTimeOfNextVarHit(t,x,u);
flag=4
```

说明：此时主要用于变步长的设置，表示此时要计算下一次采样的时间（只在离散采样系统中，当采样时间不为 0 时有用），连续系统设置 sys=[]即可。

```
case 9,
sys=mdlTerminate(t,x,u);
flag=9                          %设置系统结束状态，若在结束时还需输出，一般写上 sys=[]即可
```

3. 定义S函数的初始信息

Simulink 仿真时，需要识别 S 函数的说明信息，包括采样时间、连续或者离散状态个数等初始条件。该部分在 flag=0 的 mdlInitializeSizes() 子函数里完成。Sizes 数组是 S 函数信息的载体，设置结构为：

```
case 0,
[sys,x0,str,ts]=mdlInitializeSizes;
 flag=0
size = simsizes;                    %用于设置模块参数的结构体，用 simsizes 生成
sizes.NumContStates = 0;            %模块连续状态变量的个数 （状态向量连续部分的宽度）
sizes.NumDiscStates = 0;            %模块离散状态变量的个数 （状态向量离散部分的宽度）
sizes.NumOutputs = 0;              % 模块输出变量的个数 （输出向量的宽度）
sizes.NumInputs = 0;               %模块输入变量的个数 （输入向量的宽度）
sizes.DirFeedthrough = 1;          %模块是否存在直接贯通
sizes.NumSampleTimes = 1;          %模块的采样时间个数，至少是一个 ，如果字段代表的向量
                                   %宽度为动态可变，则可以将它们赋值为−1
sys = simsizes(sizes);             %设置完后赋给 sys 输出
```

说明：DirFeedthrough 是一个布尔变量，它的取值只有 0 和 1 两种，0 表示没有直接馈入，此时用户在编写 mdlOutputs 子函数时就要确保子函数的代码里不出现输入变量 u；1 表示有直接馈入。

NumSampleTimes 表示采样时间的个数，也就是 ts 变量的行数，与用户对 ts 的定义有关。

由于 S 函数会忽略端口，所以当有多个输入变量或多个输出变量时，必须用 Mux 模块或 Demux 模块将多个单一输入合成一个复合输入向量或将一个复合输出向量分解为多个单一输出。

7.5.2　S 函数操作

1. 用户定义S函数（S-Function）

在命令行窗口输入 Simulink 或在工具栏单击 Simulink 菜单，打开仿真模型编辑器窗口，单击模块库窗口的 User-Defined Functions 选项。

2. S函数示例

S 函数的使用步骤如下：

（1）S 函数具有固定的程序格式，用 MATLAB 语言可以编写 S 函数，此外还允许用户使用 C、C++、FORTRAN 语言进行编写，用非 MATLAB 语言进行编写时，需要采用编译器生成动态链接库.dll 文件。单击图 7.37 中的深色模块。

（2）在打开的 S 函数示例 S-Function Examples 对话框中，可看到系统预置了 4 个接口 S 函数示例，选择不同编程语言查看演示文件学习编程方法，如图 7.38 所示。

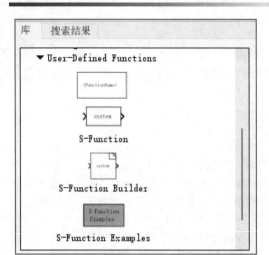

图 7.37 打开 S 函数定义窗口

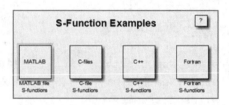

图 7.38 4 个接口 S 函数示例

3. 设置S函数参数

根据图 7.37 所示，选择 S-Function 并拖动到模型编辑器上，双击该模块图标即可打开对话框，在 S-Function 名称编辑栏中填写 S 函数的名字并设置 S 函数的参数，如图 7.39 所示。

图 7.39 设置 S 函数参数

4. 运行S函数

添加 S 函数代码并搭建 Simulink 模块图，单击"运行"按钮即可查看仿真结果。

7.5.3 S 函数应用案例

【实战练习 7-10】创建自定义函数

已知系统状态方程如下，创建 S 函数模块和状态空间对象，对比两种方法输出的结果。

$$A = \begin{bmatrix} 0 & 1 \\ -1 & -2 \end{bmatrix}, \quad B = \begin{bmatrix} 0 \\ 1 \end{bmatrix}, \quad C = \begin{bmatrix} 1 & 0 \end{bmatrix}$$

$$\begin{cases} \dot{x} = Ax(t) + Bu(t) \\ y = cx \end{cases}$$

操作步骤如下：

（1）打开仿真模型编辑器窗口，选择 Sources→Step、Continuous→State Space、Sinks→Scope 模块到编辑器窗口。

（2）添加 User-Defined Function→S-Function，建立仿真模型如图 7.40 所示。

（3）双击 State Space，设置状态方程参数，如图 7.41 所示。

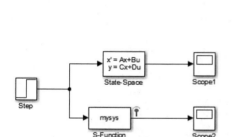

图 7.40　建立仿真模型

图 7.41　设置状态方程参数

（4）编写连续系统 S 函数并命名为 mysys.m，编程代码如下：

```
function [sys,x0,str,ts] = mysys(t,x,u,flag,A,B,C,D)%建立函数
A = [0 1;-1 -2];B = [0;1];C=[1 0];
D=0;
switch flag,
  case 0,
    [sys,x0,str,ts]=mdlInitializeSizes(A,B,C,D)
  case 1,
    sys=mdlDerivatives(t,x,u,A,B,C,D);
  case 2,
    sys=mdlUpdate(t,x,u);
  case 3,
    sys=mdlOutputs(t,x,u,A,B,C,D);
  case 4,
    sys=mdlGetTimeOfNextVarHit(t,x,u);
  case 9,
```

```
        sys=mdlTerminate(t,x,u);
    otherwise
error(['unhandled flag=', num2str(flag)]);
end
function [sys,x0,str,ts]=mdlInitializeSizes(A,B,C,D)
sizes = simsizes;
sizes.NumContStates  = 2;
sizes.NumDiscStates  = 0;
sizes.NumOutputs     = 1;
sizes.NumInputs      = 1;
sizes.DirFeedthrough = 1;
sizes.NumSampleTimes = 1;          %至少需要一次采样时间
sys = simsizes(sizes);
x0  = [0;0];
str = [];
ts  =[0,0];
function sys=mdlDerivatives(t,x,u,A,B,C,D)
sys = A*x+B*u
function sys=mdlUpdate(t,x,u)
sys = [];
function sys=mdlOutputs(t,x,u,A,B,C,D)
sys =C*x+D*u;
function sys=mdlGetTimeOfNextVarHit(t,x,u)
sampleTime = 1;
sys = t + sampleTime;
function sys=mdlTerminate(t,x,u)
sys = [];
```

（5）启动仿真，查看两个 Scope 结果如图 7.42 所示。

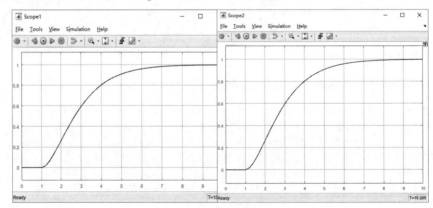

图 7.42　S 函数仿真结果

7.6　Simulink 与 m 文件组合仿真

MATLAB 的 m 文件与 Simulink 联合使用，在 m 文件中将文件的变量赋值到 Simulink 中的变量，这样如果要修改仿真参数只需在 m 文件中修改即可；在 Simulink 中运行 m 文件，系统提供了 MATLAB 函数模块，若需要在仿真过程中实现一些复杂计算功能，在这个模块中直接添加函数即可，系统已经做好了接口，方便了 MATLAB 的 m 文件组合仿真。

7.6.1　在 m 文件中运行 Simulink

在 m 文件中运行 Simulink 文件的函数如表 7.10 所示。

表 7.10　Simulink 运行命令

函　数　名	含　　义	函　数　名	含　　义
sim	仿真运行一个Simulink模块	set_param	设置参数
simset	设置仿真参数	simget	获取仿真参数

1. sim()函数

在命令行窗口可使用 sim 命令方便地对建立的模型进行仿真，语法格式：

```
[t,x,y]=sim('mymodel',timespan,options,ut)          %仿真结果为输出矩阵
```

或

```
[t,x,y1,y2,…]=sim('mymodel',timespan,options,ut)      %仿真后逐个输出参数
```

其中：

（1）mymodel 为模型名，用单引号引起来（注意不带扩展名.slx）。

（2）timespan 是仿真时间区间，若只有一个参数，表示开始时间为 0；若有两个参数 [tStart,tFinal]，表示起始时间和终止时间；若有三个参数[tStart OutputTimes tFinal]，表示除起止时间外，还指定输出时间点（通常输出时间 t 会包含更多点，这里指定的点相当于附加的点）。

（3）options 为模型控制参数，它是一个结构体，该结构体通过 simset 创建，包括模型求解器、误差控制等都可以通过这个参数指定（不修改模型，但使用和模型对话框里不同的设置选择）。

（4）ut 为外部输入向量。timespan、options 和 ut 参数都可省略，系统自动配置参数。

（5）输出参数：t 表示仿真时间向量；x 表示状态矩阵，每行对应一个时刻的状态，连续状态在前，离散状态在后；y 表示输出矩阵，每行对应一个时刻，每列对应根模型的一个 Outport（输出）模块（如果 Outport 模块的输入是向量，则在 y 中会占用相应的列数）。

（6）y1, y2, …, yn：把 y 分开，每个 yi 对应一个 Outport 模块。

2. simset()函数

simset ()函数用来为 sim()函数建立或编辑仿真参数或规定算法，并把设置结果保存在一个结构变量中。它有如下 4 种用法。

（1）options=simset(property,value,…)：把 property 代表的参数赋值为 value，结果保存在结构 options 中。

（2）options=simset(old_opstruct,property,value,…)：把已有的结构 old_opstruct（由 simset

产生）中的参数 property 重新赋值为 value，结果保存在新结构 options 中。

（3）options=simset(old_opstruct,new_opstruct)：用结构 new_opstruct 的值替代已经存在的结构 old_opstruct 的值。

（4）simset：显示所有参数名和它们可能的值。

3. simget()函数

simget()函数用来获得模型的参数设置值。如果参数值是用一个变量名定义的，simget()函数返回的也是该变量值而不是变量名。如果该变量在工作区中不存在(即变量未被赋值)，则 Simulink 给出一个出错信息。该函数有如下 3 种用法。

（1）struct=simget(modname)：返回指定模型的参数设置的操作结构。

（2）value=simget(modname,property)：返回指定模型的参数属性值。

（3）value=simget(options,property)：获取操作结构中的参数属性值。如果在该结构中未指定该参数，则返回一个空阵。

4. set_param()函数

（1）设置仿真参数，调用格式为：

```
set_param(modname,property,value,…)
```

其中：modname 为设置的模型名，property 为要设置的参数，value 是设置值。这里设置的参数可以有很多种，而且和用 simset()函数设置的内容基本一致。

（2）控制仿真进程，调用格式为：

```
set_param(modname,'SimulationCommand','cmd')
```

其中：modname 为模型名称，而 cmd 是控制仿真进程的各个命令，包括 start、stop、pause、continue 或 update。

说明：在使用这两个函数的时候，需要注意必须先把模型打开。

（1）编写的 m 文件必须和模型文件在同一个目录下，否则需要添加路径。

（2）先要运行 m 文件传递参数，再进行仿真。

【实战练习 7-11】在脚本中运行 Simulink 并绘图

操作步骤如下：

（1）打开仿真模型编辑器窗口，选择 Sources→Sine Wave、Continuous→Transfer Fcn、Sinks→Scope 模块到编辑器窗口。

（2）按布局适当排列位置后，直接拖动鼠标连线，如图 7.43 所示，并存储为 sinout.slx 文件。

（3）在脚本编辑器中编写代码如下：

```
[tout,yout]=sim('sinout')
plot(tout,yout,'bp');
grid on;
```

图 7.43　sinout.mdl 模型

运行结果如图 7.44 所示。

说明：运行 m 文件前需要选择“建模”选项卡，打开“模型设置”对话框，在“数据导入/导出"中把"单一仿真输出"选项取消。下面使用 sim()函数的案例均要进行此设置。

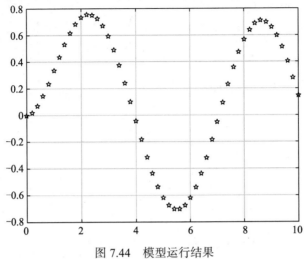

图 7.44　模型运行结果

【实战练习 7-12】通过脚本程序设置 PID 仿真

操作步骤如下:

(1)打开仿真模型编辑器窗口,选择 Sources→Step、Continuous→Transfer Fcn、Sinks→Scope 模块到编辑器窗口。

(2)添加 Continuous→PID Controller、Math Operations→Sum,并修改 Sum 为"+-"。

(3)修改 Transfer Fcn 分子系数为 100,分母系数为[1,3,100],按布局适当排列位置后,直接拖动鼠标连线,如图 7.45 所示,建立仿真模型并保存为 test1.slx 文件。

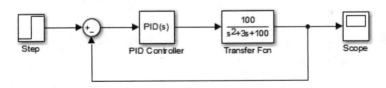

图 7.45　建立模型

(4)双击 PID Controller 设置参数,如图 7.46 所示。

说明:在图 7.46 中比例、积分或微分加入变量时,系统会报错,变量框加粗用红颜色显示,此时可在命令行窗口中加入参数,或运行设置参数在 m 文件中即可解决。

(5)在命令行窗口编写代码如下:

```
Kp = 5 ; Ki = 8 ;Kd =0.5
[t,simout] = sim('test1')
plot(t,simout(:,2)*100,'b-');
gridon;
```

运行结果如图 7.47 所示。

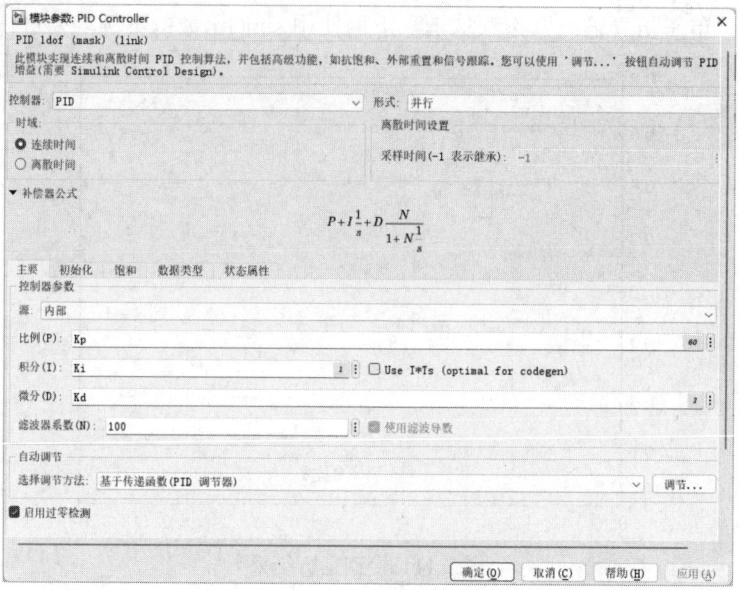

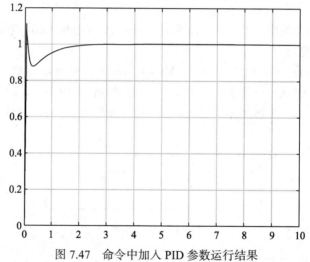

图 7.46　设置模型变量

图 7.47　命令中加入 PID 参数运行结果

【实战练习 7-13】使用脚本程序输入参数运行仿真

已知 PID 控制模型文件名为 subpid.slx，如图 7.48 所示，其中 Kp、Ki 和 Kd 的值为脚本文件给出，使用 sim()函数，再进行仿真输出仿真结果。

操作步骤如下：

（1）打开仿真模型编辑器窗口，选择 Sources→Step、Continues→Transfer Fcn、Sinks→Scope 模块到编辑器窗口。

（2）添加 Sources→Δu/Δt（微分环节）和 1/s（积分环节）。

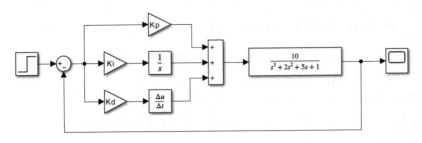

图 7.48　已知 PID 控制模型

（3）添加 Math Operations→Sum（并修改 Sum 为 "+−" 表示负反馈）、3 个 Gain、Add。

（4）修改 Transfer Fcn 分子系数为 10，分母系数为[1,2,5,1]，按布局适当排列位置后，直接拖动鼠标连线，如图 7.48 所示。

（5）在脚本编辑器中编写代码如下：

```
Kp=input("输入比例系统 Kp=?");
Ki=input("输入积分系统 Ki=?");
Kd=input("输入微分系统 Kd=?");
[t,x]=sim('subpid',[0,30]);    %t 为时间列向量；x 为状态变量；y 为输出信号
plot(t,x);                     %每列对应一路输出信号
grid on;
```

运行结果

```
输入比例系统 Kp=?0.6
输入积分系统 Ki=?3
输入微分系统 Kd=?1.4
```

运行仿真结果如图 7.49 所示。

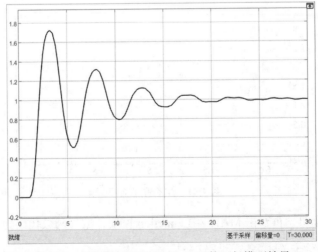

图 7.49　使用脚本程序和 Sim()函数运行模型结果

7.6.2　在 Simulink 中运行 m 文件

在 Simulink 中运行 m 文件，打开仿真模型编辑器窗口，单击模块库 Simulink→User- Defined Function，再选择 MATLAB Function 即可。

【实战练习 7-14】在 Simulink 中运行 m 文件进行仿真

在 m 文件中，使用 Step 和斜波信号，组合叠加进行仿真并输出结果。

操作步骤如下：

（1）在命令行窗口中输入 Simulink 建立一个空白的仿真模型，单击 Simulink→User-Defined Function 选择 MATLAB Function，选中后按住鼠标左键不放，拖到空白的 Simulink 界面中心，拖动 Sources→Step、斜波信号（Ramp1）、Sinks→Scope 模块到编辑器窗口。

（2）双击 MATLAB Function 模块，编写函数代码如下：

```
function  y= fcn(s1,s2)
y= s1+s2;
```

（3）因为有两个输入口，分别命名为 s1 和 s2，保存以后回到 Simulink 界面，单击"运行"按钮，可以发现，之前只有一个输入端的 MATLAB Function 模块能出现两个输入端口 s1 和 s2。将输入信号分别连接到两个端口，再连接 Scope，如图 7.50 所示。

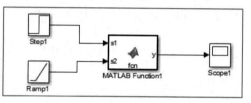

图 7.50　建立组合仿真模型

（4）为了体现两个信号叠加效果，分别将 Step1 和 Ramp1 的开始时间（Start Time）均改为 2 秒，然后单击"运行"按钮，其结果如图 7.51 所示。

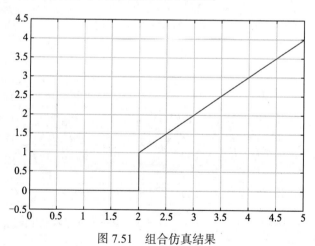

图 7.51　组合仿真结果

（5）拓展输出接口，再双击 MATLAB Function 模块，编写函数代码如下：

```
function [y1,y2,y3] = fcn(s1,s2)
y1=s1;
```

```
y2=s2;
y3 = s1+s2;
```

（6）经过拓展后，MATLAB Function1 模块出现 y1，y2，y3 共 3 个输出口。若将它们分别连线到一个 Scope 上，需要添加 Math Operation→Vector Concatente 选项，双击该项，添加 3 个扩展口，分别连接输出到 Scope，如图 7.52 所示。

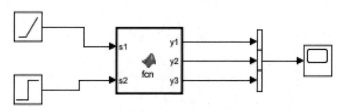

图 7.52　组合仿真模型

（7）单击"运行"按钮，得到的结果如图 7.53 所示。

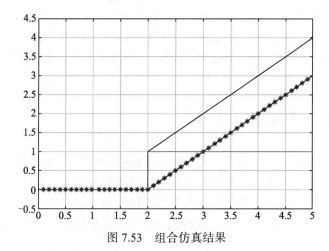

图 7.53　组合仿真结果

第 8 章　App 界面设计

App 是 MATLAB 中用户可视化界面设计的一种工具，它集成了图形用户界面（GUI）的布局及行为编程两种功能，使用时只需将库内可视化组件拖动到设计视图（画布）中，经过精确布局再添加相应组件的回调函数，即可生成方便人机交互的 App 图形用户界面。在画布上不仅可添加面向对象的交互组件，如按钮、组合框、复选框、编辑字段、表、菜单、对话框和仪表等，还可增加树、HTML 和超链接组件。所设计的界面不但能快捷查询数据，还能将其发布为 Web 网页，实现多用户共享。

8.1　图形用户界面开发环境

构建 App 时，可使用单选按钮组、复选框、列表框、坐标区等标准组件，也可使用仪表、指示灯、旋钮和开关等仪器组件，复现仪表面板的外观和操作。为了管理或排列界面上的组件，还可创建选项卡、面板和网格布局等容器组件的用户界面。最后，App 可打包并与其他 MATLAB 用户共享，或使用编译器将独立应用程序分发给其他用户，直接通过浏览器分享。

8.1.1　初识 App

MATLAB R2023a 系统的 APP 选项卡提供了大量模板，它在原有 Guide 图形设计功能基础上增加了扩展，使得非专业软件开发人员可以编写专业的应用界面程序。借助 MATLAB 系统提供的 Demo 样例，能拓展用户创建各种应用界面的开发思维。使用模板的操作简单、方便，方法概述如下：

（1）在 MATLAB 主界面上单击 APP 选项卡，即可打开 APP 设计工具窗口，窗口的工具栏中不仅提供了"获取更多 App"及"App 打包"等功能，还提供了多个专业化管理器模板，如图 8.1 所示。

（2）单击"设计 App"按钮，还可获得更多模板，借助系统提供的模板能快速创建多种 App 图形界面，如图 8.2 所示。

图 8.1　APP 选项卡及部分模板

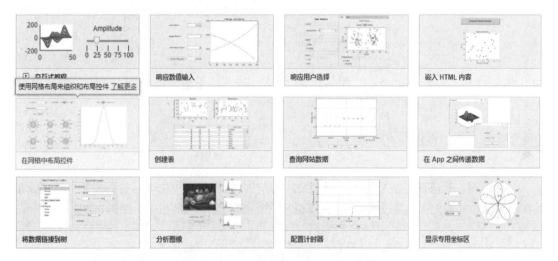

图 8.2　系统提供的更多 App 模板

（3）选择"显示专用坐标区"模板，将其拖动到画布中，单击"运行"按钮，即可看到构建极坐标上的正弦曲线界面，画布上展示了标签、编辑文本、组合框和坐标区等组件，如图 8.3 所示。

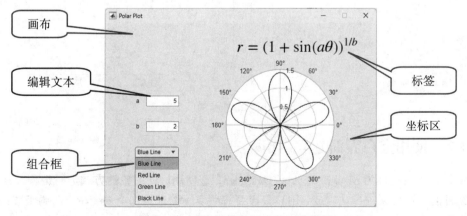

图 8.3　系统提供的极坐标正弦模板

（4）若选中图 8.3 中的 Blue Line 组合框，在"组件浏览器"中，单击"回调"命令，选择 ComponentValueChanged，即可打开"代码视图"窗口，可以查看系统提供的绘制极坐标正弦曲线代码，用户也可进行添加、修改，完成符合设计要求的 App，如图 8.4 所示。

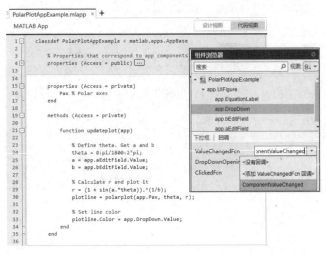

图 8.4　组件浏览器与代码视图

（5）同理，若选择图 8.2 中的"在网格中布局控件"模板，单击"运行"按钮，可在画布上看到仪器布局及绘图，通过改变编辑字段和仪表参数，可绘制出相应的图形，如图 8.5 所示。

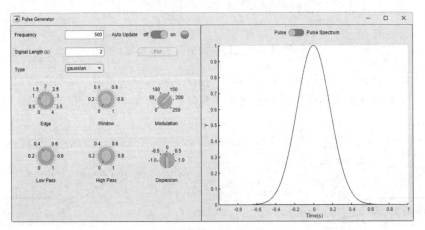

图 8.5　仪器组件布局模板

8.1.2　使用空白界面建立 App

App 设计工具也称为 MATLAB App Designer，它使用面向对象的方式进行编程，在界面上所有组件的代码由系统自动生成，用户只需要按照实际需求添加全局变量、回调函数，修改组件属性即可。

完成一个 App 的设计，操作步骤叙述如下：

（1）在 MATLAB 主界面中选择 APP 选项卡，再单击"设计 App"按钮，在弹出的界面中选择"空白 App"，也可在命令行窗口直接输入 Appdesigner 命令，两种方法均可打开"App 设计工具"的窗口，建立一个新的 App 界面，如图 8.6 所示。

图 8.6　App 设计工具

（2）创建 App 界面有三个区域，左侧区域为系统提供的 App 组件库；中间区域是用户界面设计区，该区域提供了设计视图和代码视图，默认的设计视图称为画布，可将各种组件，如标签、图像、按钮、编辑字段、坐标区等组件拖动到画布中，即可实现各种用户界面设计；右侧是"组件浏览器"窗口，用于设置组件的属性（组件的外观特征）和编写回调函数，完成后的设计默认保存为 app1.mlapp 文件，也可自行命名保存到指定的目录中，如图 8.7 所示。

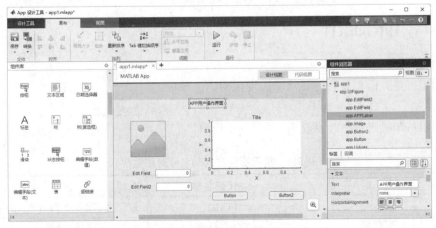

图 8.7　创建 App 界面

（3）一个 App 就是一个类，在代码视图或在组件回调函数中均可查看程序代码，每个类名使用 "<" 符号继承 App 的基类（matlab.apps.AppBase），类中包括组件属性和组件方法（组件回调函数），类的主体结构如图 8.8 所示。

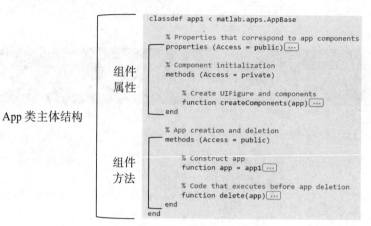

图 8.8　App 类的主体结构

8.2　App 组件与属性

App 组件是构建 GUI 的元素，通过标签或事件响应程序完成特定任务。MATLAB 中的组件大致可分为两种：一种为单击或变化产生相应响应的动态组件，如按钮、列表框、旋钮、仪表、信号灯等；另一种为不需要产生响应的静态组件，如标签组件。每种组件都需要设置属性参数，用于表现组件的外观特征、功能及效果，例如，改变标签、编辑字段和按钮的字体及大小，或仪表中指定旋钮的位置、信号灯的颜色及开关是否打开等。组件属性由两部分组成：属性名和属性值，它们必须是成对出现的。

图 8.9　常用组件

8.2.1　App 的组件

1．常用组件

常用组件是界面布局的主要元素，共有 21 项，如图 8.9 所示。

常用组件与代码名称对照说明，如表 8.1 所示。

表 8.1　常用组件与代码名称对照说明

序　号	组　件	代码名称	说　明
1	HTML	app.HTML	将网页文件嵌入App中
2	下拉框	app.DropDown	创建下拉框

续表

序　号	组　件	代码名称	说　明
3	切换按钮组	app.ButtonGroup	创建切换按钮
4	列表框	app.ListBox	创建列表框
5	单选按钮组	app.ButtonGroup	创建单选按钮组
6	图像	app.Image	添加图片
7	坐标区	app.UIAxes	创建UI绘图坐标区
8	复选框	app.CheckBox	创建复选框
9	微调器	app.Spinner	创建微调器
10	按钮	app.Button	创建按钮
11	文本区域	app.Text Area	创建文本区域
12	日期选择器	app.DatePicker	创建日期
13	标签	app.Label	创建标签
14	树	app.Tree	创建树
15	树（复选框）	app.Tree2	创建树复选框
16	滑块	app.Slider	创建滑块
17	状态按钮	app.Button 2	创建状态按钮
18	编辑字段（数值）	app.EditField	创建数值编辑字段
19	编辑字段（文本）	app.EditField	创建文本编辑字段
20	表	app.UITable	创建表
21	超链接	app.Hyperlink	创建超级链接

2. 容器组件

容器组件主要用于界面管理布局，共有 3 项，如图 8.10 所示。

图 8.10　容器组件

容器组件与代码名称对照说明，如表 8.2 所示。

表 8.2　容器组件与代码名称对照说明

序　号	组　件	代码名称	说　明
1	网格布局	app.GridLayout	按照网格布局界面
2	选项卡组	app.TabGroup	创建选项卡组
3	面板	app.Panel	创建面板

3. 图窗工具组件

图窗工具（图形窗口工具）组件主要用于菜单设计，共有 3 项，如图 8.11 所示。

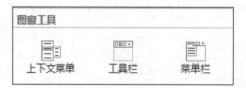

图 8.11　图窗工具组件

图窗工具组件与代码名称对照说明，如表 8.3 所示。

表 8.3　图窗工具组件与代码名称对照说明

序　号	组　件	代码名称	说　明
1	上下文菜单	app.contextMenu	创建上下文菜单
2	工具栏	app.Toolbar	添加工具栏
3	菜单栏	app.Menu	创建菜单栏

4. 仪器组件

仪器组件用于模拟操作台设计，共有 10 项，如图 8.12 所示。

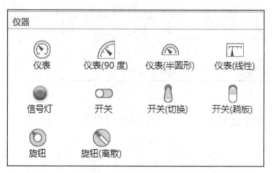

图 8.12　仪器组件

仪器组件与代码名称对照说明，如表 8.4 所示。

表 8.4　仪器组件与代码名称对照说明

序　号	组　件	代码名称	说　明
1	圆形仪表	app.Gauge	创建圆形仪表
2	90度仪表	app.Gauge2	创建90度仪表
3	线性仪表	app.Gauge3	创建线性仪表
4	半圆形仪表	app.Gauge4	创建半圆形仪表
5	圆形旋钮	app.Knob	创建圆形旋钮

续表

序　　号	组　　件	代码名称	说　　明
6	分挡旋钮	app.Knob2	创建分挡旋钮
7	信号灯	app.Lamp	创建信号灯
8	开关	app.Switch	创建开关
9	开关（跷板）	app.Switch2	创建跷板开关
10	开关（切换）	app.Switch3	创建拨动开关

8.2.2　组件控制属性

界面设计主要包含两大类对象属性：第一类是所有组件都具有的公共属性；第二类是组件作为图形对象所具有的专有属性。用户可以在创建组件时，设定其属性值当未设定属性值时，系统将使用默认值，所有组件属性值根据界面交互的需求设定。

1. 组件公共属性

组件的公共属性是所有组件可设置的属性，如表 8.5 所示。

表 8.5　公共属性

属　性　名	说　　明
Children	取值为空矩阵，因为组件没有自己的子对象
Parent	取值为某个图形窗口，表明组件所在的图形窗口句柄
Tag	取值为字符串，定义组件标识值，根据标识值控制组件
Type	取值为uicontrol，表明图形对象的类型
TooltipString	当鼠标指针位于此组件上时显示提示信息
UserDate	取值为空矩阵，用于保存与该组件相关的重要数据和信息
Position	组件的尺寸和位置
Visible	取值为on或off，表示是否可见

2. 组件基本控制属性

组件的基本控制属性是组件的常用设置属性，如表 8.6 所示。

表 8.6　基本控制属性

属　性　名	说　　明
BackgroundColor	取背景颜色为预定义字符或RGB数值；默认值为浅灰色
ForegroundColor	设置组件标题字符颜色，取值为预定义字符或RGB数值；默认为黑色
Enable	取值为on（默认值）、inactive和off
Extend	取值为四元素向量[0, 0, width, height]，记录组件标题字符的位置和尺寸
Max/Min	取值都为数值，默认值分别为1和0

续表

属 性 名	说 明
String	取值为字符串矩阵或块数组，定义组件标题或选项内容
Style	取值可以是pushbutton（默认值）、RadioButton、CheckBox、EditText、Slider、Frame、Popupmenu或Listbox
Units	取值可以是pixels（默认值）、normalized（相对单位）、nches、centimeters（厘米）或pound（磅）
Value	取值既可以是向量，也可以是数值，其含义及解释依赖于组件的类型

3. 组件的修饰控制属性

组件的修饰控制属性用于修饰外观显示特征，如表 8.7 所示。

表 8.7　修饰控制属性

属 性 名	说 明
FontAngle	取值为normal（正常体、默认值）、italic（斜体）
FontName	取值为组件标题等字体的字库名
FontSize：	设置字体大小，取值为数值
FontUnits	取值为points（默认值）、normalized、inches、centimeters或pixels
FontWeight	定义字符的粗细，取值为normal（默认值）、light、demi和bold
Rotation	设置字体旋转角度，取值为0～2π数值
HorizontalAlignment	设置组件标题等对齐方式，取值为left、center（默认值）或right

4. 组件辅助属性

组件的辅助属性用于标识特有取值范围或数据，如表 8.8 所示。

表 8.8　辅助属性

属 性 名	说 明
ListboxTop	在列表框中显示最顶层的字符串索引，取值为数量值
SliderStep	表示滑块组件取值范围在[minstep,maxstep]
Selected	表示是否选中，取值为on或off（默认值）
SelectionHighlight	表示是否为高亮，取值为on或off（默认值）
Max/Min	表示最大/最小，取值都为数值，默认值分别为1和0
String	定义组件标题或选项内容，取值为字符串矩阵或块数组

8.2.3　句柄式图形对象

在 MATLAB 中创建 App 的 GUI，一方面使用工具栏的组件(对象)，另一方面可以直接使用脚本程序建立。每个组件都有一个符号标识，称为图形对象句柄，当用命令代码组成一个图形对象时，MATLAB 就为它创建一个唯一的句柄。

图形对象从根（root）对象开始，构成层次关系，每个图形窗口（figure）对象下可以有 4 种对象，即菜单（uimenu）、坐标区（axes）、用户界面控件（uicontrol）和上下文菜单（uicontextmenu），使用这些对象和句柄即可完成图形界面设计。

1. 句柄式图形对象结构

句柄式图形对象结构如图 8.13 所示。

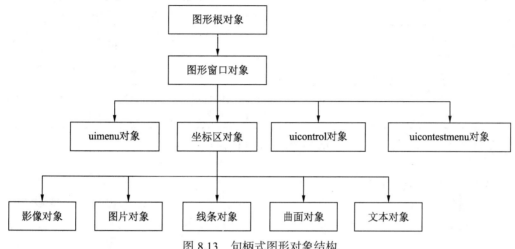

图 8.13　句柄式图形对象结构

2. 图形用户界面对象属性设置

uicontrol 是利用用户界面控制图形对象，可通过程序命令方式设置属性值，创建菜单及多种人机交互界面。uicontrol 相当于创建 GUI 的一个载体，在其上面能添加菜单、按钮、单选框、复选框、编辑字段、标签、列表等多种组件，当编写了组件的回调函数时，即可完成所需的交互界面设计。

语法格式：

```
handle = uicontrol(当前窗口, 属性名, 属性值, …)
handle = uicontrol            %默认 Style 属性值为 pushbutton 对象句柄
uicontrol(uich)               %将焦点移动到由 uich 所指示的对象上
```

说明：若用户没指定属性值，则系统自动使用默认值。uicontrol 默认值为 pushbutton（弹出式菜单）。可以在命令行窗口中输入 set(uicontrol)命令查看其属性和当前图形窗口值。当前图形窗口可以选择图形窗口、面板、按钮组句柄。属性设置可为下列示例之一，如表 8.9 所示。

表 8.9　uicontrol属性说明

属　性　名	示　　例	说　　明
pushbutton	Push Button	释放鼠标按键前显示为按下状态的按钮
togglebutton	Toggle Button　Toggle Button	开关按钮在状态指示时使用，表示打开或关闭

续表

属 性 名	示 例	说 明
checkbox	☑ Check Box ☐ Check Box	复选框可以单选，也可以多选
radiobutton	⦿ Radio Button ○ Radio Button	单选按钮组可实现互斥行为，一般置于按钮组中
edit		可编辑框，写入文本字段，用于人机对话
text	"请输入数字"	标签文本，用于添加标题、提示信息
slider	◀ ▮ ▶	用户沿水平或垂直滑动条移动的"滑块"按钮
listbox	Item 1 ∧ Item 2 Item 3 ∨	用户可从中选择一项或多项列表，单击列表框时可展开全部，它与弹出菜单相似，但弹出菜单不能展开

在命令行窗口中输入 set(uicontrol)命令，即可查看 uicontrol 的属性结果。

例如：在命令行窗口 ">>" 提示符下，直接输入代码：

```
>>f = figure;
>>p = uipanel(f,'Position',[0.1 0.1 0.35 0.5]);
            %Position[左 底 框 高]表示位置和大小。
>>hpop = uicontrol('Style', 'popup','String',
'画方框|画圆|画方圆','Position', [80 10 150 220]);
```

图 8.14 弹出式菜单

则出现一个面板和一个弹出式菜单，可以选择画方框、画圆、画方圆选项，选项间用字符'|'分割，如图 8.14 所示。

8.2.4 创建图形句柄的常用函数

1. 图形句柄常用函数

图形句柄常用函数如表 8.10 所示。

表 8.10 图形句柄常用函数

函 数 名	含 义	函 数 名	含 义
figure	创建一个新的图形对象	gcbo	获得当前正在执行调用对象的句柄
uimenu	生成中层次菜单与下级子菜单	gcbf	获取包括正在执行调用对象的图形句柄
gcf	获得当前图形窗口的句柄	delete	删除句柄所对应的图形对象
gca	获得当前坐标区的句柄	findobj	查找具有某种属性的图形对象
gco	获得当前对象的句柄	isa	判断变量是否为函数句柄

2.　通用函数get()和set()

所有对象都由属性定义它们的特征，属性可包括对象的位置、颜色、类型、父对象、子对象及其他内容。为了获取和改变句柄图形对象的属性需要使用两个通用函数 get()和 set()。在 App 界面设计中，获取组件的值直接使用"app.组件名称.属性名"即可得到。

（1）函数 get()返回某个对象属性的当前值。用法为 get(对象句柄, '属性名')。属性名可以为多个，但必须是该对象具有的属性。例如：

```
p=get(handle,'Position')              %返回句柄 handle 图形窗口的位置向量
c=get(handle,'color')                 %返回句柄 handle 对象的颜色
```

（2）函数 set()改变句柄图形对象属性，用法：

set(对象句柄,'属性名 1', '属性值 1','属性名 2', '属性值 2', …)。

例如：

```
set(handle, 'Position',p_vect)        %将句柄 handle 对象的位置设为向量 p_vect 所
                                      %指定的值
set(handle, 'color', 'r')             %将句柄 handle 的颜色设置成红色
set(handle, 'color', 'r', 'Linewidth',2)    %将句柄 handle 的颜色设置成红
                                            %色，线宽为两个像素
```

8.2.5　以编程方式开发 App

创建 App 的布局和行为可以使用 MATLAB 提供的函数进行编程，即以编程方式设计和编辑 App。若需要进行额外控制界面，一般使用该方法。

创建 App 图形窗口使用 uifigure()函数（它可替代原有 GUI 设计的 uicontrol 函数），该函数相当于建立了一个 App 画布，再使用 uiaxes 创建 UI 坐标区，编写相应绘图代码指定到坐标区，即可在 App 上完成绘图。

【实战练习 8-1】利用 plot()函数在 App 上绘制二维曲线图

操作步骤如下：

在 MATLAB 主界面上选择"新建"→"脚本"，在打开的编辑器中编写代码：

```
fig = uifigure;                       %建立一个画布句柄 fig
ax = uiaxes(fig);                     %ax 为画布的坐标区句柄
x = 0:pi/20:2*pi;                     %设定横坐标值
y = sin(x);                           %设定纵坐标为正弦幅值
sphere(30);                           %绘制球面图
plot(ax,x,y);                         %在坐标区绘制正弦曲线
grid(ax,"on");                        %添加坐标区的坐标线
title(ax,"绘制正弦曲线");             %添加标题
ylabel(ax,'幅值');
xlabel(ax,'时间');
```

单击"运行"按钮，结果如图 8.15 所示。

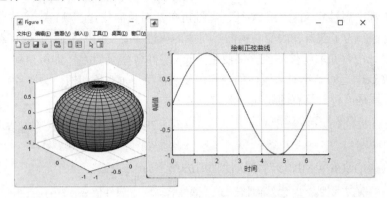

图 8.15　在 App 上绘制二维曲线

8.3　回调函数

MATLAB 除了静态组件外，均可使用回调函数完成界面组件的行为任务，它相当于把函数的指针（地址）作为参数传递给对象，当该对象事件发生时，指针被调用便指向回调函数。回调函数不是直接调用，而是在特定的事件或条件发生时才调用，用于对该事件或条件进行响应。

8.3.1　创建回调函数

回调函数是连接图形用户界面行为、状态实质性功能的纽带，当某一事件发生时，应用程序通过回调函数作出响应，并执行某些预定的功能子程序。由于坐标区组件只能被回调函数使用，当选中动态组件时，使用"组件浏览器"的"回调"按钮，会自动转到 App 设计器中的代码视图，用户可自行编写回调函数，系统已经为相应事件建立了函数框架，只需添加相应程序在空白处即可。单击"运行"按钮后，该对象事件被激活并自动调用该回调函数。

例如，在画布中添加一个按钮（Button）对象，系统将自动命名一个 ButtonPushed 函数，在图 8.16 的"组件浏览器"属性窗口中，单击"回调"按钮，选择 ButtonPushedFcn，即可打开"代码视图"，在给定的空白处添加程序代码即可，操作方法如图 8.16 所示。

8.3.2　回调函数的使用

回调函数采用事件处理机制调用，当事件被触发时才执行设置的回调函数，常用的回调函数包括以下几种。

1. 组件的回调函数

（1）ButtonDownFcn：当用户将鼠标指针放到按钮对象上，单击时启动的回调函数。

（2）CreatFcn：在组件创建过程中执行的回调函数，一般用于各种属性的初始化，包括初始化样式、颜色和初始值等。

（3）DeleteFcn：删除组件过程中执行的回调函数。

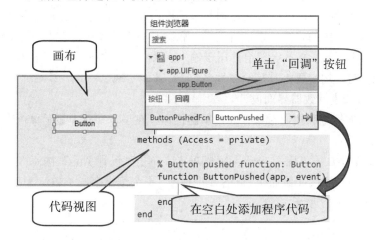

图 8.16　在代码视图中编写回调函数

2. 图形窗口的回调函数

（1）CloseRequestFcn：当请求关闭图形窗口时调用的回调函数。

（2）KeyPressFcn：当用户在窗口内按下鼠标左键时调用的回调函数。

（3）ResizeFcn：当用户重画图形窗口时调用的回调函数。

（4）WindowButtonDownFcn：当用户在图形窗口无组件的地方按下鼠标左键时调用的回调函数。

（5）WindowButtonUpFcn：当用户在图形窗口释放鼠标时调用的回调函数。

（6）WindowButtonMotionFcn：当用户在图形窗口中移动鼠标时调用的回调函数。

8.4　标签、按钮与编辑字段

标签、按钮、编辑字段均是 UI 设计中常用组件，它们提供了方便的人机交互功能。

8.4.1　标签（Label）

标签是图形界面中最常见的组件之一，一般用作标题或对界面组件做标识说明，便于用户快速查找和定位。标签属性包括设置字体、大小和颜色等。

8.4.2　按钮（Button）

按钮是最基本的交互组件，用于触发事件回调函数的行为。按钮一般不会被其他组件调用，常用作坐标区、编辑字段、仪表等组件的函数调用，执行某种预定的功能或操作。

8.4.3 编辑字段（EditField）

编辑字段分为数值、文本和文本区域组件，编辑字段（数值）组件用于接收人机交互的数值操作，编辑字段中数据可以直接参加数学运算。编辑字段（文本）组件用于输入、输出字符串的值，编辑字段中的内容可以进行编辑、删除和替换等操作，也可使用 eval() 函数转换成数值型后进行数学运算。文本区域组件用于输入、输出多行文本数据。当对数值、字符串或多行文本数据操作时，均需要将其赋给属性名 Value 才能实现。

【实战练习 8-2】计数器界面设计

在窗口中添加标签和按钮对象，通过单击按钮，在编辑字段中显示单击次数。

操作步骤如下：

（1）在 MATLAB 主界面上选择 APP 选项卡，单击"设计 App"按钮，再选"空白 App"选项，即可打开设计视图（画布），拖动 1 个标签、1 个编辑字段（数值）和 1 个按钮组件到设计画布上，如图 8.17 所示。

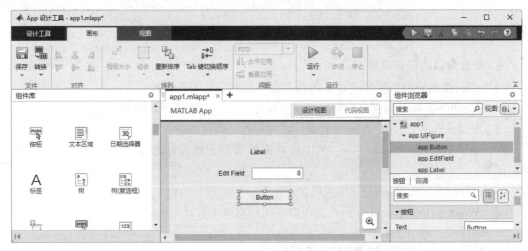

图 8.17　计数器界面组件

（2）选中 Label 组件，在"组件浏览器"中将 Text（文本显示属性）改为"显示单击按钮次数"，FontSize（字体大小）设置为 24，FontColor（字体颜色）设置为蓝色，如图 8.18 所示。

（3）在"组件浏览器"中，选中 app.EditField 组件，将"标签"属性改为"统计按键次数"，FontSize 设置为 18（修改方法同 Label，见图 8.18）；同时，将"交互性"→Editable（可编辑）属性取消勾选，使得数据不能更改，如图 8.19 所示。

（4）选中 Button 组件，在"组件浏览器"中将 Text 属性改为"单击按钮"，FontSize 设置为 18，同时，在图 8.19 中单击"回调"按钮，选择事件回调函数，如图 8.20 所示。

图 8.18　Label（标签）属性

图 8.19　编辑字段（Edit Field）属性

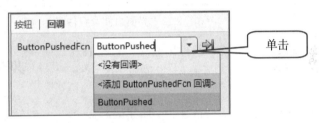

图 8.20　选择回调函数

（5）在图 8.20 所示的箭头处，选择 ButtonPushed 事件单击，编写回调函数代码如下：

```
function submitButtonPushed(app, event)    %系统自动产生框架
    global n                               %设置 n 为全局变量
  if isempty(n)                            %测试是否为空
     n=0                                   %若为空，n=0
  end
  n=n+1                                    %单击一次改变 n=n+1
    set(app.EditField,"value",n)           % 将 n 的值显示在编辑字段
end
```

（6）单击工具栏中的"运行"按钮，在出现的运行界面上单击按钮 15 次，得到结果如图 8.21 所示。

【实战练习 8-3】数制转换界面设计

编写一个数制转换的界面，单击"开始转换"按钮显示转换数据，单击"重置数据"按钮，编辑字段数据全部清空，其操作步骤如下：

（1）在 MATLAB 主界面上选择 APP 选项卡，单击"设计 App"按钮，再选择"空白 App"选项，在画布上拖动 1 个标签、1 个编辑字段（数值）用于

图 8.21　计次按钮界面

输入十进制数、3 个编辑字段（文本）（Edit Field2～Edit Field4）用于显示输出结果和 2 个按钮（Button～Button2）组件到设计画布上，如图 8.22 所示。

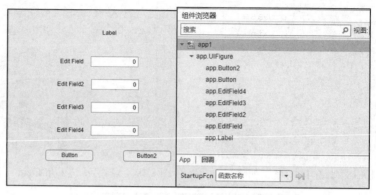

图 8.22　界面组件及组件名称

（2）选中 Label 组件，在"组件浏览器"上将 Text 改为"数制转换 APP 设计"，FontSize 设置为 36，方法同上。

（3）分别按照上述步骤，修改 4 个编辑字段和 2 个按钮组件上的 Text 属性，修改结果如图 8.23 所示。

（4）为便于编写程序，在"组件浏览器"中右击组件名称，选择"重命名"命令，分别将 4 个编辑字段的组件名称修改为 app.d（十进制数）、app.h（十六进制数）、app.o（八进制数）、app.b（二进制数），将"开始转换"和"重置数据"按钮修改为 app.B1 和 app.B2，如图 8.24 所示。

图 8.23　修改界面组件属性

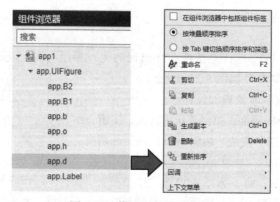

图 8.24　修改组件代码名称

（5）选中"开始转换"按钮组件，在"组件浏览器"中选择"回调"按钮，添加转换回调函数代码如下：

```
A=app.d.Value                        %获取输入的十进制数
set(app.h,"value",dec2hex(A))        %转换成十六进制
set(app.o,"value",dec2base(A,8))     %转换成八进制
set(app.b,"value",dec2bin(A))        %转换成二进制
```

（6）选中"重置数据"按钮组件，在"组件浏览器"中选择"回调"按钮，添加代码如下：

```
set(app.d,"Value",0)                 %将输入数据置零
set(app.h,"value","")                %将输出数据清空
set(app.o,"value","")
set(app.b,"value","")
```

代码结构如图 8.25 所示。

（7）单击"运行"按钮，输入十进制数据，结果如图 8.26 所示。

图 8.25　数制转换代码结构　　　　　图 8.26　数据转换运行界面

【实战练习 8-4】简单计算器界面设计

利用单选按钮和编辑字段，设计简单计算器界面。

操作步骤如下：

（1）在画布上分别添加 1 个标签、3 个编辑字段（数值）和 4 个按钮组件，如图 8.27 所示。

（2）在"组件浏览器"中 Text 属性修改为"简单计算器界面"，在 3 个编辑字段的 Text 上分别修改为"运算数 1""运算数 2"和"运算结果"，将"运算结果"编辑字段的"交互性"下 Editable 属性取消勾选，使得结果不可更改（修改方法见图 8.19），在 4 个按钮的 Text 属性上分别修改为"＋、－、＊、／"符号。

（3）选中"＋"按钮，在"组件浏览器"中单击"回调"按钮，选择 ButtonPushed 选项，编写回调函数代码如下：

```
function ButtonPushed(app, event)          %系统自动产生的事件框架
    a=app.a.Value;
    b=app.b.Value;
    c=a*b;
    set(app.c,"value",c)
end
```

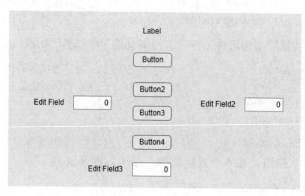

图 8.27　计算器组件

（4）在"-""*""/"按钮上，分别添加回调函数，方法同上，与"+"不同的是将"c=a+b"的值分别改为"c=a-b""c=a*b"和"c=a/b"。

（5）分别在"运算数 1"和"运算数 2"中添加数据，单击"+、-、*、/"按钮，即可得到运算结果，如输入 320 和 4.56，单击"/"按钮（除法运算符），结果如图 8.28 所示。

图 8.28　计算器运行界面

【实战练习 8-5】模拟计算器界面设计

利用按钮和编辑字段，设计模拟计算器界面。

操作步骤如下：

（1）在画布上添加 2 个标签（标题和计算的=号）、2 个编辑字段（文本）添加计算数值和得到结果、18 个按钮添加数字键、清空和退格键。修改 18 个按钮的标签为 0、1、2、3、…、

9、+、-、*、/、清空、退格，如图 8.29 所示。

（2）编辑字段用于添加数值及输出计算结果，为了便于编程，将编辑字段默认名称 app.EditField、app.EditField2 分别改为 app.calculate 和 app.result。选中 0～9 按钮，在"组件浏览器"中单击"回调"按钮，选择 ButtonPushed 选项，编写回调函数代码如下：

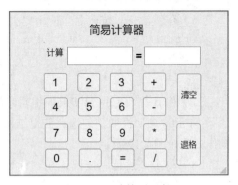

图 8.29　计算器组件

```
function Button_1Pushed(app, event)
                                     %"1"按钮回调函数
  text=app.calculatel.Value;
  text=strcat(text,'0');
  app.cal.Value=text;
end
    ⋮
function Button_9Pushed(app, event)              %"9"按钮回调函数
  text=app.calculatel.Value;
  text=strcat(text,'9');
  app.cal.Value=text;
end
```

（3）同理，在"-、*、/、."按钮上，分别添加回调函数，添加方法与数字 0～9 基本一致，如"*"回调函数如下：

```
function Button_13Pushed(app, event)             %乘法按钮回调函数
  text=app.calculatel.Value;
  text=strcat(text,'*');
  app.cal.Value=text;
end
```

（4）在"="按钮上得到运算结果，使用 eval()函数可将字符变成数学运算表达式，编程代码如下：

```
function Button_16Pushed(app, event)             %"="按钮回调函数
  text=app.calculatel.Value;
  text=eval(text);
  app.cal.Value=num2str(text);
end
```

（5）在"退格"按钮上，使用 text(end)，删除最后一个字符，编程代码如下：

```
function Button_12ValueChanged(app, event)       %"退格"按钮回调函数
  text=app.calculatel.Value;
  if length(text) == 1
    app.calculatel.Value = '';
  else
    text(end) ='';
    app.calculatel.Value= text;
  end
end
```

（6）在"清空"按钮上，使用单引号将编辑字段值设为空白，编程代码如下：

```
function Button_18ValueChanged(app, event)        %"清空"按钮回调函数
    app.calculatel.Value='';
    app.result.Value='';
end
```

（7）将计算数和得到结果的编辑字段的"交互性"→Editable 属性取消勾选，使得结果不能更改，操作方法如图 8.19 所示。

（8）单击"运行"按钮，在"计算"的编辑字段中添加数据 5748.536，分别单击"5""7""4""8"".""5""3""6"按钮或直接从键盘上输入数字 5748.536，再单击"/"（除法运算符），使用同样的方法，再添加除数 83，然后单击最下方的"="按钮，得到其商的计算结果，如图 8.30 所示。

图 8.30　计算器运行界面

8.5　单选按钮组、切换按钮组、复选框、面板与日期选择器

在 UI 设计中，单选按钮组、切换按钮组、复选框、面板与日期选择器组件在很多场合被用到，它们均能使得界面布局紧凑、排列有序，而且操作简单方便。

8.5.1　单选按钮组（Button Group)

在实际使用中，用户只能在一组状态中选择单一的状态（单选项）。当用一个功能对应多个不同参数的一项时，需要使用单选按钮组，它可产生一组选择按钮对象，系统默认单选按钮组有 3 个按钮，可在"组件浏览器"中，使用"复制""粘贴"命令添加按钮个数。

8.5.2　切换按钮组（Button Group）

切换按钮组和单选按钮组的功能类似，它们均是多选一操作，当按下某切换按钮时状态为 1，否则为 0。在给定的按钮组中，一次只能选择（按下）一个切换按钮，当 Value 属性值设置为 1 时，表示被按下。默认在切换按钮组中的第一个按钮的状态为 1，同一组中其他按钮的状态都为 0。

8.5.3　复选框（Check Boxes）

复选框允许用户在一组状态中作组合式的选择，即可单选也可多选，而单选框仅允许从一组选项中选择一个，两个框在 App 上一个用圆圈表示显示，另一个用方框表示。

8.5.4　面板（Panel）

面板是在图形窗口中圈出的一块区域，它一方面可以提供调整视图大小或位置的选项，让用户可以调整窗口的外观；另一方面可以提供升级应用程序版本或软件组件的选项。面板不仅用于集中管理数据、帮助用户快速浏览，且增加了界面排版美观特效。

8.5.5　日期选择器（Date Picker）

日期选择器用来选择一个很具体的时间，例如出生年月，出发时间等。要快速精准地确定选择日期，就需要将日期在界面上记录、登录或查询。另外，日期选择器是一个工具，帮助记忆时间点。

【实战练习 8-6】称重界面设计

利用单选按钮组和面板组件设计称重界面。

操作步骤如下：

（1）在画布上分别添加 1 个标签用于标题、1 个日期选择器、2 个面板分别放置单选按钮组和 3 个编辑字段（数值），最后再添加 2 个按钮，如图 8.31 所示。

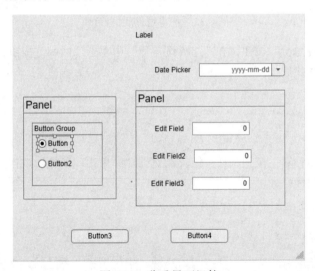

图 8.31　称重界面组件

（2）在"组件浏览器"上修改组件的标签属性，用于突出标题和显示称重标识，如图 8.32 所示。

（3）选中"称重"单选按钮组，在"组件浏览器"中单击"回调"按钮，选择 SelectionChangeFcn 选项，编写回调函数代码如下：

```
selectedButton = app.ButtonGroup.SelectedObject;
  switch selectedButton
    case 'Button'
```

```
        set(app.Button,"value",1)
        case 'Button2'
        set(app.Button,"value",0)
    end
```

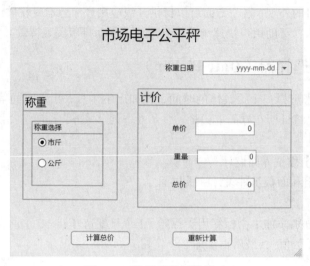

图 8.32　称重组件属性修改

（4）选中"计算总价"按钮，在"组件浏览器"中单击"回调"按钮，选择 ButtonPushed 选项，编写回调函数代码如下：

```
price=app.EditField.Value
weight=app.EditField2.Value
total=price*weight
set(app.EditField3,"value",total)
```

（5）选中"重新计算"按钮，在"组件浏览器"中单击"回调"按钮，选择 ButtonPushed 选项，编写回调函数代码如下：

```
set(app.EditField,"Value",0)
set(app.EditField_2,"Value",0)
set(app.EditField_3,"value",0)
```

（6）输入单价重量，单击"计算总价"按钮，结果如图 8.33 所示。如果单击"重新计算"按钮，单价、重量及总价的编辑字段框中的数据全部清零。

【实战练习 8-7】利用单选按钮组设计测试界面

使用单选按钮组、复选框及面板设计选项界面。

操作步骤如下：

（1）在画布上分别添加 1 个标签（用于标题）、2 个单选按钮组分别用于性别和职业选择、6 个复选框用于选择 6 种不同颜色、2 个编辑字段（文本）分别用于显示提交的性别和职业还有 1 个面板。

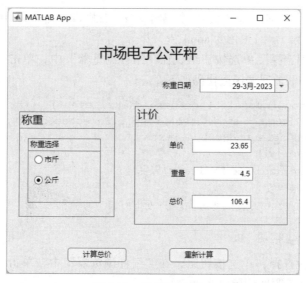

图 8.33　称重运行界面

（2）单选按钮组默认为 3 个选项，选中"性别选择"单选按钮组的第一个选项，右击选择"删除"命令，删除 1 个选项，在"组件浏览器"中修改剩下的 2 个选项标签分别为"男"和"女"；同理，选中"职业选择"单选按钮组的第一个选项，右击选择"复制"命令，添加 4 个选项，在 7 个选项标签上分别修改为 7 种职业名称，在面板上添加 6 个编辑字段（文本）用于显示提交的颜色，此时需要删除编辑字段的 Text（标签），如图 8.34 所示。

图 8.34　"选项测试"运行界面

（3）为了便于编程，将提交性别的编辑字段名称改为 app.sex，提交职业的编辑字段名称改为 app.pro；将 6 个复选框按照不同颜色，分别修改名称为 app.blue（蓝色）、app.red（红色）、…app.black(黑色)；将面板上的 6 个编辑字段，分别修改为提交相应颜色的首字符，蓝色为 app.b、红色为 app.r、…黑色为 app.k。

（4）选中"性别选择"单选按钮组，在"组件浏览器"中，单击"回调"按钮，选择 SelectionChangeFcn，添加回调函数代码如下：

```
function ButtonGroupSelectionChanged(app, event)
    selectedButton = app.ButtonGroup_2.SelectedObject;
        switch selectedButton.Text
            case '男'
              set(app.sex,"value","男生");
            case '女'
              set(app.sex,"value","女生");
        end
    end
```

（5）选中"职业选择"单选按钮组，在"组件浏览器"中，单击"回调"按钮，选择 SelectionChangeFcn，编写回调函数代码如下：

```
function ButtonGroupSelectionChanged(app, event)          %系统自动产生的按钮单
                                                          %击事件框架

        selectedButton = app.ButtonGroup.SelectedObject;
            switch selectedButton.Text
                case '学生'
                  set(app.pro,"value","学生");
                case '教师'
                  set(app.pro,"value","教师");
                case '技术人员'
                  set(app.pro,"value","技术人员");
                case '管理人员'
                  set(app.pro,"value","管理人员");
                case '医生'
                  set(app.pro,"value","医生");
                case '工人'
                  set(app.pro,"value","工人");
                case '农民'
                  set(app.pro,"value","农民");
            end
    end
```

（6）在每个复选框（CheckBox）的属性 ValueChanged 中，添加回调函数代码。例如：蓝色复选框命名为 blue，黑色复选框命名为 black，……，蓝色提取的编辑字段命名为 app.b，黑色提取的编辑字段命名为 app.k，……。6 个复选框的回调函数代码如下：

```
function blueValueChanged(app, event)                %蓝色复选框
```

```
    value = app.blue.Value;
    if value==1
     set(app.b,"value","蓝色")
    end
end
  ⋮
function blackValueChanged(app, event)            %黑色复选框
    value = app.black.Value;
    if value==1
     set(app.k,"value","黑色")
    end
end
```

（7）单击"运行"按钮，选中女学生，并添加了 4 种选中的颜色，运行结果如图 8.34 所示。

【实战练习 8-8】利用切换按钮组设计运动会比赛项目界面

设计一个小区趣味运动会界面，能够根据年龄选择运动项目。

操作步骤如下：

（1）在画布上分别添加 1 个标签（用于标题）、1 个日期选择器、2 个编辑字段（文本）、1 个切换按钮组（默认 3 个选项按钮）和 1 个文本区域，如图 8.35 所示。

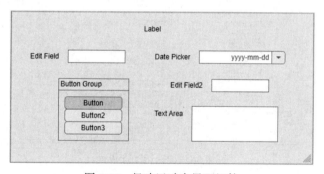

图 8.35　趣味运动会界面组件

（2）在"组件浏览器"中修改各个组件的 Text 属性，用于突出标题；右击切换按钮组并选择"复制"命令，增加 1 个选项按钮；将 Edit Field2 交互属性 Editable 对钩取消，使得数据不能修改，如图 8.19 所示。

（3）选中 EditField 组件，在"组件浏览器"中单击"回调"按钮，选择 SelectionChangeFcn 选项，编写回调函数代码如下：

```
value = app.EditField.Value;
set(app.EditField_2,'value',app.EditField.Value)
```

（4）选中 ButtonGroup 组件，在"组件浏览器"中单击"回调"按钮，选择 SelectionChangeFcn，编写回调函数代码如下：

```
selectedButton =app.ButtonGroup.SelectedObject;
    switch selectedButton.Text
        case '少年组'
            set(app.TextArea,'value',"比赛者年龄必须在 17 岁以下。" + …
                "项目是：跳绳、爬楼梯、单足跳……")
        case '青年组'
            set(app.TextArea,'value',"比赛者年龄必须在 18～35 岁。" + …
                "项目是：400 米接力赛，跳高、跳远……")
        case '中年组'
            set(app.TextArea,'value',"比赛者年龄必须在 36～45 岁。" + …
                "项目是：60 米短跑、滚铁环、篮球投准……")
        case '老年组'
            set(app.TextArea,'value',"比赛者年龄必须在 46 岁以上。" + …
                "项目是：两手腋窝下各夹 1 个小足球,呈企鹅状走路竞赛……")
    end
```

（5）单击"运行"按钮，输入数据并选中切换按钮组的"老年组"，结果如图 8.36 所示。

图 8.36 趣味运动会界面

8.6 坐标区与图像

图像和坐标区组件在 UI 上显示图像的方法，图像一般用于直接添加静态图片，坐标区常用于编程实现绘图。

8.6.1 坐标区（UIAxes）

坐标区用作绘图和放置图像，在上面不仅能绘制二维、三维、曲面、网格及特色图形，还可添加图片形成帧动画。

【实战练习 8-9】利用编辑文本数据绘制二维曲线

操作步骤如下：

（1）在画布上添加 1 个标签、2 个编辑字段（数值）、1 个坐标区和 2 个按钮组件，如图 8.37 所示。

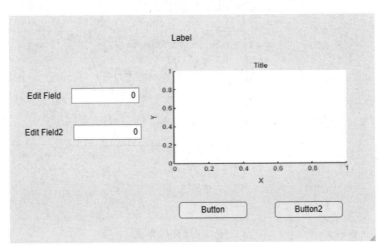

图 8.37　绘制二维曲线界面组件

（2）在"组件浏览器"中，分别修改组件的 Text 属性，用于显示标题和人机交互的数据标识。

（3）选中图 8.38 中的"绘图"按钮，在"组件浏览器"中单击"回调"按钮，选择 ButtonPushed，编写回调函数代码如下：

```
function ButtonPushed(app, event)          %系统自动产生的单击按钮事件框架
  clear
  x=1:pi/10:4*pi;
  A=app.EditField.Value;
  B=app.EditField_2.Value;
  if A==0
    A=1
  end
  if B==0
    B=1;
  end
  y=A*sin(x);
  plot(app.UIAxes,x,y,"r");
  hold(app.UIAxes,"on");
  y1=B*cos(x);
  plot(app.UIAxes,x,y1,"b");
  grid(app.UIAxes,"on");
end
```

（4）同理，选中"重置"按钮，添加回调函数代码：

```
cla(app.UIAxes)
```

绘图结果如图 8.38 所示。

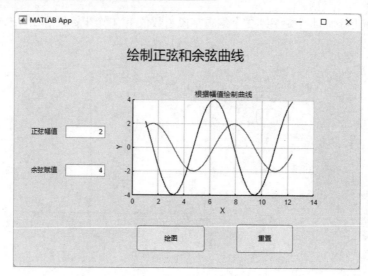

图 8.38　二维曲线界面

【实战练习 8-10】利用按钮选择绘制多种几何图形
　　创建一个包含坐标区和按钮的界面，通过单击按钮绘制不同几何图形。
　　操作步骤如下：
　　（1）在画布上添加 1 个标签、1 个坐标区和 4 个按钮组件，如图 8.39 所示。

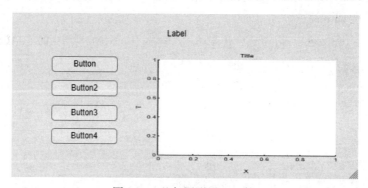

图 8.39　几何图形界面组件

　　（2）在"组件浏览器"中，分别修改组件的 Text 属性，用于显示标题和人机交互的数据标识，如图 8.40 所示。
　　（3）选中"画圆"按钮，在"组件浏览器"中单击"回调"按钮，选择 ButtonPushed 选项，编写回调函数代码如下：

```
title(app.UIAxes,'画圆');
  x_circle=3*cos((0:10:360)*pi/180);
  y_circle=3*sin((0:10:360)*pi/180);
  plot(app.UIAxes,x_circle,y_circle,'rp');
  axis(app.UIAxes,[-4,4,-4,4]);
```

```
axis(app.UIAxes,'equal'); grid(app.UIAxes,"on");
```

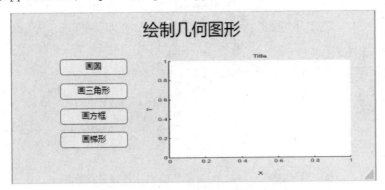

图 8.40 修改几何图形组件显示标签

（4）同理，选中"画三角形"按钮，编写回调函数代码如下：

```
title(app.UIAxes,'画三角形');
x_triangle=3*cos([90,210,330,90]*pi/180);
y_triangle=3*sin([90,210,330,90]*pi/180);
plot(app.UIAxes,x_triangle,y_triangle,':bO');
axis(app.UIAxes,[-4,4,-4,4]);
axis(app.UIAxes,'equal'); grid(app.UIAxes,"on");
```

（5）同理，选中"画方框"按钮，编写回调函数代码如下：

```
title(app.UIAxes,'画方框');
x_square=[-3,3,3,-3,-3];
y_square=[3,3,-3,-3,3];
plot(app.UIAxes,x_square,y_square,'-kh');
axis(app.UIAxes,[-4,4,-4,4]);
axis(app.UIAxes,'equal'); grid(app.UIAxes,"on");
```

（6）同理，选中"画梯形"按钮，编写回调函数代码如下：

```
title(app.UIAxes,'画梯形');
x_square=[-2,2,4,-4,-2];
y_square=[3,3,-3,-3,3];
plot(app.UIAxes,x_square,y_square,'-b');
axis(app.UIAxes,[-4,4,-4,4]);
axis(app.UIAxes,'equal');grid(app.UIAxes,"on");
```

结果如图 8.41 所示。

【实战练习 8-11】利用编辑字段绘制火柴杆二维图

创建一个包含坐标区和普通按钮的图形界面，单击按钮时，使用回调函数产生 8 个随机向量，并绘制火柴杆图。

操作步骤如下：

（1）在画布上分别添加 1 个标签、1 个编辑字段（数值）、1 个坐标区和 2 个按钮组件，如图 8.42 所示。

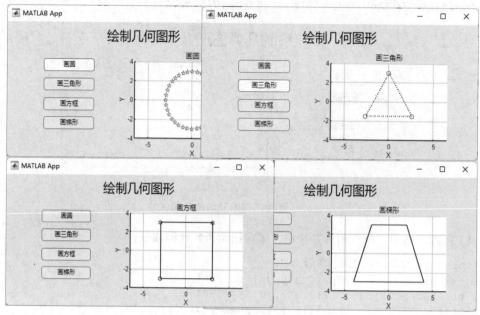

图 8.41　几何图形界面

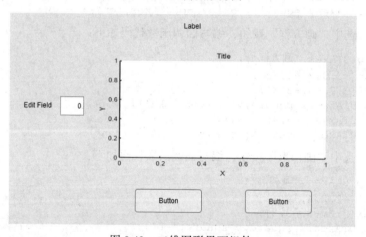

图 8.42　二维图形界面组件

（2）在"组件浏览器"中，分别修改组件的 Text 属性，用于显示标题和人机交互的数据标识。

（3）选中图 8.43"绘图"按钮，在"组件浏览器"中单击"回调"按钮，选择 ButtonPushed 选项，编写回调函数代码如下：

```
function ButtonPushed(app, event)          %系统自动产生的按钮单击事件框架
    x=app.EditField.Value
    stem(app.UIAxes,(randn(1,x)))
end
```

（4）同理，选中"清空"按钮，添加回调函数，输入代码：cla(app.UIAxes)。

（5）在编辑字段中输入火柴杆的数量，运行结果如图 8.43 所示。

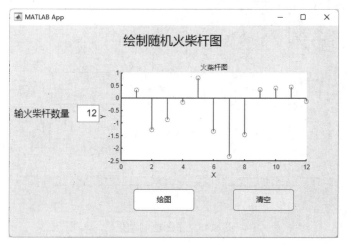

图 8.43　二维图形界面

【**实战练习 8-12**】利用按钮绘制二维子图

使用App绘制子图需要将AutoResizeChildren属性设置为 'off'，子图不支持自动调整大小行为。可以在 App 设计工具的组件浏览器中的检查器选项卡中或在代码中设置此属性。

操作步骤如下：

（1）在画布上添加 1 个标签、1 个坐标区和 1 个按钮组件，如图 8.44 所示。

（2）选中 Button 按钮，在"组件浏览器"中单击"回调"按钮，选择 ButtonPushed 选项，编写回调函数代码如下：

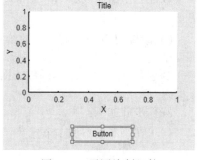

图 8.44　子图绘制组件

```
app.UIFigure.AutoResizeChildren = 'off';
t=0:pi/100:pi;
ax1 = subplot(2,2,1,'Parent',app.UIFigure);
ax2 = subplot(2,2,2,'Parent',app.UIFigure);
ax3 = subplot(2,2,3,'Parent',app.UIFigure);
ax4 = subplot(2,2,4,'Parent',app.UIFigure);
plot(ax1,t,sin(t))
plot(ax2,t,sin(2*pi*t).*exp(-t))
plot(ax3,t,exp(t),'-r');
plot(ax4,[10 9 4 7],'--b');
```

绘制结果如图 8.45 所示。

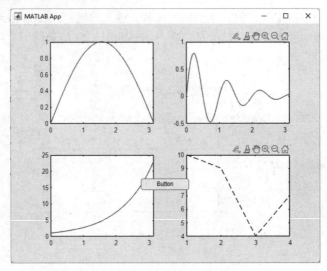

图 8.45　子图绘制结果

8.6.2　图像（Image）

设计一个图片显示 App 界面，既可以通过直接添加图片，也可以使用程序将图片显示在界面上。

【实战练习 8-13】利用函数绘制曲面图

要求在 App 上，绘制函数的网格图 $Z = \dfrac{\sin\sqrt{x^2+y^2}}{\sqrt{x^2+y^2}}$。

操作步骤如下：

（1）在画布上添加 1 个标签、1 个图像、1 个坐标区和 2 个按钮组件，如图 8.46 所示。

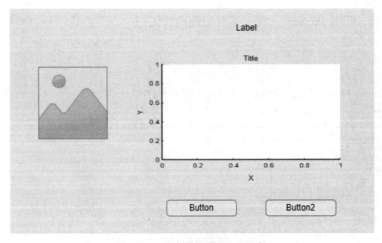

图 8.46　绘制曲面图界面组件

（2）在"组件浏览器"中，分别修改组件的 Text 属性，用于显示标题和人机交互的数据标识。

（3）选中"绘图"按钮，在"组件浏览器"中单击"回调"按钮，选择 ButtonPushed 选项，编写回调函数代码如下：

```
[x,y]=meshgrid(-8:0.5:8);
z=sin(sqrt(x.^2+y.^2))./sqrt(x.^2+y.^2);
mesh(app.UIAxes,x,y,z);
axis(app.UIAxes,"off")
```

（4）同理选中"清空"按钮，添加回调函数，输入代码：cla(app.UIAxes)。

运行结果如图 8.47 所示。

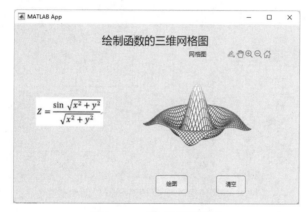

图 8.47　三维曲面图界面

【实战练习 8-14】使用傅里叶变换绘制频谱分析图

设信号为：

$$y=\sin(2\pi500t)+\sin(2\pi600t)+\sin(2\pi520t)$$

根据采样点 1000，采样周期 1/10000，采用 FFT 分析频谱并使用 App 绘图，操作步骤如下：

（1）在 MATLAB 主界面上选择 APP 选项卡，单击"设计 App"按钮，再选择"可自动调整布局的二栏式 App"，在打开的画布上，左栏添加 1 个标签、1 个图像、1 个日期选择器、2 个编辑字段（数值）和 2 个按钮组件，右栏添加 1 个标签和 2 个坐标区组件，如图 8.48 所示。

（2）单击"图像"组件，添加 MATLAB2023 的 logo 图片，在"组件浏览器"中，分别修改组件的 Text 属性，用于显示标题和人机交互的数据标识，其中一个标签添加标题，另一个添加信号表达式，如图 8.49 所示。

（3）选中"绘图"按钮，在"组件浏览器"中单击"回调"按钮，选择 ButtonPushed 按钮，编写回调函数代码如下：

```
N=app.A1.Value;                    %采样点数
dt=1/app.A2.Value;                 %采样周期
```

```
 t=0:dt:(N-1)*dt;
 y=sin(2*pi*500*t)+sin(2*pi*600*t)+sin(2*pi*520*t);              %信号
plot(app.UIAxes,t,y)
title(app.UIAxes,'时域信号')
PH2=(fft(y));                                    %将时域信号 fft 变成频域
P2 = (PH2/N);                                    %幅值修正
P1 = P2(1:N/2+1);                                %选取前半部分(fft 变换后为对称的双边谱)
P1(2:end-1) = 2*P1(2:end-1);
f = app.A2.Value*(0:(N/2))/N;
plot(app.UIAxes2,f,abs(P1))                      %绘制频域信号
title(app.UIAxes2','频域信号')
```

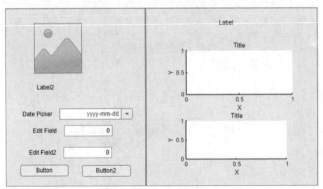

图 8.48   傅里叶变换频谱分析界面组件

（4）方法同上，"重置"按钮的代码：

```
cla(app.UIAxes);                                 %清除绘图
cla(app.UIAxes2);
```

输出结果如图 8.49 所示。

图 8.49   傅里叶变换频谱分析图

【**实战练习 8-15**】利用画布显示一幅图片

设计一个 App 界面，可任意选择一幅*.jpg 图片文件，显示在指定的界面中。

操作步骤如下：

在 MATLAB 主界面上选择"新建"→"脚本"，在打开的脚本编辑器中编写代码：

```
clear;
[filename, pathname] = uigetfile( '*.jpg', '读一幅图片文件' )
img = imread( [pathname, filename] );
imshow(img);
```

单击"运行"按钮，打开文件夹选择，显示文件路径及图片文件名，若选中了 s5.jpg 图片，单击"打开"按钮，即可在 App 上显示添加的图片，如图 8.50 所示。

图 8.50　在 App 上添加图片运行界面

【**实战练习 8-16**】利用 App 制作一张工作证

操作步骤如下：

（1）在画布上添加 1 个坐标区、1 个标签、3 个编辑字段（文本）、1 个图像、1 个按钮和 1 个文本区域，如图 8.51 所示。

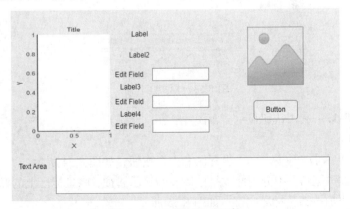

图 8.51　工作证界面组件

（2）在"组件浏览器"上，分别修改组件的 Text 属性，用于显示标题和人机交互的数据标识，单击图像组件，添加 logo 图片，在编辑字段中添加文字，如图 8.52 所示。

图 8.52　修改工作证组件属性

（3）选中"提交照片"按钮，在"组件浏览器"中单击"回调"按钮，选择 ButtonPushed 选项，编写回调函数代码如下：

```
function ButtonPushed(app, event)
  [filename, pathname] = uigetfile( '*.jpg', '读一幅图片文件' );
  img = imread( [pathname, filename] );
  imshow(img,'Parent',app.UIAxes);
end
```

（4）单击"运行"按钮，在界面上输入数据并上传照片，结果如图 8.53 所示。

图 8.53　模拟工作证

【实战练习 8-17】利用按钮显示多幅图片

操作步骤如下：

（1）在画布上添加 1 个标签、1 坐标区和 5 个按钮，如图 8.54 所示。

（2）在"组件浏览器"中分别修改组件标签的显示属性，将坐标区上的标签"刻度"、"标签"均删除，并添加按钮及标题文字，如图 8.55 所示。

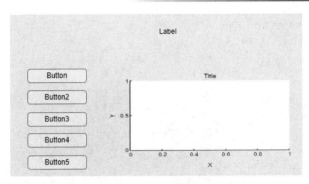

图 8.54　显示图片组件

图 8.55　修改坐标区组件属性

（3）在 5 个按钮上，分别编写回调函数，并修改相应的图片标题（title）和文件名。例如：选中图 8.56 "校园美景 1" 按钮，在 "组件浏览器" 中单击 "回调" 按钮，选择 ButtonPushed 选项，编写回调函数代码如下：

```
title(app.UIAxes,'校园美景1');        %添加标题
file="smbu1.jpg"                      %添加图片文件
im=imread(file)                       %读入图片文件
imshow(im,'Parent',app.UIAxes)        %显示图片
```

（4）单击不同按钮，分别添加第（3）步的回调代码并修改标题和图片文件，显示结果如图 8.56 和图 8.57 所示。

图 8.56　校园美景展示界面 1

图 8.57　校园美景展示界面 2

【实战练习 8-18】在画布中的动画显示

在 UI 界面上将 k1.png～k9.png 共 9 幅连续静态图片显示为动画。

操作步骤如下：

（1）在画布上添加 1 个标签用于标题、1 个坐标区用于显示动画、1 个按钮用于播放显示动画，在"组件浏览器"中修改标签和按钮的显示属性，结果如图 8.58 所示。

（2）选中"开始播放"按钮，在"组件浏览器"中单击"回调"按钮，选择 ButtonPushed 选项，编写回调函数代码如下：

图 8.58　动画组件属性修改

```
function ButtonPushed(app, event)      %系统自动产生的按钮单击事件框架
  for i=1:9                            %循环 9 次分别添加 9 幅图片
    c=strcat('k',num2str(i));         %图片文件名为 k1～k9
    c=strcat(c,'.png');               %添加图片扩展名
    [n,cmap]=imread(c);               %读图像数据和色阵
    imshow(n,'Parent',app.UIAxes);    %指定坐标区绘图
    colormap(cmap);                   %添加颜色阵列
    m(:,i)=getframe;                  %保存画面
  end
  movie(m,20)                          %播放动画
end
```

说明：需要将 k1.png～k9.png 9 张图片存储在当前目录下，否则编程需要添加路径。

（3）单击"开始播放"按钮，截取的动画显示效果如图 8.59 所示。

图 8.59　动画显示效果界面

8.7　列表框与下拉框

列表框和下拉框组件可使 UI 更加紧凑，当存在多个可选项时，可将选项限制为列表框或下拉框的某一项，这样，不仅确保用户输入正确，且层次清晰。

8.7.1　列表框（ListBox）

列表框组件提供了一个从数据集合中快速选择某项值的方式，一般是从列表中选择某一项，Items 属性定义选项，在回调函数中常配合 switch..end 进行分支选择，使用步骤为：

（1）将列表框组件拖动到画布上，默认是 4 项，单击"+"增加项数，单击"–"减少项数，如图 8.60 所示。

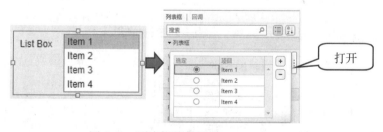

图 8.60　列表框组件属性

（2）在列表框属性中可修改列表项标签，修改方法如图 8.61 所示。

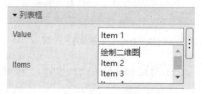

图 8.61　列表框组件属性修改方法

（3）选中列表项，单击"回调"按钮，回调函数有三项选择，如图 8.62 所示。

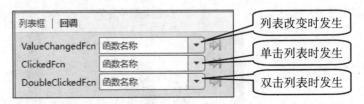

图 8.62　列表框的回调函数

【实战练习 8-19】利用列表框绘制网格和球面图

操作步骤如下：

（1）在画布上添加 1 个标签、1 坐标区和 1 个列表组件，如图 8.63 所示。

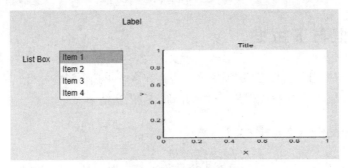

图 8.63　列表框绘图组件

（2）在"组件浏览器"中修改列表框属性，添加一个数据项并修改显示标签，如图 8.64 所示。

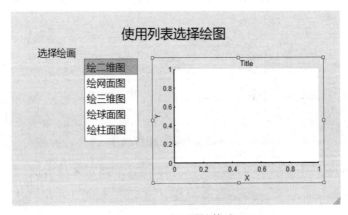

图 8.64　界面属性修改

（3）选中列表框组件，在"组件浏览器"中单击"回调"按钮，选择 ListBox2ValueChanged 选项，编写回调函数代码如下：

```
value = app.ListBox.Value;
 switch value
  case "绘二维图"
    title(app.UIAxes,'绘制二维图');
    x=0:0.1:2*pi;
    y=sin(x);
    plot(app.UIAxes,y,x,'r-O')
    grid(app.UIAxes,"on")
  case "绘网面图"
     title(app.UIAxes,'绘制网面图');
    [x,y]=meshgrid(-8:0.5:8);
    z=sin(sqrt(x.^2+y.^2))./sqrt(x.^2+y.^2+eps);
    surf(app.UIAxes,x,y,z);
    grid(app.UIAxes,"on")
  case "绘三维图"
    title(app.UIAxes,'绘制三维图');
    t = -10*pi:pi/250:10*pi;
    x=sin(t)+sin(2*t)
    y=cos(t)+cos(2*t)
    plot3(app.UIAxes,x,y,t)
    grid(app.UIAxes,"on")
  case "绘球面图"
    title(app.UIAxes,'绘制球面图');
    sphere(app.UIAxes,30)
    grid(app.UIAxes,"on")
  case "绘柱面图"
    title(app.UIAxes,'绘制柱面图');
    t=0:pi/10:2*pi;
    [X,Y,Z]=cylinder(2+(cos(t)).^2);
    surf(app.UIAxes,X,Y,Z);
    grid(app.UIAxes,"on")
end
```

结果如图 8.65 所示。

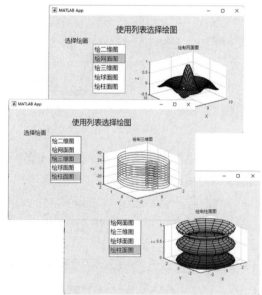

图 8.65　列表框绘图运行结果

8.7.2　下拉框（DropDown）

下拉框组件与列表框组件功能相似，均是用于在多项列表中选择某一项，所不同的是，下拉框隐藏了列表项，仅显示第一项，单击右侧的箭头能显示所有列表项。列表框组件是默认情况下显示所有列表项。其中：Items 为属性定义选项，ItemsData 为定义选项对应的数据，如果默认，则 Items 也可作为数据。在回调函数中，常配合 switch...end 语句进行分支选择。

【实战练习 8-20】利用下拉框绘制三维特色图

利用下拉框选择列表中不同三维特色绘图项。

操作步骤如下:

(1)在画布上添加 1 个标签、1 坐标区和 1 个下拉框组件,如图 8.66 所示。

(2)在"组件浏览器"中修改下拉框属性,添加标题、按照绘图项目修改下拉框数据项标签,如图 8.67 所示。

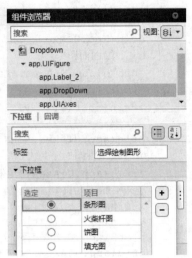

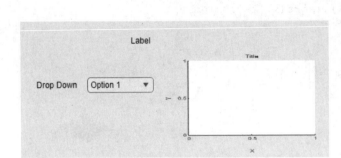
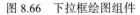

图 8.66　下拉框绘图组件　　　　　　图 8.67　下拉框组件属性

(3)选中下拉框组件,在"组件浏览器"中单击"回调"按钮,选择 DropDownValueChanged 选项,编写回调函数代码如下:

```
function DropDownValueChanged(app, event) %系统自动产生的下拉框改变事件框架
value = app.DropDown.Value;
    switch value
        case "条形图"
          title(app.UIAxes,'魔方矩阵的三维条形图');
          bar3(app.UIAxes,magic(4));
        case "火柴杆图"
         title(app.UIAxes,'三维针状图');
         stem3(app.UIAxes,2*sin(0:pi/6:2*pi));
        case "饼图"
         title(app.UIAxes,'饼图');
         pie3(app.UIAxes,[2347,1827,2043,3025]);
        case "填充图"
         title(app.UIAxes,'填充图');
         fill3(app.UIAxes,rand(3,5),rand(3,5),rand(3,5),' ');
    end
end
```

(4)结果如图 8.68 所示。

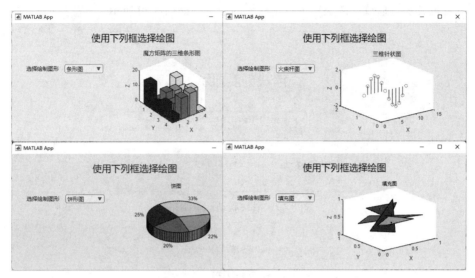

图 8.68　下拉框绘图运行结果

8.8　滑块、微调器与选项卡

使用滑块组件可编写滚动条窗口，常用于改变数值的大小及显示比例。微调器一般和其他组件联合使用，用于加一和减一的操作。

8.8.1　滑块（Slider）

滑块组件常用于仪表的刻度显示，通过拖动滑块改变刻度值，包括温度、湿度、电阻、电容值等。

【实战练习 8-21】设计滑块与编辑文本联动界面

操作步骤如下：

（1）在画布上添加 1 个标签、1 个滑块和 1 个编辑字段（数值）组件，在属性框中修改各组件的显示标签，并添加背景颜色。

（2）选中滑块组件，在"组件浏览器"中，单击"回调"按钮，选择 SliderValueChanged 选项，编写回调函数代码如下：

```
function SliderValueChanged(app, event)%系统自动产生的滑块改变事件框架
    value = app.Slider.Value;
    set(app.show,'value',value);
end
```

（3）结果如图 8.69 所示。

【实战练习 8-22】利用 App 设计音乐播放界面

制作一个包含下拉框、按钮、滑块的组合界面，通过下拉列表选择不同的歌曲名，将选

中的歌名变色并进行播放，滑块用于控制播放的速度，如图 8.70 所示。

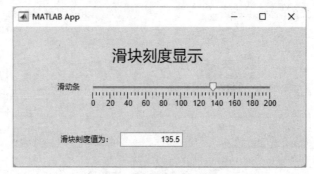

图 8.69　滑块联动运行结果

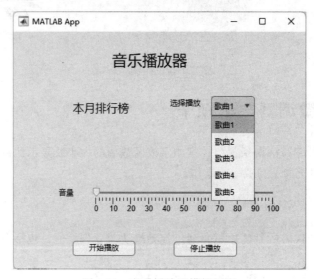

图 8.70　音乐播放器模拟界面

操作步骤如下：

（1）在画布上添加 2 个标签、1 个列表框、1 个滑块和 2 个按钮组件，其中滑块组件默认 Max 值设为 100，Min 值设为 0，如图 8.71 所示。

（2）在"组件浏览器"中，修改各个组件的 Text 显示属性添加标题及说明，再选中列表框组件，单击"回调"按钮，选择 ListBox2ValueChanged 选项，编写回调函数代码如下：

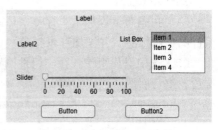

图 8.71　播放器界面组件

```
function ListBoxValueChanged(app, event)
    value = app.ListBox.Value;
    switch value
```

```
    case "歌曲 1"
     clear sound;
    [y,da]=audioread('fly.mp3');            %读入声音文件歌曲 1.mp3
    sound(y,da)                             %由声卡播放声音
    case "歌曲 2"
     clear sound;
     [y,da]=audioread('jin.mp3');           %读入声音文件歌曲 2.mp3
    sound(y,da)                             %由声卡播放声音
    case "歌曲 3"
     clear sound;
     [y,da]=audioread('sun.mp3');           %读入声音文件歌曲 3.mp3
     sound(y,da)                            %由声卡播放声音
     ...
     end
  end
```

（3）建立一个按钮对象用于启动播放器，在回调函数中编写代码：

```
[y,da]=audioread('fly.mp3');            %读入声音文件歌曲 1.mp3
    sound(y,da);                        %由声卡播放声音
```

其中，y 为音频信号矩阵，da 为采样率，即单位时间的样本个数（Hz），第一种用法默认 da 为 8192Hz。

（4）选中"停止播放"按钮，在"组件浏览器"中，单击"回调"按钮，选择 ButtonPushed 选项添加代码：

```
clear sound;
```

（5）选中"开始播放"按钮，在"组件浏览器"中，单击"回调"按钮，选择 ButtonPushed 选项，编写回调函数代码如下：

```
function ButtonPushed(app, event)
  val=app.ListBox.Value;
  val=round(val);
  set(app.slider,'value',val);
end
```

单击"运行"按钮，结果如图 8.70 所示。

8.8.2　微调器（Spinner）

微调器组件允许用户从某个范围值中选择微调节值，常用于电气元件的可变电阻器（电位器）、可变电容器或可微调电感器，微调器是视觉指示器，单击上下箭头用于加 1 和减 1 操作。

【实战练习 8-23】设计微调器与滑块的联动界面

设计一个 UI，使微调器、滑块联动，即当改变微调器和滑块的任一值时，两个组件的值均可同步改变，并在编辑字段中实时显示。

操作步骤如下:

(1)在画布上添加 1 个标签、1 个微调器、1 个滑块和 1 个编辑字段(数值)组件,在"组件浏览器"中修改各个组件的标签为界面的标题及说明,如图 8.73 所示。

(2)在"App 设计工具"界面上选择"编辑器"模块,从工具栏上选择"属性"→"私有属性"命令,命名为 Var,便于多组件在界面上使用公共变量,如图 8.72 所示。

图 8.72 设置私有属性公共变量

(3)选中"微调器"组件,在"组件浏览器"中单击"回调"按钮,选择 ValueChangedFcn 选项,编写回调函数代码如下:

```
value = app.Spinner.Value;
Var=value;                          %设置公共变量
set(app.Slider,"value",Var)         %显示在滑块中
set(app.EditField,"value",Var)      %显示在编辑字段中
```

(4)选中"滑块"组件,在"组件浏览器"中单击"回调"按钮,选择 ValueChangeFcn 选项,编写回调函数代码如下:

```
value = app.Slider.Value;
Var=value;
set(app.Spinner,"value",Var)
set(app.EditField,"value",Var)
```

运行结果如图 8.73 所示。

图 8.73 微调器与滑块的联动运行界面

【实战练习 8-24】App 综合界面设计

编写一个学习 MATLAB 的调查界面,并在界面上显示提交的信息。

操作步骤如下:

(1)在画布上,添加 1 个标题标签、2 个编辑字段、1 个下拉框、1 个日期选择器、5 个复选框、1 个按钮组、1 个列表框、1 个列表和 2 个按钮组件。

(2)为了集中显示提交的信息,在面板上添加 8 个编辑字段(文本),在"组件浏览器"中,分别修改组件的 Text 属性,用于显示标题和人机交互的数据标识,如图 8.74 所示。

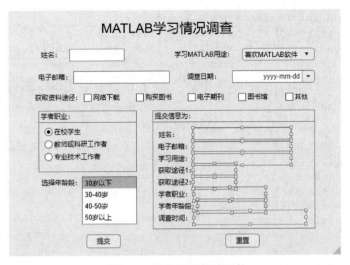

图 8.74　综合界面设计组件

（3）选中"提交"按钮，在"组件浏览器"中单击"回调"按钮，选择 ButtonPushed 选项，编写回调函数代码如下：

```
function submitButtonPushed(app, event)
        app.name.Text =app.nameEdit.Value;
        app.email.Text =app.Editemail.Value;
        app.use.Text=app.Used.Value;
        if app.CheckBox.Value==1
          app.obtain.Text = '网络下载';
        end
        if app.CheckBox2.Value==1
          app.obtain2.Text = '购买图书';
        end
        if app.CheckBox3.Value==1
          app.obtain3.Text = '电子期刊';
        end
        if app.CheckBox4.Value==1
          app.obtain4.Text = '图书馆';
        end
        if app.CheckBox5.Value==1
          app.obtain5.Text = '其他';
        end
          if app.Button_2.Value==1
              type='在校学生';
          elseif app.Button_3.Value==1
              type='教师或科研工作者';
          else
              type='专业技术工作者'
          end
```

```
        app.professional.Text=type;
        app.age.Text=app.ListBox.Value;
        app.datetime.Text=datestr(app.DatePicker.Value);
end
```

（4）选中"重置"按钮，在"组件浏览器"中单击"回调"按钮，选择 ButtonPushed 选项，编写回调函数代码如下：

```
function ButtonPushed(app, event)
        app.name.Text ='';                          %清空编辑字段的姓名
        app.email.Text ='';
        app.use.Text='';
        app.obtain.Text = '';
        app.obtain2.Text = '';
        app.obtain3.Text = '';
        app.obtain4.Text = '';
        app.obtain5.Text = '';
        app.professional.Text='';
        app.age.Text='';
        app.datetime.Text='';
end
```

（5）运行结果如图 8.75 所示。

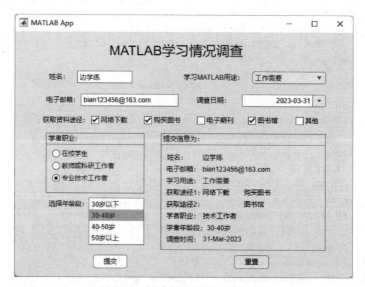

图 8.75　综合界面设计运行结果

8.8.3　选项卡（TabGroup）

选项卡组件是在界面展示不同内容的一个方法，它能很方便地在窗口上放置多个标签页，每个标签页相当于一个与图形窗口相同大小的组件摆放区域，每个区域可放置不同的操作内容。例如 MATLAB 主界面中有"主页""绘图"和"APP"选项卡，分别展示了三种不同操作环境，当界面内容比较多时，可按照选项卡进行分类设计界面，以体现不同操作功能。

说明：选项卡操作示例见【实战练习 8-32 】。

8.9　表与树

用户界面上的表组件，可将数据按照行、列排列有序，其作用是将复杂的数据进行整合和细化，以便更好地管理和分析数据；树组件主要用来有层次地显示数据，就像一层一层的文件夹，使用户能够快速定位或查询。

8.9.1　表（UITable）

App 的表组件能将 Excel 中的表显示在画布上，且可在界面上增加、删除、修改表数据，最后存储到 Excel 表中，方便实现 App 与 Excel 的数据交互，其使用方法包括：

1. 基本语法

```
uit = uitable                          %在当前图形窗口中创建表组件，并返回表 UI 组件
uit = uitable(Name,Value)              %使用一个或多个名-值对参数指定表 UI 组件的属性值
uit = uitable(parent,Name,Value)       %指定父容器和一个或多个属性值
[file_data] = readtable(File_Name);    %通过从文件中读取列向数据来创建表
app.UITable.Data = file_data;          %将数据显示在 UITable 中
```

例如：读一个 excel 表数据到表中：

```
data = readtable('excel 文件名称.xlsx');
app.UITable.Data = data;
```

若只读数据不需在 UI 创建表，则使用 xlsread。

```
app.UITable.ColumnName = file_data.Properties.VariableNames;
%复制 xlsx 的表头到 UITable 中
```

2. 在App上创建表

```
table1=[rowcol];                       %row 为行数，col 为列数
varTypes = {'数据类型 1','数据类型 2',…};    %每列的数据类型
varNames = {'字段名 1','字段名 2',…};      %建立表头
T = table('Size',table1,'VariableTypes',varTypes,'VariableNames',
varNames);
app.UITable.Data = T;                  %将表大小、类型、名称赋给表数据
```

3. 增加行数据

```
Data=app.UITable.Data
n={[ ],[ ]};
app.UITable.Data=[Data;n];
```

4. 删除第row行

```
row=app.RownumberEditField.Value;
app.UITable.Data(row,:)=[];
```

5. 删除第col列

```
row=app.RownumberEditField.Value;
app.UITable.Data(:, col)=[];
```

6. 程序初始化时将表格设置为可编辑

```
set(app.UITable,'ColumnEditable',true,'ColumnSortable',true)
```

7. 将app中的表数据写到Excel中

```
temp='路径名\文件名.xlsx'
writetable(app.UITable.Data,temp,'Sheet',1)
```

8.9.2 表操作案例

【**实战练习 8-25**】在 App 上创建、修改成绩表

要求在 App 界面上创建表，实现在界面上实时修改，并
完成导出表数据到 Excel 文件。

操作步骤如下：

（1）拖动 1 个标签、1 个表、3 个按钮和 4 个可编辑字段
（数值）组件到画布中，修改显示标签属性，并将 4 个可编辑
字段的名称分别改为 app.num、app.score、app.n1、app.s1，
便于引用变量编程，如图 8.76 所示。

（2）对应修改后的 UI 编辑界面如图 8.77 所示。

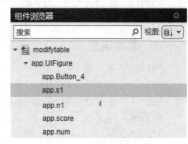

图 8.76　修改组件名称

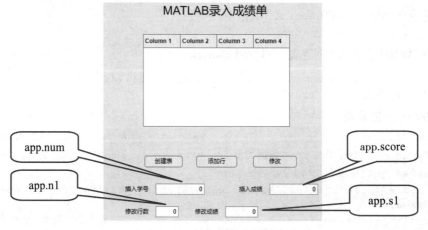

图 8.77　录入成绩界面组件

（3）分别选中"创建表""添加行"和"修改"按钮，在"组件浏览器"中单击"回调"
按钮，选择 ButtonPushed 按钮，编写回调函数代码如下：

创建表按钮：

```
table1=[4 2];                        %row 为行数，col 为列数
varTypes = {'double','double'};      %定义每列的数据类型
```

```
varNames = {'num','score'};                                    %建立表头
T = table('Size',table1,'VariableTypes',varTypes,'VariableNames',
varNames);
app.UITable.Data = T;
app.UITable.ColumnName = T.Properties.VariableNames;           %读表头
set(app.UITable,'ColumnEditable',true,'ColumnSortable',true)   %设置表为可
                                                               %修改
```

添加行按钮:

```
Data1=app.UITable.Data;
n1=app.num.Value;
n2=app.score.Value;
n={n1,n2};
app.UITable.Data=[Data1;n];
```

修改按钮:

```
nr=app.nr.Value;
sr=app.sr.Value;
t=app.UITable.Data;
t.score(nr)=sr;
app.UITable.Data=t;
```

（4）添加一个"导出到表"按钮，编程如下:

```
temp='d:\matlab_exp\dd.xlsx'
writetable(app.UITable.Data,temp,'Sheet',1)
```

单击"运行"按钮，结果如图 8.78 所示。

图 8.78　录入成绩界面

导出 Excel 表用于保存数据，如表 8.11 所示。

【实战练习 8-26】在 App 上显示 Excel 成绩数据并绘图

已有学生成绩 Excel(d.xlsx)如表 8.12 所示，使用 App 设计界面显示数据并绘制图形。

表 8.11　导出的Excel表

	A	B
1	num	score
2	101	90
3	102	100
4	103	80
5	104	81
6	105	65

表 8.12　学生成绩表

	A	B	C	D
1	序号	学号	姓名	成绩
2	1	474	何洁则	80
3	2	475	张仪	78
4	3	476	陈星星	98
5	4	477	范莉莉	60
6	5	478	胡明	50
7	6	479	江云群	89
8	7	480	姜杞	70
9	8	481	李隆可	80
10	9	482	刘中鑫	81
11	10	483	牛强盛	69
12	11	484	潘臣发	88

操作步骤如下：

（1）在画布上添加 1 个标签、1 个表、1 个坐标区和 1 个按钮组件，在"组件浏览器"中修改各个组件 Text 属性，包括标题和按钮显示，如图 8.79 所示。

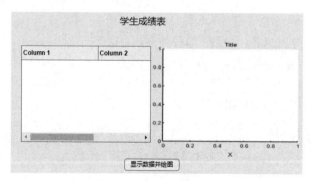

图 8.79　学生成绩界面组件

（2）选中表组件，在"组件浏览器"中修改表的可编辑和可排序属性，在相应的位置打对钩并修改组件的显示标签，如图 8.80 所示。

图 8.80　修改表可编辑属性

（3）选中"显示数据并绘图"按钮，在"组件浏览器"中单击"回调"按钮，选择 ButtonPushed 选项，编写回调函数代码如下：

```
function ButtonPushed(app, event)
    t=readtable("d.xlsx");                                    %读取 Excel 表数据到变量 t 中
    app.UITable.Data=t;                                      %将 t 赋给 App 上的表组件
    app.UITable.ColumnName = t.Properties.VariableNames;      %读表头
    t.Properties.VariableNames{1} ='序号';
    t.Properties.VariableNames{2} ='学号';
    t.Properties.VariableNames{3} ='姓名';
    t.Properties.VariableNames{4} ='成绩';
    x=table2array(t(:,'学号'));
    y=table2array(t(:,'成绩'));
    bar(app.UIAxes,x,y);
    grid(app.UIAxes,"on");
    title(app.UIAxes,"学生成绩");
end
```

单击"运行"按钮，结果如图 8.81 所示。

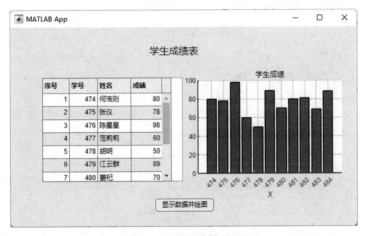

图 8.81 学生成绩界面

【实战练习 8-27】设计城市温度变化表并绘图

某南方城市一年温度变化如表 8.13 所示，设计显示、修改、保存数据和绘图的用户界面。

表 8.13 温度数据Excel表

Month	Degree
1	7
2	12
3	10

续表

Month	Degree
4	30
5	26
6	30
7	35
8	32
9	27
10	29
11	20
12	18

操作步骤如下：

（1）拖动 1 个标签、1 个日期选择器、1 个表、1 个坐标区、2 编辑字段（数值）和 4 个按钮组件到画布中，修改标题和按钮组件 Text 属性，并将 2 个编辑字段变量名改为 app.m 和 app.d，方便提取改变的月份和温度值，如图 8.82 所示。

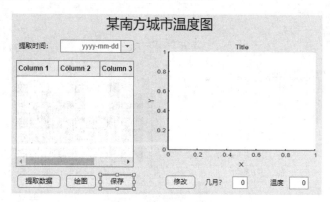

图 8.82　温度变化界面组件

（2）在代码视图中，选择工具栏的"属性"命令，可以添加一个私有属性变量，这样在其他按钮引用表数据变量时，可使用 app.t 调用表数据，防止编译出错，添加私有属性变量的方法如图 8.83 所示。

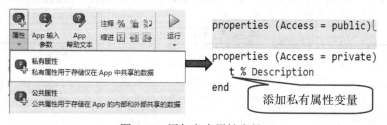

图 8.83　添加私有属性变量

（3）分别选中"提取数据""绘图""修改"和"保存"按钮，在"组件浏览器"中单击"回调"按钮，选择 ButtonPushed 选项，编写回调函数代码如下：

"提取数据"按钮：

```
app.t=readtable("degree.xlsx");
app.UITable.Data=app.t;
app.UITable.ColumnName = app.t.Properties.VariableNames;          %读表头
set(app.UITable,'ColumnEditable',true,'ColumnSortable',true)     %设置表为可
                                                                 %编辑
```

"绘图"按钮：

```
app.t.Properties.VariableNames{1} ='Month';
app.t.Properties.VariableNames{2} ='Degree';
x=table2array(app.t(:,'Month'));
 y=table2array(app.t(:,'Degree'));
scatter(app.UIAxes,x,y,50,'filled','p');
grid(app.UIAxes,"on");
title(app.UIAxes,"某城市 12 个月平均气温");
xlabel(app.UIAxes,"Month")
ylabel(app.UIAxes,"Degree")
```

"修改"按钮：

```
m=app.m.Value;                          %m 为修改的月数
d=app.d.Value;                          %d 为修改的温度值
app.t=app.UITable.Data;
app.t.Degree(m)=d;
app.UITable.Data=app.t;
```

"保存"按钮：

```
temp='d:\matlab_exp\degree.xlsx'
writetable(app.UITable.Data,temp,'Sheet',1)
```

运行结果如图 8.84 所示。

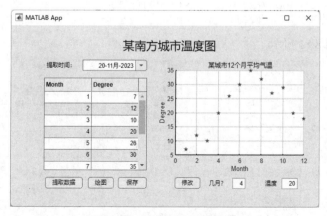

图 8.84　温度变化运行结果

8.9.3 树（Tree）

树是表示 App 层次结构项目中列表的一种 UI 组件，可通过属性控制树组件的外观和行为。树组件的每个顶层节点表示一个文件夹，每个子节点表示一个文件，通过树组件能方便地查看所有节点。MATLAB 的 App 提供了两种树组件，分别是标准树(app.Tree2)和复选框树(app.Tree)，用于表示项目的列表和复选框的列表。

语法格式：

```
t = uitree;                       %在新的图形窗口中创建一个标准树，并返回树对象
t = uitree(style);                %创建指定样式的树，将 style 指定为 checkbox 以创
                                  %建复选框树，而不是标准树
t = uitree(parent);               %在指定的父容器中创建标准树
t = uitree(parent,style);         %在指定的父容器中创建指定样式的树
```

【实战练习 8-28】创建标准树和复选框树组合界面

使用命令分别创建标准树和复选框树。

操作步骤如下：

在 MATLAB 主界面上选择"新建"→"脚本"命令，在打开的编辑器中编写代码：

```
fig = uifigure;                                      %创建 App 图形窗口
t1 = uitree(fig,'Position',[200,220,220,100]);       %在指定位置创建标准树
parent = uitreenode(t1,'Text','你喜欢的颜色');
child1 = uitreenode(parent,'Text','红色');
child2 = uitreenode(parent,'Text','黑色');
child3 = uitreenode(parent,'Text','白色');
t = uitree(fig,'checkbox');                           %在指定位置创建复选框树
parent = uitreenode(t,'Text','你喜欢的颜色');
child1 = uitreenode(parent,'Text','红色');
child2 = uitreenode(parent,'Text','黑色');
child3 = uitreenode(parent,'Text','白色');
expand(t)
```

运行结果如图 8.85 所示。

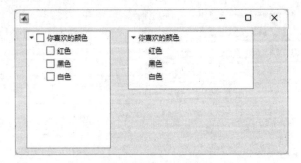

图 8.85　标准树和复选框树组合界面

【实战练习 8-29】创建二级树结构界面

使用命令创建一个二级图书目录的树形结构。

操作步骤如下：

在 MATLAB 主界面上选择"新建"→"脚本"命令，在打开的编辑器中编写代码：

```
fig = uifigure;                                        %创建 App 图形窗口
lbl = uilabel(fig);
lbl.Text = "MATLAB 实战编程";                          %添加标题
lbl.FontSize = 18;
lbl.Position = [30 320 300 60];
t = uitree(fig);
%Parent Menu 主菜单
n1=uitreenode(t,"Text","App 基本组件的使用")
n2=uitreenode(t,"Text","App 仪器组件的使用")
n3=uitreenode(t,"Text","App 菜单设计的使用")
%Child Menu 子菜单
 n11 = uitreenode(n1,"Text","实战练习 1");
 n12 = uitreenode(n1,"Text","实战练习 2");
 n13 = uitreenode(n1,"Text","实战练习 3");
 n21 = uitreenode(n2,"Text","实战练习 4");
 n22 = uitreenode(n2,"Text","实战练习 5");
 n31 = uitreenode(n3,"Text","实战练习 6");
 n32 = uitreenode(n3,"Text","实战练习 7");
 n33 = uitreenode(n3,"Text","实战练习 8");
expand(t)
```

运行结果如图 8.86 所示。

图 8.86　图书目录树界面

8.10　仪器

使用 MATLAB App 中的仪器组件，可模拟设计工作间的操作盘，能实时仿真真实场景，包括设置仪器的显示方式、测试结果、显示曲线、启动方式，可按用户使用情况选择单位和精度。

【实战练习 8-30】设计电控信号监测界面

操作步骤如下：

（1）在画布中添加 1 个标签、1 个旋钮、1 个信号灯和 1 编辑字段（文本）组件，如图 8.87 所示。

（2）在"组件浏览器"中，修改各组件的 Text 属性，包括标题和组件的显示标签。

（3）选中 Knob 旋钮组件，在"组件浏览器"中单击"回调"按钮，选择 ValueChanged 选项，编写回调函数代码如下：

```
function KnobValueChanged(app, event)        %系统自动提供的旋钮改变事件框架
    value = app.Knob.Value;
  if  value>=240                              %电压>=240
    app.Lamp.Color='red'                      %信号灯为红色
     set(app.EditField,"value","电压超过预警值")
  elseif value<200
    app.Lamp.Color='yellow'                   %信号灯为黄色
    set(app.EditField,"value","电压低不能正常启动")
  else
    app.Lamp.Color='green'                    %恢复信号灯为绿色
    set(app.EditField,"value","电压在正常范围内")
  end
end
```

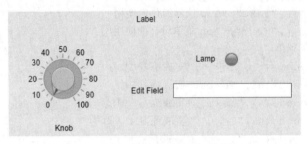

图 8.87　电控信号监测界面组件

（4）运行结果如图 8.88 所示。

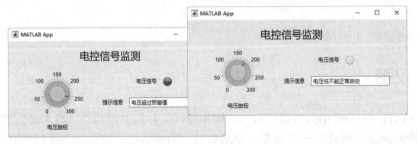

图 8.88　电控信号运行结果

【实战练习 8-31】设计工作台操作界面

创建一个模拟工作台操作界面，要求：

（1）滑块到达 80% 时显示提示信息并使信号灯变成红色；

（2）根据选择的频率和设定的偏移量绘制正弦曲线，设角频率变量是 x，则幅度变量 $y=\sin(x+x1)$，其中 $x1$ 为设置的偏移量。如图 8.89 所示。

操作步骤如下：

（1）在画布上先添加 1 个标题标签、2 个文本编辑字段和 1 个日期选择器组件，如图 8.90 所示。

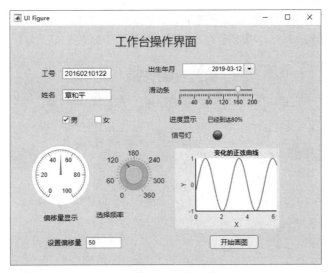

图 8.89　模拟工作台操作界面

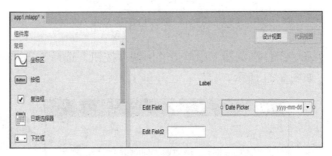

图 8.90　模拟工作台操作部分组件

（2）选中 Label，在"组件浏览器"中，修改 Text 和 FontSize 属性，如图 8.91 所示。

（3）拖动滑块组件到画布合适的区域，在"组件浏览器"中修改 Text 属性为"滑动条"，并在 limits 属性中修改值为[0,200]，如图 8.92 所示。

图 8.91　Label 属性设置

图 8.92　滑块组件编辑

（4）继续在画布上依次拖动 2 个复选框、2 个标签、1 个信号灯、1 个仪表、1 个旋钮、1 个坐标区、1 个编辑字段和 1 个按钮，在"组件浏览器"中修改 Label 为标题，如图 8.93 所示。

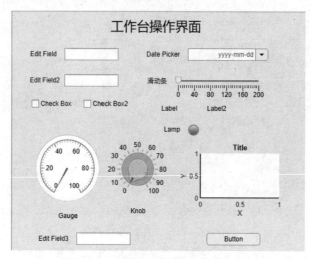

图 8.93　模拟工作台操作界面组件

（5）选中滑块，在"组件浏览器"中单击"回调"按钮，选择 SliderValueChanged（滑块值改变事件）选项，如图 8.94 所示。

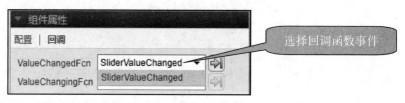

图 8.94　滑块组件回调函数

（6）如果滑块值达到满刻度的 80%，在图 8.93 上的 Label2 中显示"已经到达 80%"，同时，将信号灯 Lamp 点亮。选中滑块组件，在"组件浏览器"中单击"回调"按钮，选择 ValueChangedFcn 选项，编写回调函数代码如下：

```
function SliderValueChanged(app, event)
    value = app.Slider.Value;            %取滑动条值
    if value==160                        %满足给定条件
    app.Label_12.Text='已经到达 80%';     %标签显示
    app.Lamp.Color='red'                 %信号灯变红色
    end
end
```

（7）依据图 8.93 所示，在"组件浏览器"中分别修改各个组件的 Text 属性，其中，Lamp 为"信号灯"、label1 为"进度显示"、Gauge 为"偏移量显示"、Knob 为"选择频率"、Edit Field3 为"设置偏移量"、Button 为"开始画图"，如图 8.89 所示。

（8）选中图 8.89 的"开始画图"按钮，在"组件浏览器"中单击"回调"按钮，选择 ButtonPushed 选项，编写回调函数代码如下：

```
function ButtonPushed(app, event)
    f = app.Knob.Value;                              %取旋钮的值
    theta =f/180*pi;                                 %变成弧度
    x = linspace(0,2*pi,60);                         %构建横坐标
  app.Gauge.Value=str2num(app.EditField_3.Value);    %取"设置偏移量"的值
    x1=app.Gauge.Value;                              %取偏移量
    y = sin(theta*x+x1);                             %求正弦输出
    plot(app.UIAxes, x, y,'LineWidth', 0.2);         %绘图
  end
end
```

（9）单击"运行"按钮，结果如图 8.89 所示。

【**实战练习 8-32**】设计一个模拟稳压电源操作界面

操作步骤如下：

（1）在画布上，先添加一个选项卡组件，如图 8.95 所示。

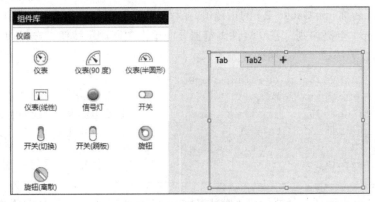

图 8.95　添加选项卡组件

（2）继续添加 1 个仪表（90 度）、1 个仪表（半圆形）、1 个仪表（线性）、1 个旋钮、1 个旋钮（离散）、1 个开关和 3 个信号灯组件到画布上，并进行合理布局；在"组件浏览器"中修改各组件的 Text 属性，将选项卡组件标签 Tab 和 Tab2 分别修改为"稳压电源"和"示波器"，将其他仪表组件改为相应的名称，如图 8.96 所示。

（3）选中"电源开关"组件，在"组件浏览器"中单击"回调"按钮，选择 TabSizeChanged 选项，编写回调函数代码：

```
Callback function: Switch, Tab
      function TabSizeChanged(app, event)
        app.Lamp_3.Color='red';
      end
```

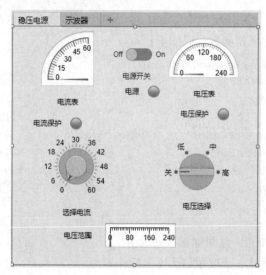

图 8.96　稳压电源界面组件

（4）选中"选择电流"旋钮组件，根据旋钮（默认名称 app.Knob）的位置改变"电流表"90 度仪表（默认名称 app.Gauge_2）的指针值，依照电流超过 30 时将"电流保护"信号灯（默认名称 app.Lamp）点亮原则，在"组件浏览器"中单击"回调"按钮，选择 ValueChangeFcn（旋钮改变值函数）选项，编写回调函数代码：

```
function KnobValueChanged(app, event)
  value = app.Knob.Value;              %取旋钮 app.Knob 的值
    if  value>=30                      %满足电流表大于或等于 30 的条件
        app.Lamp.Color='red'          %信号灯变红色
    else
        app.Lamp.Color='green'        %恢复信号灯为绿色
end
```

（5）选中"电压选择"分档旋钮（默认名称 app.Knob-2）组件，根据取值改变"电压表"半圆形仪表（默认名称 app.Gauge）指针值和"电压范围"线性仪表（默认名称 app.Gauge_3）指针值，依照分档旋钮达到"高"时，"电压保护"灯（默认名称 app.Lamp_2）点亮原则，在"组件浏览器"中单击"回调"按钮，选择 Knob-2ValueChanged（分档旋钮改变事件）选项，编写回调函数代码：

```
function Knob-2ValueChanged(app, event)
    value1 = app.Knob_2.Value;        %取分档旋钮值
    if value1=='低'
        app.Lamp_2.Color='green'
    app.Gauge.Value=80
        app.Gauge_3.Value=80
    elseif value1=='中'
        app.Gauge.Value=160
```

```
            app.Gauge_3.Value=160
        elseif  value1=='高'
         app.Gauge.Value=240
         app.Gauge_3.Value=240
         app.Lamp_2.Color='red'
         else
          app.Gauge.Value=0
          app.Gauge_3.Value=0
           app.Lamp_2.Color='green'
      end
  end
```

（6）单击"运行"按钮，如图 8.97 所示。

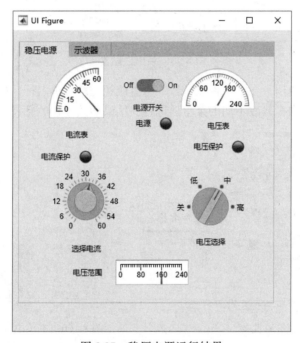

图 8.97　稳压电源运行结果

8.11　菜单设计

菜单能使操作更加简单易用，用户使用时能对包含的一个或多个项目执行一次或多次操作，菜单设计能帮助用户快速找到所需功能。

8.11.1　利用组件创建菜单

【实战练习 8-33】利用"菜单栏"组件创建菜单并选择绘图
操作步骤如下：

（1）拖动"图形窗口工具"中的"菜单栏"到画布上，建立一个菜单界面，其中不同位置的"+"号按钮是分别增加菜单项（增加主菜单和子菜单），系统命名是按照 Menu、menu1、Menu2、…扩充，选中某项，同时在"组件浏览器"中出现菜单命名结构，如图 8.98 所示。

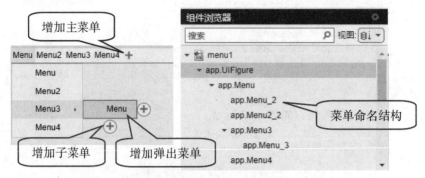

图 8.98　菜单栏设置

（2）选中不同菜单项，在"组件浏览器"中修改相应的菜单名称，如图 8.99 所示。

（3）按照设计要求，修改不同的菜单项标签，结果如图 8.100 所示。

图 8.99　菜单标签属性

图 8.100　主菜单与子菜单标签设置

（4）在不同的菜单项上编写相应的回调函数，即可完成指定的任务。若选中"特色绘图"→"立体网格图 2"子菜单，在"组件浏览器"中单击"回调"按钮，选择 Menu_xSelected 选项，编写回调函数代码如下：

```
ax = axes(app.UIFigure);              %指定在该菜单界面上绘图
x=1:0.1:5; y=x;
[X,Y]=meshgrid(x,y);
Z=(X+Y).^2;
mesh(ax,X,Y,Z);                       %添加 ax 的指定位置
```

单击"运行"按钮，结果如图 8.101 所示。

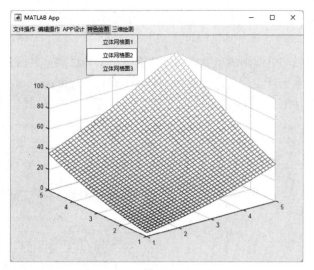

图 8.101　菜单绘图运行结果 1

（5）若选中"三维绘图"项下的"三维绘图 1"子菜单，在"组件浏览器"中单击"回调"
按钮，选择 Menu_10Selected 选项，编写回调函数代码如下：

```
ax = axes(app.UIFigure);
t=0:pi/50:10*pi;
plot3(ax,sin(t),cos(t),t)
```

（6）单击"运行"按钮，结果如图 8.102 所示。

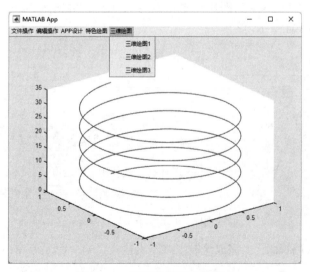

图 8.102　菜单绘图运行结果 2

（7）根据操作步骤（2）～（6）分别添加剩余项菜单绘图的回调函数，即可完成菜单选
择绘图。

【实战练习 8-34】 利用"工具栏"组件创建菜单并选择绘图

操作步骤如下：

（1）拖动"工具栏"组件到画布上，即可建立一个工具栏菜单界面，单击"+"号按钮增加工具栏主菜单项，系统自动命名是按照 app.PushTool1、app.PushTool2、app.PushTool3、…扩充，选中某项，同时在"组件浏览器"上出现该工具栏菜单项属性框，如图 8.103 所示。

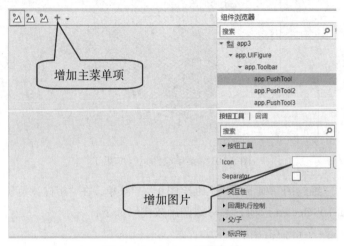

图 8.103　创建工具栏菜单

（2）选中不同菜单项，在"组件浏览器"中添加相应的菜单项图标，添加 3 项菜单的 icon（默认的 icon 图形标志是 3×3 的图片文件），选中第 1 项，再选择 PushToolClicked 选项，编写回调函数，如图 8.104 所示。

图 8.104　工具栏菜单属性设置

（3）在打开的代码视图上，完成绘制三维图表达式：$z=x^2+e^{\sin(y)}$ 范围在$(x \geqslant -10, y \leqslant 10)$的设置，编程代码如下：

```
ax = axes(app.UIFigure);
X=-10:1:10;                          %设置绘图区域为：(x≥-10, y≤10)
Y=-10:1:10;
```

```
[x,y]=meshgrid(X,Y);
z=x.^2+exp(sin(y));              %绘图函数 z=x²+e^{sin(y)}
plot3(ax,x,y,z)
grid(ax,"on");
title(ax,"x.^2+exp(sin(y))")     %添加标题
```

（4）单击第一项图标，运行结果如图 8.105 所示。

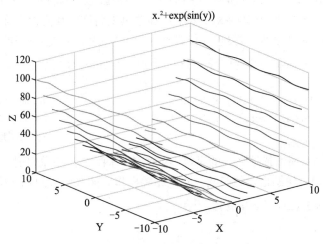

图 8.105　工具栏菜单绘图运行结果

（5）根据操作步骤（2）～（4）分别添加剩余项菜单绘图的回调函数，即可完成菜单绘图。

8.11.2　利用程序命令创建级联菜单

菜单设计一方面使用 App 设计中提供的菜单栏和工具栏组件，另一方面使用程序命令直接创建。使用程序命令创建菜单与编写程序文件的方法相同，在 MATLAB 主界面上选择"新建"→"脚本"命令，在打开的脚本编辑器中添加代码即可。操作步骤如下：

首先使用命令建立图形窗口，它是创建图形用户界面的"父"容器对象，相当于创建一个空白画布，在其上面可添加菜单项，父容器可使用 uifigure()函数或 figure()函数创建，uifigure()函数是 App 设计工具使用的图窗类型。

（1）使用 uifigure()函数创建父容器，语法格式：

```
uifigure;                       %创建一个图形窗口，所有参数采用默认
uifigure(s);                    %s 为大于 0 的数值变量，表示第几幅图形
uifigure('属性名',属性值);         %设置父容器的属性
```

例如：

```
handle1=uifigure('name','样例')   %表示创建一个标题名为"样例"的图形窗口，并赋
                                 %给句柄变量
uifigure('menubar','none')      %表示创建一个隐藏图形窗口
```

（2）使用 uimenu()函数建立一级菜单项，设一级菜单句柄为 handle1，语法格式：

```
handle1=uimenu(图形窗口句柄,属性名 1,属性值 1,属性名 2,属性值 2,…)
```

（3）使用 uimenu()函数建立子菜单项，设子菜单句柄为 handle2，语法格式：

```
handel2=uimenu(一级菜单项句柄,属性名 1,属性值 1,属性名 2,属性值 2,…)
```

说明：菜单项(uimenu)使用句柄操作图形窗口，通过对属性的操作改变图形窗口的形式；在菜单项内添加属性名为 label 或 Text，表示添加菜单项名称，其值为字符串。

例如：创建一个标题名为"样例"、位置坐标为（200,300）、宽 400 和高 500 的窗口菜单。

```
f1=uifigure('name','样例','position',[200,300,400,500])     %建立图形窗口
                                                              %（父容器）f1
m1 = uimenu('Text','一级菜单项');                            %添加一级菜单句柄 m1
mitem = uimenu(m,'Text','子菜单项');                         %添加子菜单句柄 mitem
close(f1)                                                     %关闭图形窗口 f1
```

（4）使用 callback 属性描述命令的字符串或函数句柄，当选中菜单时，系统将自动执行字符串描述的命令或调用句柄指定的函数，实施相关操作。回调函数的定义格式：

```
function 函数名(src, event)
…
end
```

（5）使用 MenuSelectedFcn()函数选定菜单触发回调函数，语法格式：

```
句柄.MenuSelectedFcn ()= @回调函数名;
```

例如：使用 MenuSelectedFcn()函数触发回调函数 MSelected()，代码如下：

```
function importmenu                          %先创建一个函数（自行定义函数名）
    fig = uifigure;                          %建立父容器（图形窗口）
    m = uimenu(fig,'Text','一级菜单项');
    mitem = uimenu(m,'Text','子菜单项');
    mitem.MenuSelectedFcn = @MSelected;      %触发回调函数
        function MSelected(src,event)        %被触发的函数需要添加(src,event)
            pie3([300,456,872,123]);
        end
    end
```

（6）使用 CloseRequestFcn()函数，关闭选定的回调函数，例如：

```
function closeFig
fig = uifigure('Position',[100 100 425 275]);
fig.CloseRequestFcn = @(src,event)my_closereq(src);    %关闭回调函数
    function my_closereq(fig)                           %建立一个对话框函数
        selection = uiconfirm(fig,'是否关闭图形窗口?', '确认');
        switch selection
            case 'OK'
                delete(fig)
```

```
            case 'Cancel'
               return
        end
      end
   end
```

（7）使用 Checked 属性设置菜单复选标记指示器，属性值为| on/off（逻辑值），使用方法：
菜单复选标记指示器，指定为'off'或'on'，或者指定为数值或逻辑值 1(true)或 0(false)。
值'on'等效于 true，'off'等效于 false，当属性设置为 on 时，会在相应菜单项旁边放置一个复选
标记，设置为 off。可移除复选标记，此功能显示启用或禁用应用程序功能的菜单项状态。

【实战练习 8-35】创建菜单并调用命令绘图

使用脚本编写创建菜单程序，根据选项直接嵌入回调方法（callback）调用命令字符串绘
图。菜单包括二维平面图、三维立体图及特色图，所有绘图使用系统提供的函数完成，其中：
画正弦曲线（sin）、圆（ezplot）、球体（sphere）、山峰图（peaks），三维饼图（pie3）和三维
柱状图（bar3），最后将菜单程序保存为 menu1.m 文件。

操作步骤如下：

在 MATLAB 主界面上选择"新建"→"脚本"命令，在打开的脚本编辑器中编写代码：

```
uifigure('menubar','none')
h1=uimenu(gcf,'label','画平面图');              % 定义一级菜单句柄 h1
hm11=uimenu(h1,'label','画出正弦曲线','callback',['cla;','plot(sin(0:
0.01:2*pi));'])                               %子菜单项
hm12=uimenu(h1,'label','画出圆','callback',['cla;','ezplot("sin(x)",
"cos(y)",[-4*pi,4*pi]);'])
h2=uimenu(gcf,'label','画三维图');              % 定义一级菜单句柄 h2
hm21=uimenu(h2,'label','画 n=30 的球','callback',['cla;','sphere(30);'])
hm22=uimenu(h2,'label','画山峰网面图','callback',['cla;','peaks(30);'])
h3=uimenu(gcf,'label','画特色图');              % 定义一级菜单
hm31=uimenu(h3,'label','画柱状图','callback',['cla;','bar3([500,786,672,
323]);'])
hm32=uimenu(h3,'label','画饼图','callback',['cla;','pie3([300,456,872,
123]);'])
```

运行程序，分别调用"画山峰曲面图"和"画饼图"菜单项，如图 8.106 所示。

【实战练习 8-36】创建菜单并调用函数绘图

使用脚本编写程序创建菜单，根据选项利用 MenuSelectedFcn 方法调用函数完成绘图，每
个绘图模块使用 function…end 函数形式编写，菜单包括绘制马鞍曲面图、带等高线曲面图，
三维饼图和三维柱状图，其中的等高线图和马鞍图函数分别为：

$$z=x^2/9+y^2/6 \quad (x \geq -7, y \leq 7)$$
$$z=x^2/9-y^2/6 \quad (x \geq -7, y \leq 7)$$

三维饼图与三维柱状图方法同【实战练习 8-35】，最后将菜单程序存盘为 menu2.m 文件。

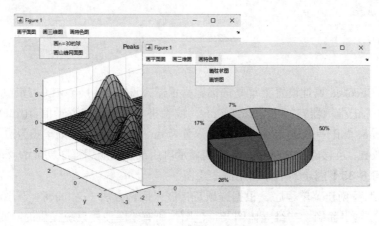

图 8.106　菜单命令调用界面

操作步骤如下：

在 MATLAB 主界面上选择"新建"→"脚本"命令，在打开的脚本编辑器中编写代码：

```
function pdraw
fig = uifigure();                                          %创建图形窗口
m1 = uimenu(fig,'Text', '&绘制曲面图');                    %一级菜单
m2 = uimenu(fig,'Text', '&绘制特色图');
mitem11 = uimenu(m1,'Text','绘制马鞍曲面图','Checked','on');      %二级菜单
mitem12 = uimenu(m1,'Text','绘制带等高线曲面图','Checked','on');
mitem21 = uimenu(m2,'Text','绘制三维饼图','Checked','on');
mitem22 = uimenu(m2,'Text','绘制三维柱状图','Checked','on');
mitem11.MenuSelectedFcn = @f1;                             %调用 f1()函数
mitem12.MenuSelectedFcn = @f2;
mitem21.MenuSelectedFcn = @f3;
mitem22.MenuSelectedFcn = @f4;
function f1(src,event)                          %f1()函数代码
ax = uiaxes(fig,'Position',[25 10 260 170]);
grid(ax,"on");
[X,Y]=meshgrid(-7:0.1:7);
Z=X.^2./9.-Y.^2./6;
meshc(ax,X,Y,Z);view(85,20);
end
function f2(src,event)                          %f2()函数代码
ax = uiaxes(fig,'Position',[25 200 260 170]);
grid(ax,"on");
[X,Y]=meshgrid(-7:0.1:7);
Z=X.^2./9.+Y.^2./6;
meshc(ax,X,Y,Z);view(85,20);
end
function f3(src,event)                          %f3()函数代码
ax = uiaxes(fig,'Position',[170 10 460 200]);
```

```
grid(ax,"on");
pie3(ax,[300,456,872,123])
end
function f4(src,event)                              %f4()函数代码
ax = uiaxes(fig,'Position',[170 200 460 200]);
grid(ax,"on");
cla(ax)
bar3(ax,[300,456,872,123])
end
end
```

运行程序的菜单项，结果如图 8.107 所示。

图 8.107　命令菜单项

说明：由于在绘图模块程序 f1()～f4()函数中，考虑了图形在窗口界面的位置，所以，分别选择图 8.107 中的 4 个菜单项，运行结果如图 8.108 所示。

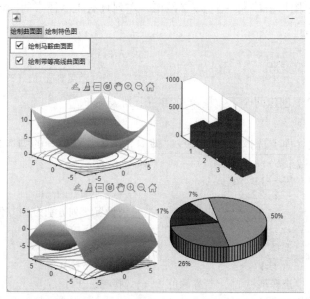

图 8.108　菜单调用函数运行结果

8.11.3　利用程序命令创建下拉框菜单

创建下拉框菜单常配合网格布局管理器使用，这样可设定菜单沿一个不可见网格的行和列定位 UI 组件。

（1）使用 uidropdown()函数在图形窗口中创建一个下拉框菜单，需要先使用 uifigure()函数创建一个图形窗口（简称图窗），创建的下拉框菜单可以在任意位置单击打开，语法格式：

```
fig = uifigure;                 %创建图窗，fig 为图形窗口句柄
dd=uidropdown                   %默认在创建的图形窗口中创建下拉框菜单
dd = uidropdown(parent)         %在指定父容器中创建下拉框菜单。父容器可以是使用
                                %uifigure()函数创建图形窗口，dd 为下拉框句柄
dd = uidropdown(parent,Name,Value)   %Name 和 Value 分别是属性名和属性值，可
                                %以是一对，也可以是多对
```

（2）使用 uigridlayout()函数可对下拉框菜单进行网格布局，它是在创建图形窗口的基础上，建立 2×2 网格布局，并返回一个表位置（Layout）对象，语法格式：

```
g = uigridlayout(parent)        %创建网格布局句柄 g，parent（父容器）是 uifigure()
                                %函数创建的图形窗口
```

说明：若创建了句柄 g，可使用 g.ColumnWidth 和 g.RowHeight 分别指定列宽和行高，其值一般使用元胞数组、字符数组或数值数组设定（例如 ["1x" "2x" "1x"] 或 [100 200 50]），MATLAB 自动将行高和列宽设置为 '1x'，'1x'表示可变，此时，当父容器调整大小时，行高、列宽将跟随变化；若设定行高、列宽为数值数组，则为固定值不随父容器改变。

例如，创建一个图形窗口和一个 1×2 网格，左列具有 150 像素的固定宽度，而右列具有可变宽度的设置方法：

```
fig = uifigure;
grid1 = uigridlayout(fig,[1 2]);
grid1.ColumnWidth = {150,'1x'};            %随父容器 fig 改变，列宽变化
```

【实战练习 8-37】创建两个下拉框菜单和一个列表菜单

操作步骤如下：

在 MATLAB 主界面上选择"新建"→"脚本"命令，在打开的脚本编辑器中编写代码：

```
fig = uifigure;
g = uigridlayout(fig);
g.RowHeight = {22,22,200};               %设置 3 行的高度
g.ColumnWidth = {150,'1x'};              %设置 2 列分别为 150 像素和可变宽度
dd1 = uidropdown(g);                     %设置下拉框菜单 1
dd1.Items = {'选择字体 1','选择字体 2','选择字体 3'}
dd2 = uidropdown(g);                     %设置下拉框菜单 2
dd2.Items = {'选择颜色 1','选择颜色 2','选择颜色 3'}
dd2.Layout.Row = 2;
dd2.Layout.Column = 1;
chanlist = uilistbox(g);                 %设置下拉框菜单
chanlist.Items = {'选择绘图 1','选择绘图 2','选择绘图 3'};
chanlist.Layout.Row = 3;
chanlist.Layout.Column = 1;
ax = uiaxes(g);                          %添加坐标区
syms x y
```

```
f=sin(2*x^2+y^2);                       %设置函数表达式
fmesh(ax,f,[-pi,pi])                    %添加坐标区绘制函数网格图
```

运行结果如图 8.109 所示。

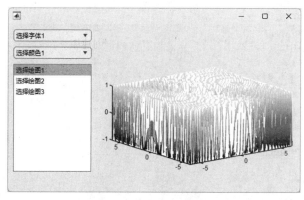

图 8.109　下拉框菜单

【实战练习 8-38】创建下拉框菜单并选择绘图

使用程序命令创建下拉框菜单，通过选项绘制网面图和网格图，绘图函数分别为：

$$z=x^2+y^2 \quad (x \geq -5, y \leq 5)$$
$$z=x^2-y^2 \quad (x \geq -10, y \leq 10)$$

操作步骤如下：

在 MATLAB 主界面上选择"新建"→"脚本"命令，在打开的脚本编辑器中编写代码：

```
fig = uifigure;                         %建立图形窗口
fig.Name = "建立下拉框菜单";             %图形窗口标题
gl = uigridlayout(fig);                 %使用表布局 UI
gl.RowHeight = {30,'1x'};               %设定表行高
gl.ColumnWidth = {80,'1x'};             %设定表列宽
lbl = uilabel(gl);                      %设计菜单标题
dd = uidropdown(gl);                    %设定下拉框菜单
ax = uiaxes(gl);                        %设定坐标区
ax.Layout.Row = 2;                      %设定表行数
ax.Layout.Column =2;                    %设定表列数
%创建菜单项
lbl.Text = "选择绘图:";                  %菜单标签
dd.Items = ["网格图" "马鞍图" "网面图"];   %菜单项
dd.Value = "马鞍图";                     %指定第 1 项
mesh(ax,sphere);
dd.ValueChangedFcn = {@changePlotType,ax};  %调用函数实现菜单功能
function changePlotType(src,event,ax)   %建立绘图函数
 type = event.Value;
  switch type
```

```
    case "网格图"
    mesh(ax,sphere);
    case "马鞍图"
    x=-10:0.1:10
    [xx,yy]=meshgrid(x);
    zz =xx .^2-yy .^2;
    mesh(ax,xx,yy,zz );
    case "网面图"
    x=-5:5; y=x;
    [X,Y]=meshgrid(x,y)
    Z=X.^2+Y.^2
    surf(ax,X,Y,Z)
  end
end
```

下拉框菜单运行结果如图 8.110 所示。

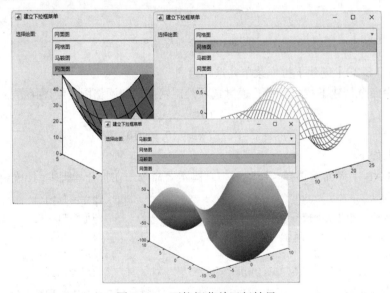

图 8.110　下拉框菜单运行结果

8.11.4　利用程序命令创建上下文菜单

上下文菜单是使用右击某个对象弹出的菜单，该菜单出现的位置是不固定的，且总和某个图形对象相互联系。在 MATLAB 中可以使用三种方法建立上下文菜单：

1. 利用uicontextmenu()函数建立上下文菜单

利用 uicontextmenu()函数建立上下文菜单语法格式：

```
hc=uicontextmenu                 %建立上下文菜单，并将句柄值赋给变量 hc
```

2. 利用uimenu()函数为上下文菜单建立菜单项

利用 uimenu()函数为上下文菜单建立菜单项语法格式：

```
uimenu('上下文菜单名'，属性名，属性值，…)
```

功能：为创建的上下文菜单赋值，其中属性名和属性值构成属性二元对象，方法同上。

例如：

```
uimenu('Text','选项 1');
uimenu('Text','选项 2');
```

说明：上下文菜单也必须先使用 uifigure 命令建立画布句柄，在画布上创建图形窗口子级，显示时必须至少有一个用 uimenu()函数创建的菜单项。

3. 利用Callback()回调函数调用实现菜单选项

利用 Callback()回调函数调用实现菜单选项语法格式：

```
'Callback','绘图函数(参数)';
```

【实战练习 8-39】创建上下文菜单并选择绘图

使用程序命令创建上下文菜单，通过选项绘制山峰网格图、山峰网面图和球体网格图，绘图函数同上。

操作步骤如下：

在 MATLAB 主界面上选择"新建"→"脚本"命令，在打开的脚本编辑器中编写代码：

```
fig = uifigure;                      %创建画布句柄
fig.Name = "创建上下文菜单";          %图形窗口标题
ax = uiaxes(fig);
hc = uicontextmenu(fig);
m1 = uimenu(hc,'Text','绘制山峰网格图','Callback','mesh(ax,peaks)');
m2 = uimenu(hc,'Text','绘制山峰网面图','Callback','surf(ax,peaks)');
m3 = uimenu(hc,'Text','绘制球体网格图','Callback','mesh(ax,sphere)');
fig.ContextMenu = hc;
```

运行结果如图 8.111 所示。

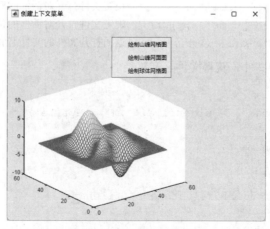

图 8.111　上下文菜单绘图

8.12   对话框设计

对话框一般是在 UI 中发生人机交互时弹出的窗口，常用于信息提示、信息确认等。

8.12.1   对话框操作

1. 对话框常用函数

对话框常用函数如表 8.14 所示。

表 8.14   对话框常用函数

函 数 名	含 义
uialert	创建警告对话框
uiconfirm	创建确认对话框
uiprogressdlg	创建进度对话框
uisetcolor	设置对话框颜色
uigetfile	打开文件对话框
uiputfile	保存文件对话框
uigetdir	选择对话框打开的路径
uiopen	将打开的文件对话框加载到工作区中
uisave	打开保存工作区变量的对话框

2. 对话框的编辑

打开对话框的函数 uigetfile()的语法格式：

```
uigetfile;                       %弹出打开文件对话框，列出当前文件夹下所有 m 文件
uigetfile('FS') ;                %列出当前文件夹下的所有由 FS 指定类型的文件
uigetfile('FS','dlgname') ;      %设置文件打开对话框的标题为 dlgname
uigetfile('FS','dlgname',x,y) ;  %确定文件打开对话框的位置 x,y 坐标
[fname,pname]=uigetfile(…) ;     %返回打开文件的文件名和路径
```

例如：打开一个 m 文件，获得文件名和路径。
编程代码如下：

```
[filename, pathname] = uigetfile('*.m', 'Myfile');      %打开 Myfile 文件夹下
                                                        %的所有 m 文件

if isequal(filename,0)
disp('用户选择终止')
else
disp(['用户选择', fullfile(pathname, filename)])
end
```

3. 对话框颜色设置

对话框颜色设置函数 uisetcolor() 的语法格式：

```
c=uisetcolor(hcolor,'dlgname')      %hcolor 可以是一个图形对象的句柄，或一个三
                                    %色 RGB 向量；dlgname 为颜色设置对话框的标题
```

4. 对话框字体设置

对话框字体设置函数 uisetfont() 的语法格式：

```
uisetfont;                          %打开对话框字体设置，返回所选择字体的属性
uisetfont(h);                       %h 为图形对象句柄，设置 h 为指定对象的字体属性
uisetfont(S);    %S 为字体属性结构变量，S 中包含的属性有 FontName、FontUnits、
                 %FontSize、FontWeight、FontAngle，返回重新设置的属性值
uisetfont(h,'dlgname');             %由 dlgname 设置对话框的标题
S=uisetfont(…);                     %返回字体属性值，保存在结构变量 S 中
```

5. 保存对话框

保存对话框函数 uiputfile() 的语法格式：

```
uiputfile;                          %弹出文件保存对话框，列出当前文件夹下所有 m 文件
uiputfile('IFile');                 %列出当前文件夹下所有由'IFile'指定类型的文件
uiputfile('IFile','dlgname');       %设置文件保存对话框的标题为 dlgname
uiputfile('IFile','dlgname',x,y);   %确定保存对话框的位置 x,y
[fname,pname]=uiputfile(…);         %返回保存文件的文件名和路径
```

6. 打印 / 预览对话框

（1）预览对话框函数 printpreview() 的语法格式

```
printpreview;                       %打印预览当前图形窗口
printpreview(f);                    %打印预览指定句柄为 f 的图形窗口
```

（2）打印对话框函数 printdlg() 的语法格式

```
printdlg;                           %打印当前打开的 Windows 窗口
printdlg(h);                        %打印句柄为 h 的图形窗口
```

8.12.2　专用对话框

MATLAB 除了使用公共对话框外，还提供了一些专用对话框，包括帮助、错误信息、提示信息、警告信息等。

1. 误信息对话框

错误信息函数 errordlg() 的语法格式：

```
errordlg;                               %打开默认的错误信息对话框
errordlg('errorstring');                %打开由 errorstring 指定的错误信息对话框
errordlg('errorstring','dlgname');      %同时，由 dlgname 指定对话框标题
errordlg('errorstring','dlgname','on'); %同时，添加 on 表示将对话框显示在最前端
h=errordlg(…);                          %返回对话框句柄 h
```

2. 帮助对话框

帮助信息函数 helpdlg() 的语法格式：

```
helpdlg;                              %打开默认的帮助对话框
helpdlg('helpstring');                %打开指定 helpstring 信息的帮助对话框
helpdlg('helpstring','dlgname');      %同时，由 dlgname 指定对话框标题
h=helpdlg(…);                         %返回对话框句柄。
```

3. 输入对话框

输入信息函数 inputdlg() 的语法格式：

```
answer=inputdlg(prompt);              %打开输入对话框，prompt 为自定义输入框的提
                                      %示信息，answer 为存储输入数据的单元数组
answer=inputdlg(prompt, dlgname);     %同时，由 dlgname 确定对话框的标题
answer=inputdlg(prompt, dlgname,lineNo);
```

其中：lineNo 可以是标量、列向量或 m×2 阶矩阵，若为标量，表示每个输入框的行数均为 lineNo；若为列向量，则每个输入框的行数由列向量 lineNo 的每个元素确定；若为矩阵，每个元素对应一个输入框，每行第一列为输入框的行数，第二列为输入框的宽度。

```
answer=inputdlg(prompt, dlgname,lineNo,defans);
```

其中：defans 为一个单元数组，存储每个输入数据的默认值，元素个数必须与 prompt 所定义的输入框相同，所有元素必须是字符串。

```
answer=inputdlg(prompt, dlgname,lineNo,defAns,Resize);
                        %resize 取值为 on/off，用来确定输入框的大小能否被调整
```

4. 列表选择对话框

列表选择对话框函数 listdlg() 的语法格式：

```
[selection,ok] = listdlg(prompt,'SelectionMode', 'ListString', 'ListSize',
'Name', 'OKString', 'CancelString');
```

其中：selection 为输出参数，存储所选择的列表项索引号，ok 为选项序号；prompt 为列表提示信息；SelectionMode 为模式选择，取值 single/multiple(默认值)为选定的列表框项目，当设置为 single 时，指定为标量索引值，当设置为 multiple 时，指定为索引向量，索引值是当对话框打开时，列表框中的哪些行处于选中状态；ListString 为字符数组，表示列表项；ListSize 为列表框大小(以像素为单位)，使用[width height] 表示；Name 为对话框标题；如果 InitialValue 设置为 3，则当对话框打开时，列表中上起第三个项目处于选中状态；OKString 为确定按钮；CancelString 为取消按钮；除 ListString 属性外，其他均为可选项。

【实战练习 8-40】 建立一个选择绘图列表对话框

编程代码如下：

```
str={'示例内容';'绘制二维图形';'绘制三维图形';'绘制网格图';'绘制网面图'};
                                              %指定列表项
[selection,ok] = listdlg('PromptString','选择一种绘图：','SelectionMode',
```

```
'single', 'ListString',str,'OKString','确认','CancelString','重置')
if ok==1
msgbox("你单击了确认按钮")
else
msgbox("你单击了重置按钮")
end
```

单击"确定"按钮，结果如图 8.112 所示。

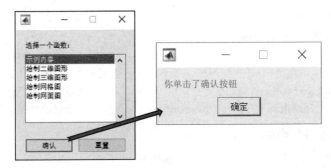

图 8.112　列表设计结果

5. 提示信息对话框

提示信息函数 msgbox() 的语法格式：

```
msgbox(message);                    %打开提示信息对话框，显示 message 信息
msgbox(message,dlgname);            %同时，dlgname 确定对话框标题
msgbox(message, dlgname,'icon');
```

其中：icon 用于显示图标，图标显示含义如表 8.15 所示。

表 8.15　icon图标含义

值	图　标	说　明
none		无图标，默认值
error	❗	错误图标
help	ℹ	帮助图标
warn	⚠	警告图标
custom		用户定义图标

```
msgbox(message, dlgname,'custom',icondata,iconcmap);
```

其中：当用户定义图标时，icondata 为定义图标的图像数据，iconcmap 为图像的色彩图。

```
msgbox(…,'creatmode');              %创建模式选择信息框
```

其中：creatmode 是 non-modal（非模式），指定参数创建一个新的非模态消息框，若存在相同标题消息框，则继续保留；modal（模式）为指定参数创建模态对话框，替换最近创建的或点击过具有相同标题的消息框；replace（替代）指定参数用非模态消息框替换最近创建或单

击过具有指定标题的消息框，MATLAB 将删除其他所有具有相同标题的消息框，被替代的消息框可以是模态消息框，也可以是非模态消息框。

```
h=msgbox(…);                                    %返回对话框句柄
```

【**实战练习 8-41**】建立一个提示信息对话框并加入颜色阵图标

编程代码如下：

```
data=1:64;                                      %64 种颜色
data=(data.*data)/64;                           %设置色彩图
h=msgbox('这是一个信息对话框!','用户定义图标','custom',data,hot(64))
                                                %创建颜色图标提示信息对话框
waitfor(h)                          %阻止下面语句执行，直到指定对象被关闭（删除）
myicon = imread("box.png");                     %添加图片图标
msgbox("安装已经结束","安装","custom",myicon);   %创建图片提示信息对话框
```

运行结果如图 8.113 所示。

图 8.113　提示信息对话框

6.　问题提示对话框

问题提示函数 questdlg()的语法格式：

```
button=questdlg('qstring');           %打开问题提示对话框，它有 Yes、No 和 Cancel
                                      %三个按钮，questdlg 为提示信息
button=questdlg('qstring','dlgname');           %dlgname 确定对话框标题
button=questdlg('qstring' 'dlgname','default'); %default 必须是 Yes、No
                                                %或 Cancel 之一
button=questdlg('qstring',' dlgname','str1','str2','default');
```

其中：打开问题提示对话框，有两个按钮，分别由 str1 和 str2 字符串确定，default 必须是 str1 或 str2 之一。

```
button=questdlg('qstring', ' dlgname','str1' ,'str2','str3','default');
```

其中：打开问题提示对话框，有三个按钮，分别由 str1、str2 和 str3 字符串确定，default 必须是 str1, str2 或 str3 之一。

例如：建立三个按钮的问题提示对话框。

在命令行窗口的 "≫" 的提示符下键入一行命令如下：

≫h=questdlg('需要建立一个问题提示对话框','问题提示','继续','暂停','中断')

运行结果如图 8.114 所示。

图 8.114　问题提示对话框显示结果

7. 等待条

显示等待条函数 waitbar() 的语法格式：

```
h=waitbar(x,'dlgname');                              %创建等待条对话框
```

其中：x 取值 0～1，表示等待条比例长度，dlgname 指定对话框标题，h 为返回的等待条对象句柄。

```
waitbar(x,'dlgname','CreatCancelBtn','button_callback'); %创建等待条对话框
```

其中：CreatCancelBtn 创建一个撤销按钮，在进程中按下撤销按钮将调用 button_callback() 函数。

```
waitbar(…,property_name,property_value,…);     %property_name 定义的参数值
                                               %由 property_value 指定
```

【实战练习 8-42】建立一个等待条对话框，设置调用、处理和完成信息显示
编程代码如下：

```
function waitbar1
f = waitbar(0,'请等待…');                        %等待条开始
pause(1)                                         %设置等待时间 1 秒
waitbar(.33,f,'正在调用数据…');                   %等待条开始到 33%处
pause(1)
waitbar(.67,f,'正在处理数据…');                   %等待条开始到 67%处
pause(1)
waitbar(1,f,'处理结束');                          %等待条结束
pause(1)
close(f)                                         %关闭等待条
end
```

运行结果如图 8.115 所示。

图 8.115　等待条显示

8. 警告信息对话框

提示警告信息函数 warndlg()的语法格式：

```
h=warndlg('warningstring','dlgname')            %打开警告信息对话框
```

其中：显示指定 warningstring 信息，dlgname 确定对话框标题，h 为返回对话框的句柄。

【实战练习 8-43】 建立 4 种对话框并进行显示

编程代码如下：

```
errordlg('输入错误，请重新输入','错误信息');
helpdlg('帮助对话框','帮助信息');
warndlg('商场的所有地方不能吸烟','警告信息');
prompt={'请输入你的名字','请输入你的年龄'};
title='信息';
lines=[2 1]';
def={'卓玛尼娅','35'};
answer=inputdlg(prompt,title,lines,def);
```

对话框显示效果如图 8.116 所示。

图 8.116   对话框显示效果

8.12.3   创建标准对话框

1. 打开文件对话框

打开文件对话框语法格式：

```
[FileName,PathName,FilterIndex] = uigetfile(FilterSpec,dlgname,DefaultName)
```

其中：Filename 为打开的文件名；PathName 为文件所在路径名；FilterIndex 为设置文件类型，可设置一种或多种文件类型；dlgname 指定对话框的标题；DefaultName 为默认指向的文件名。

2. 保存文件对话框

保存文件对话框语法格式：

```
[FileName ,PathName]=uiputfile(FilterIndex,dlgname);
```

其中：PathName 为获取保存数据路径；FileName 为获取保存数据的名称；FilterIndex 为设置保存文件类型；dlgname 指定对话框的标题。

3. 颜色设置对话框

颜色设置对话框语法格式：

```
c=uisetcolor;                    %打开颜色设置对话框
c=uisetcolor([r g b])            %打开指定颜色设置对话框，其中 r、g、b 的取值为 0～1
c = uisetcolor(h)                %打开指定句柄为 h 的颜色设置对话框
c = uisetcolor(…,'Dlgname')或 c=uisetcolor(c0);    %添加颜色设置对话框标题
```

例如：打开指定蓝色设置对话框。

在命令行窗口的"＞＞"的提示符下键入一行命令如下：

```
>>uisetcolor([0,0,1],'选择一个颜色')
```

运行结果如图 8.117 所示。

4. 字体设置对话框

字体设置对话框语法格式：

```
h=uisetfont(h,dlgname);    %h 为改变的字符句柄，dlgname 指定对话框标题
```

例如：打开字体设置对话框。

在命令行窗口"＞＞"提示符下，键入一行命令如下：

```
>>uisetfont('选择字体设置')
```

运行结果如图 8.118 所示。

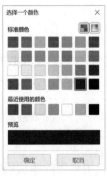

图 8.117　指定蓝色对话框

图 8.118　选择字体对话框

【实战练习 8-44】列表选择对话框与信息对话框的混合设计

编程代码如下：

```
str = {'工业自动化','信息通信工程','机械与车辆工程'};          %设置列表项
[s,v] = listdlg('PromptString','双击选择图形格式','SelectionMode','single',
'ListString',str,'Name','专业选择列表','InitialValue',1,'ListSize',[230,100]);
```

```
imgExt = str{s};
if s==1
    msgbox("你选择的是工业自动化");
end
if s==2
    msgbox("你选择的是信息通信工程");
end
if s==3
    msgbox("你选择的是机械与车辆工程");
end
```

分别选择第一项和第三项的结果如图 8.119 所示。

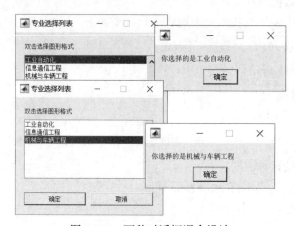

图 8.119　两种对话框混合设计

8.13　App 打包

App 打包是建立一个独立（或 Web）应用程序的(.prj)项目文件，该文件包含 App 的相关信息及文件说明。.prj 文件允许更新 App 中的文件，无须重新指定有关该 App 的描述性信息，最后可转换成.exe 的可执行文件。

8.13.1　什么是打包

打包就是将完成的所有代码文件做成安装程序，它将应用程序的源代码、资源文件、配置文件等打包成一个可执行的二进制文件，用户使用时只需双击安装程序即可导入其他设备中。用 MATLAB 创建的 App 均可打包到一个文件中，轻松地与他人共享。在打包 App 时，系统会创建一个 App 安装文件(.mlappinstall)，使用该文件安装可从 App 库中访问，不需要关心MATLAB 的安装路径。

8.13.2　打包过程

（1）在 APP 选项卡中选择"打包 App"，当在打开的对话框中输入信息时，添加运行的主文件名，MATLAB 会创建并保存.prj 文件，若在单击打包过程中退出对话框，.prj 文件仍会保留，下次能够在退出的地方继续打包。

（2）主文件必须在没有输入的情况下调用，且必须是用函数或方法（非脚本）调用，MATLAB 会分析主文件以确定 App 中是否使用了其他文件。

8.13.3　打包注意事项

（1）主文件必须返回 App 的图形窗口句柄，以便 MATLAB 在用户退出 App 时，从搜索路径中删除 App 文件。

（2）若 App 运行时需要其他文件，打包时必须添加这些文件到包中。

（3）若安装文件（mlAppinstall）中包含其他程序接口，如 C 或 Java 语言的 MEX 文件，打包会对运行的 App 系统进行限制。

（4）安装时若指定一个 App 图标（可选），MATLAB 会自动形成图标显示，它能在安装对话框、App 库和快速访问工具栏中使用。

（5）使用创建的打包文件时，需要在当前文件夹中选择 mlAppinstall 文件名，MATLAB 会在当前文件夹中显示提供的信息（电子邮件地址和公司名称除外）。若在 MATLAB Central File Exchange 中共享该 App，也会显示同样的信息。

（6）将做好的 App 打包转换成.exe 文件，在其他计算机上运行时，需要用到运行机制（Runtime）文件，此时，需要选择它的来源方能运行。

第 9 章　MATLAB 与其他程序的调用

MATLAB 在数值运算、符号运算、图像处理和实时仿真方面具有较大优势，但其运行速度不及 C 语言或 C++语言，为了解决该问题，MATLAB 提供了和 C/C++语言混合编程的接口，扩充 MATLAB 强大的数值运算和图形显示功能。MATLAB 能将运算、图像处理的优势与 C 语言相结合，在 MATLAB 中调用 C 语言数据处理函数，能大大提高数据处理效率。另外，由于 Pyhton 程序已经成为了一种主流语言，如果有 Python 函数和对象，可以从 MATLAB 中直接进行调用，这样能在 MATLAB 中直接开展工作，而不必切换编程环境。本章介绍 MATLAB 与 C/C++和 Python 语言的联合调用方法。

9.1　MATLAB 与外部数据的交互

MATLAB 与外部数据的交互是指：一是在 MATLAB 中调用其他语言编写的代码；二是在其他语言里调用 MATLAB 代码。通过与其他语言程序的交互，不仅提高了编程及运行效率，还增强了程序的复用性。

9.1.1　应用程序接口介绍

1. C语言调用MATLAB

C 语言调用 MATLAB 语言是通过系统引擎执行代码，并最终获得执行结果。使用 C 语言创建 MATLAB 引擎时，一种是通过头文件 engine.h 以及动态链接库文件配置好相关环境；另一种调用方案是将 m 文件编译成动态链接库(dll)，但程序运行时仍需要 MATLAB Compiler Runtime（MCR 是 MATLAB 的一个编译器环境，该编译器运行时包含一套组件和库）的支持。

2. MATLAB调用C语言

MATLAB 调用 C 语言，接口采用 mex（MATLAB Executable，详见 9.1.2 节）的动态链接方式进行。mex 文件是由 C/C++语言源程序经过编译生成的 MATLAB 动态链接子程序，类似于 MATLAB 的内建函数，可由 MATLAB 方便地调用，mex 属于链接 C/C++语言与 MATLAB

的一个关键程序，此时需要在 MATLAB 环境中加载"MinGW-w64 C/C++"组件，若安装时未加载，可在系统主页工具栏中，单击"附加功能"选项加载，如图 9.1 所示。

图 9.1　添加组件

3. Python语言调用MATLAB

Python 语言调用 MATLAB，借助用于 Python 语言的 MATLAB 引擎，API 引用 MATLAB 的矩阵运算时，支持在 Python 语言环境中执行 MATLAB 命令，而不必发起 MATLAB 桌面会话。

4. MATLAB调用Python语言

MATLAB 调用 Python 库中的函数和对象时，可以从 MATLAB 中直接调用。当调用接收数值输入参数的 Python 函数时，MATLAB 会将双精度值转换为 Python 语言中表示的数据类型。

说明：Python 语言与 MATLAB 的交互需要安装 Cpython，Cpython 是 C 语言开发的，它是应用比较广泛的解释器，包含了第三方库支持。

9.1.2　交互文件

1. 外部程序mex文件

mex 文件是 MATLAB 调用其他语言编写的程序或算法接口，MATLAB 解释器能自动加载和运行该文件，就像调用内部函数一样在程序中直接调用，使用户开发的 C 或 FORTRAN 语言子程序编译成 mex 文件，以便在 MATLAB 环境中直接调用或链接这些子程序，并将算法用在 m 文件中。通过 mex 文件也可直接对硬件进行编程，完成与 MATLAB 的算法交互。mex 文件应用包括：

（1）对于某些已经存储的 C 或 FORTRAN 语言子程序，可以通过 mex 文件在 MATLAB 环境中直接调用，而不必重新编写相应的 m 文件。

（2）对于影响 MATLAB 执行速度的 for、while 等循环，可以编写相应的 C、FORTRAN 语言子程序完成相同的功能，并编译成 mex 文件，提高运行速度。

（3）对于一些需要访问硬件的底层操作，如 A/D、D/A 或中断等，可以通过 mex 文件直接访问，克服 MATLAB 对硬件访问功能不足的缺点，从而增强 MATLAB 应用程序的功能。

2. 数据输入/输出接口mat文件

mat 文件是 MATLAB 默认的数据存储标准格式，方便之处是能连同数据的变量名一同保存。MATLAB 与其他编程环境的数据交换是通过 mat 文件来实现的。mat 文件以二进制形式存储，包括文件头和数据变量。文件头包括：版本信息、操作平台信息和文件创建时间（由于文件头是一个文本文件，可用任意文本编辑器打开查看）；数据变量类型包括字符串、矩阵、数组、结构和单元阵列，它以字节流的方式顺序地将数据写入 mat 文件中保存，可直接用 save 命令存储为 mat 文件，使用时用 load 命令把保存的 mat 文件数据读取到内存中即可使用。

3. 计算引擎函数库

MATLAB 计算引擎函数库是系统提供的与其他语言程序交互的函数库，相当于系统提供的一组接口函数，它允许在本系统中调用并作为一个计算引擎使用，用户可在自己的应用程序中对 MATLAB 函数进行调用，使其在后台运行，完成复杂的矩阵计算，简化前台用户程序设计的任务。前台客户机可以采用诸如 C++语言之类的通用编程平台，通过 Windows 的动态组件与 MATLAB 服务器通信，向 MATLAB 本地机传递命令和数据信息，并从 MATLAB 本地机接收数据信息，完成较复杂的数值运算、分析和可视化任务。工作时不需要 MATLAB 完全与程序相连，只需要与小部分引擎函数库相连即可。用户在启动 MATLAB 引擎时，通过引擎函数库中提供的函数完成启动和终止 MATLAB 进程、传输数据及数据处理命令，从而节省了大量系统资源，使应用程序整体性能更好，因此，MATLAB 本地机可以简化应用程序的开发，取得事半功倍的效果。

例如：用 C 语言或其他语言完成一个矩阵运算或计算傅里叶变换的编程是非常烦琐的，而使用了 MATLAB 计算引擎之后，仅几行语句即可完成，MATLAB 相当于是一个高效编程的数学函数库，结合其他高级语言循环处理快、图像界面编程简单的优点，可编写既有美观界面又有矩阵处理的应用程序，这种多语言开发模式，将极大地缩短开发周期。由于使用 MATLAB 引擎不需要特别的系统配置，在一般情况下，对 mex 文件的系统配置完成后，引擎系统就可以对程序进行编译，生成独立可执行的应用程序，此时可在脱离 MATLAB 的执行环境下运行。

4. 通过ActiveX完成调用

ActiveX 是一类自动化技术的总称，属于一种支持组件集成的 Microsoft Windows 协议，通过 ActiveX 技术可以将不同环境下开发的组件集成到一个应用环境中。ActiveX 属于组件模型（COM）的子类。COM 为所有的 ActiveX 对象定义了对象模型，每个 ActiveX 对象支持一定的接口，包括不同的方法、属性和事件。

MATLAB 支持 ActiveX 控制器和 ActiveX Automation（自动化）两种技术，ActiveX 控制器可以将不同的 ActiveX 控制集成在一个应用中；而 ActiveX Automation 是一种允许一个应用程序（客户端）去控制另一个应用程序（服务器端）的协议。因此，它允许 MATLAB 控制其他 ActiveX 组件或者被其他 ActiveX 控制。当 MATLAB 控制其他 ActiveX 组件时，MATLAB 作为一个客户端；当 MATLAB 被其他 ActiveX 组件控制时，MATLAB 作为一个服务器端。通过 ActiveX，可以在 MATLAB 和其他软件平台建立客户机服务器体系结构，方便彼此的交互。

5. 使用Mideva/Matcom环境

Mideva/Matcom 提供了一种实现混合编程的环境，具有将 MATLAB 的 m 文件转换为 c、cpp 源代码以及 dll 和 exe 文件的功能。Mideva 是一个集成的调试编辑环境，Matcom 是 Mideva 的内核，它是一个基于 C++语言矩阵函数库，用于 m 文件与 cpp 文件的转换。Matcom 又可看作是一个矩阵数学库，可以是复数矩阵、实数矩阵、稀疏矩阵甚至 N 维矩阵，该库共有 500 多个函数，涉及线性代数、多项式数学、信号处理、文件输入/输出、图像处理、绘图等方面。大多数函数原型类似于 MATLAB 函数。Matrix.h 是将一些常用的 MATLAB 函数封装成 C++ 语言库文件，以适合于对 C/C++语言比较熟悉的用户使用。

Mideva 提供近千个 MATLAB 的基本功能函数，通过必要的设置就可以直接实现与 C++ 语言的混合编程。Mideva 提供编译转换功能，能够将 MATLAB 函数或编写的程序转换成 C++ 语言形式的动态链接库，实现脱离 MATLAB 的运行环境。Mideva 不仅可以转换独立的脚本文件，而且可以转换嵌套脚本文件，功能相当强大；但 Matcom 不能支持 struct（结构）等类的参数运算，而且部分绘图语句无法实现或得不到准确图像，因此不宜使用三维图形。

6. 使用MATLAB的数学库

MATLAB 中提供的大量库函数，包括初等数学函数、线性代数函数、矩阵操作函数、数值运算函数、特殊数学函数、插值函数等，可以直接供 C/C++语言调用。因此，利用 MATLAB 的数学库，可以在 C++语言中充分发挥 MATLAB 的数值运算功能，并且可以不依赖 MATLAB 软件运行环境。

9.2　MATLAB 与 C 语言的交互

在 MATLAB 中加载了 MinGW-w64 C/C++ 组件，即可在 MATLAB 中运用 C 语言程序，可在命令行窗口的 ">>" 提示符下直接键入下列语句：

```
>>mex -setup C++
```

若显示：

mex 配置为使用 'MinGW64 Compiler (C++)' 以进行 C++ 语言编译。

则说明已经成功加载，否则需要重新加载组件。

【实战练习 9-1】利用 MATLAB 调用 C++语言函数

使用 C++语言计算两个数的乘积，并存盘为 mulxy.cpp，在 MATLAB 环境中运行结果。

操作步骤如下：

（1）建立 C++语言的 mulxy.cpp 文件，编程代码如下：

```
#include "mex.h"                         //头文件必须包含 mex.h
double mexSimpleDemo(double *y,double a,double b);    //C++语言声明,调用第
                                                      //一个参数返回结果
//从 C++语言到 MATLAB 变换,以 mexFunction 命名
void mexFunction(int nlhs,mxArray *plhs[],int nrhs,constmxArray *prhs[])
{    double *y;
     double m,n;
     m=mxGetScalar(prhs[0]);                       //获取输入的第 1 个变量
     n=mxGetScalar(prhs[1]);                       //获取输入的第 2 个变量
     plhs[0]=mxCreateDoubleMatrix(1,1,mxREAL);     //获取输出变量的指针
```

```
    y=mxGetPr(plhs[0]);
    mexSimpleDemo(y,m,n);                                    //调用子函数
}
//C++语言函数
double mexSimpleDemo(double *y,double a,double b)
{    return *y=a*b;
}
```

（2）将该文件放入 MATLAB 当前路径下（默认为 C:\matlab\r2023a\bin），或放在用户自定义的路径下，使用 mex 编译成 mex 文件再调用。

（3）在 MATLAB 命令行窗口的 ">>" 提示符下编译并完成调用：

```
>>mex mulxy.cpp                                     %编译成 mex 文件
>>c=mulxy(15.25,4.76)                               %调用 cpp 文件
```

运行结果：

使用 'MinGW64 Compiler (C++)' 编译。

MEX 已成功完成。

```
c =    72.5900
```

（4）说明。

mexFunction()函数相当于 main()函数没返回值，它通过 plhs 数组将结果返回 MATLAB 中，语法格式：

```
void mexFunction(int nlhs, mxArray *plhs[], int nrhs, const mxArray *prhs[]) {}
```

其中：当 nlhs = 1，说明调用语句仅有 1 个形式参数，当 nlhs = 2，说明调用语句有 2 个形式参数。plhs 是一个数组，其内容为指针，该指针指向数据类型 mxArray。因为形式参数只有一个变量，即该数组只有一个指针，plhs[0]指向的结果会赋值给指定变量。

prhs 和 plhs 类似，因为函数有两个自变量，即该数组有两个指针，prhs[0]、prhs[1]指向内容可变，prhs 是 const 的指针数组，即不能改变其指向内容。由于 MATLAB 最基本的单元为数组（array），无论是双精度数组（double array）、元胞数组（cell array）、还是结构数组（struct array），所有变量、plhs 和 prhs 都是指向 mxArray 的指针数组。

【实战练习 9-2】利用 MATLAB 调用 C 语言函数

使用 C 语言输出两个数的最大值，并保存为 maxmin.c 文件，在 MATLAB 中运行结果。

操作步骤如下：

（1）建立 C 语言的 maxmin.c 文件，编程代码如下：

```
#include "mex.h"                                    //头文件必须包含 mex.h
double mexSimpleDemo(double *y,double a,double b);   //函数说明
//C 语言到 MATLAB 变换，也一般以 mexFunction 命名
void mexFunction(int nlhs,mxArray *plhs[],int nrhs,constmxArray *prhs[])
{    double *y;
    double m,n;
```

```
    m=mxGetScalar(prhs[0]);                      //获取输入变量的数值大小
    n=mxGetScalar(prhs[1]);                      //获取输入变量的数值大小
    plhs[0]=mxCreateDoubleMatrix(1,1,mxREAL);    //获取输出变量的指针
    y=mxGetPr(plhs[0]);                          //获取结果
    mexSimpleDemo(y,m,n);                        //调用子函数
}
//C 语言函数
double mexSimpleDemo(double *y,double a,double b)
{    return *y=(a>b)?a:b;   }
```

（2）在 MATLAB 命令行窗口的 ">>" 提示符下编译并完成调用：

```
>>mexmaxmin.c
>>MAX=maxmin(15.25,4.76)
```

运行结果：

使用 'MinGW64 Compiler (C)' 编译。

MEX 已成功完成。

```
MAX =   15.2500
```

【实战练习 9-3】利用 m 文件调用 cpp 文件并进行对比

使用 C 语言程序编写求两个数组的和与差程序，并保存为 mix.cpp 文件，在 MATLAB 中运行结果。

操作步骤如下：

（1）建立 C 语言的 mix.cpp 文件，编程代码如下：

```
#include "mex.h"
void mexFunction (int nlhs, mxArray *plhs[], int nrhs, const mxArray
*prhs[])
{  double *p_c, *p_d;
   double *p_a, *p_b;
   int c_rows, c_cols, d_rows, d_cols, numEl, n;
   mxAssert(nlhs==2 &&nrhs==2, "Error: number of variables");
   c_rows = mxGetM(prhs[0]);  // get rows of c
   c_cols = mxGetN(prhs[0]);   // get cols of c
   d_rows = mxGetM(prhs[1]);  // get rows of d
   d_cols = mxGetN(prhs[1]);   // get cols of d
   mxAssert(c_rows==d_rows&&c_cols==d_cols, "Error: cols and rows");
   //加载到缓存
   plhs[0] = mxCreateDoubleMatrix(c_rows, c_cols, mxREAL);
   plhs[1] = mxCreateDoubleMatrix(c_rows, c_cols, mxREAL);
   //获取缓存的数值
   p_a = (double*)mxGetData(plhs[0]);
   p_b = (double*)mxGetData(plhs[1]);
   p_c = (double*)mxGetData(prhs[0]);
   p_d = (double*)mxGetData(prhs[1]);
   //计算 a = c + d; b = c - d;
```

```
    numEl = c_rows*c_cols;
    for (n = 0; n <numEl; n++)
    {  p_a[n] = p_c[n] + p_d[n];
       p_b[n] = p_c[n] - p_d[n];
    }
}
```

（2）在 MATLAB 中编写 mcpp.m 文件如下：

```
A=[3 4 -1.54];B=[3.1415 -9 10.8];
[C D]=mix(A,B)                          %调用 C
E=A+B                                   %使用 MATLAB 自身计算
F=A-B
```

（3）结果：

```
C =  6.1415   -5.0000    9.2600
D = -0.1415   13.0000  -12.3400
E =  6.1415   -5.0000    9.2600
F = -0.1415   13.0000  -12.3400
```

【实战练习 9-4】利用 MATLAB 调用 C 语言程序计算矩阵的积

操作步骤如下：

（1）建立 C 语言的 axb.c 文件，编写代码如下：

```
#include "mex.h"
#include<math.h>
#include<string.h>
void multiply(double *A,double *B,double *C,size_t m1,size_t n1 ,size_t n2)
                                        //矩阵相乘
{  size_tI,J,j,iA,iB,iC;
    C[0]=0.0;
    for(J=0;J<n2;J++)                              //MATLAB 是列按照列存储
    {   for(I=0;I<m1;I++)
        {  iC=J*m1+I;
            for(j=0;j<n1;j++)
            {
                iA= j*m1+I;
                iB=J*n1+j;
                *(C+iC)=*(C+iC)+*(A+iA)**(B+iB);//C[I][J]=A[I][i]*B[i][J];
            }
        }
    }
}
void mexFunction(int nlhs, mxArray *plhs[], int nrhs, const mxArray *prhs[])
{    size_t  m1,n1,m2,n2;   //相当于 cpp 中的 int,使用 size_t 具有跨平台和通用性
    double *A,*B,*C;
    if(nrhs==0)
    { mexErrMsgIdAndTxt("Matlab:inputerror:","no input parameter");
    }
    m1=mxGetM(prhs[0]);                   //矩阵 A 的行数
```

```
    n1=mxGetN(prhs[0]);                    //矩阵 A 的列数
    m2=mxGetM(prhs[1]);                    //矩阵 B 的行数
    n2=mxGetN(prhs[1]);                    //矩阵 B 的列数
    if (n1!=m2)                            //矩阵相乘必须满足 A 的行数和 B 的列数相等
    { mexErrMsgIdAndTxt("Matlab:inputerror:","the two matrix size is not
fit the matrix multiply");
    }
    A=mxGetPr(prhs[0]);                    //获得 A 矩阵首地址
    B=mxGetPr(prhs[1]);                    //获得 B 矩阵首地址
    plhs[0] = mxCreateDoubleMatrix( (mwSize)m1, (mwSize)n2, mxREAL);
                                           //创建实数输出矩阵
    C=mxGetPr(plhs[0]);                    //把首地址赋给 C
    multiply(A,B,C,m1,n1,n2);              //矩阵相乘操作
}
```

（2）在 MATLAB 主界面上选择“新建”→“脚本”命令，在打开的脚本编辑器中编写代码并保存为 maxb.m 文件：

```
clc;clear;
mexaxb.c                               %用 C 语言编译器编译这个 C 语言程序
A=rand(3);
B=randi([1,15],3,4);
Mat_axb=A*B                            %使用 MATLAB 矩阵乘法
C_axb=axb(A,B)                         %调用 C 语言的矩阵乘法
```

（3）运行结果：

```
Mat_axb =
     3.0327     6.4921     9.6699     7.1402
    13.3756    10.8858    22.9613    10.0862
    11.8730     4.6457    16.5574     7.1630
C_axb =
     3.0327     6.4921     9.6699     7.1402
    13.3756    10.8858    22.9613    10.0862
    11.8730     4.6457    16.5574     7.1630
```

9.3　MATLAB 与 Python 语言的交互

MATLAB 调用 Python 有多种方式，若直接访问 Python 库模块函数，需要在 Python 命令前添加 py.前缀，MATLAB 会导入整个模块，并且可以访问该模块的所有函数和类；若执行 Python 语句，使用 pyrun 函数；若调用 Python 脚本文件，使用 pyrunfile 函数，但使用函数访问 Python 数据时，必须使用输出参数将 Python 对象返回到 MATLAB 中；若访问 Python 的类函数，添加类名和函数名即可。这些方法相当于使 Python 增加了一个运行环境。

9.3.1 MATLAB 调用 Python 语言常用方法

MATLAB 调用 Python 方法(函数)时,统一格式为 py.*,其中*为 Python 函数,通过 Python Engine for Matlab 引擎, 使得 MATLAB 能够直接调用 Python 函数和类,就像调用本身的函数和类一样。

1. 在MATLAB中直接访问Python模块库函数

例如:访问 Python 列表函数 list()、模块 textwrap 和 math 模块。

在命令行窗口的 ">>" 提示符下直接键入下列语句:

```
>>Li1=py.list({'这是','一个','列表 list'})        %在函数 list()中调用编译
>>Li2=py.textwrap.wrap('This is a string')       %在模块 textwrap 中, 调用
                                                  %wrap()函数
>>pynum = py.math.radians(90)            %在模块 math 中, 调用 radians()函数
```

结果:

```
Li1 =  包含以下值的 Python list:
['这是', '一个', '列表 list']
使用 string、double or cell 函数转换为 MATLAB 数组。
Li2 = 包含以下值的 Python list:
['This is a string']
使用 string、double or cell 函数转换为 MATLAB 数组。
pynum =   1.5708
```

2. 在MATLAB中运行Python代码

例如: 运行 Python 列表语句 li = ['北京', '上海', '深圳']。

在 MATLAB 命令行窗口的 ">>" 提示符下直接键入下列语句:

```
>>Li= pyrun("city = ['北京', '上海', '深圳']", "city");    %添加输出参数 city
```

结果:

```
Li =   包含以下值的 Python list:
    ['北京', '上海', '深圳']
使用 string、double or cell 函数转换为 MATLAB 数组。
```

3. 在MATLAB中运行Python脚本

例如, 用以下语句创建一个 mypy.py 文件在 MATLAB 中运行。

```
# Python 的脚本文件 mypy.py:
L1 = ['北京', '上海', '深圳']
days = ['Monday','Tuesday','Wednesday','Thursday','Friday']
L1.append(days)                               %追加列表 days 到 L1 中
print(L1)
```

在 MATLAB 命令行窗口的 ">>" 提示符下直接键入下列语句:

```
>>myListFile = pyrunfile("mypy.py", "L1")                %添加输出参数 L1
```

结果：

```
['北京', '上海', '深圳', ['Monday', 'Tuesday', 'Wednesday', 'Thursday',
'Friday']]
myListFile =    包含以下值的 Python list:
    ['北京', '上海', '深圳', ['Monday', 'Tuesday', 'Wednesday', 'Thursday',
'Friday']]
```

使用 string、double or cell 函数转换为 MATLAB 数组。

9.3.2　MATLAB 调用 Python 语言变量

MATLAB 调用 Python 的单精度类型函数时，会自动转换为双精度类型，默认情况下，Python 中若没有小数按整数类型处理。在 MATLAB 中调用 Python 数组类型（列表、元组）时，将返回双精度类型值。

【实战练习 9-5】利用 MATLAB 直接访问 Python 语言模块库变量

操作步骤如下：

（1）在 MATLAB 主界面上选择“新建”→“脚本”命令，在打开的脚本编辑器中编写代码：

```
P = py.array.array('d', 1:8)
S=sum(double(P))
Arr1 = py.array.array('i',[int32(8),int32(0),int32(-2)])
arr.reverse
A1 = int32(arr)
```

（2）运行结果：

```
P =   Python array:
    1    2    3    4    5    6    7    8
S= 36
```
　　　使用 details() 函数查看 Python 对象的属性。
　　　使用 double() 函数转换为 MATLAB 数组。
```
arr 1=   Python array:
    8    0    -2
```
　　　使用 details() 函数查看 Python 对象的属性。
　　　使用 int32() 函数转换为 MATLAB 数组。
```
A 1=  1×3 int32 行向量
    -2    0    8
```

9.3.3　MATLAB 调用 Python 语言列表

MATLAB 调用 Python 列表数据时使用 py.list 命令创建一个列表(list)数据。列表数据是 Python 最基本的数据结构，由一个或者多个数据构成，数据的类型可以相同也可以不相同，需要写在[]中。MATLAB 使用列表数据，会将整数变成浮点数，例如：

```
li = py.list({1,2,3,4,5,6});
P1=li(1:2:6)
```

结果：

```
[1.0, 3.0, 5.0]
```

【实战练习 9-6】利用 MATLAB 直接调用 Python 语言列表

操作步骤如下：

（1）在 MATLAB 主界面上选择"新建"→"脚本"命令，在打开的脚本编辑器中编写代码：

```
P = py.list({int32(1), int32(2), int32(3), int32(4)})
matrix = py.list({{1, 2, 3, 4},{'hello','world'},{9, 10}})
li1 = py.list({'a','bc',1,2,'def'});
P1=li1(1:2:end)
li 2= py.list({'Apple','Python',8.35,20,'def','中国'});
P2=li2(1:end)
```

（2）运行结果：

```
P =    包含以下值的 Python list:
      [1, 2, 3, 4]
        使用 string、double or cell 函数转换为 MATLAB 数组。
matrix =    包含以下值的 Python list:
  [(1.0, 2.0, 3.0, 4.0), ('hello', 'world'), (9.0, 10.0)]
使用 string、double or cell 函数转换为 MATLAB 数组。
P1=    包含以下值的 Python list:
['a', 1.0, 'def']
使用 string、double or cell 函数转换为 MATLAB 数组。
P2 =    包含以下值的 Python list:
['Apple', 'Python', 8.35, 20.0, 'def', '中国']
使用 string、double or cell 函数转换为 MATLAB 数组。
```

【实战练习 9-7】在 MATLAB 中运行 Python 语言列表并绘图

（1）在 MATLAB 主界面上选择"新建"→"脚本"命令，在打开的脚本编辑器中编写代码：

```
t= pyrun("t = [1,2,3,4,5,6,7]", "t")          %指定一周时间
y= pyrun("y = [24,28,28,32,33,34,33]", "y")    %某城市一周稳定变化值
plot(t,y,'-rO')
grid on;
title("某城市一周温度变化情况")
```

（2）运行结果：

```
t =    包含以下值的 Python list:
   [1, 2, 3, 4, 5, 6, 7]
        使用 string、double or cell 函数转换为 MATLAB 数组。
y =    包含以下值的 Python list:
   [24, 28, 28, 32, 33, 34, 33]
        使用 string、double or cell 函数转换为 MATLAB 数组。
```

（3）绘制曲线如图 9.2 所示。

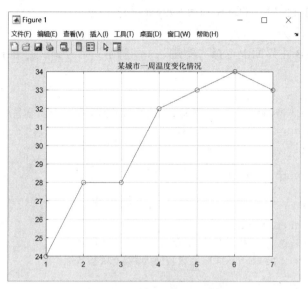

图 9.2　绘制温度变化曲线

9.3.4　MATLAB 调用 Python 语言日期数据

MATLAB 使用 Python 日期(datetime)函数时，Python 会将它们读取为浮点数类型并显示错误，例如：

```
d = py.datetime.date(2023,12,31)
```

结果：

```
TypeError: 'float' object cannot be interpreted as an integer
```

要更正该错误，需要将每个数值转换为整数类型

```
d = py.datetime.date(int32(2023),int32(12),int32(31))
```

结果：

```
d =
 Python date - 属性:
 day: [1×1 py.int]
 month: [1×1 py.int]
 year: [1×1 py.int]
2023-12-31
```

9.3.5　MATLAB 调用 Python 语言元组数据

MATLAB 调用 Python 使用 py.tuple 命令创建一个元组（tuple）数据。元组和列表相同，都是一组有序的数据集合，不同的是元组中的元素一旦被定义不可修改。

【**实战练习** 9-8】利用 MATLAB 调用 Python 语言元组

操作步骤如下：

（1）在 MATLAB 主界面上选择"新建"→"脚本"命令，在打开的脚本编辑器中编写代码：

```
clc
pStudent = py.tuple({'张三',19,'工程系','李四',20,'数学系'})
S = cell(pStudent)
S2=pStudent(4:6)
S3=pStudent{6}
subject = py.tuple({'工程系'})
```

（2）运行结果：

```
包含以下值的 Python tuple:
    ('张三', 19.0, '工程系', '李四', 20.0, '数学系')
使用 string, double or cell 函数转换为 MATLAB 数组。
S =
  1×6 cell 数组
    {1×2 py.str}    {[19]}    {1×3 py.str}    {1×2 py.str}    {[20]}
{1×3 py.str}
S2 =
包含以下值的 Python tuple:
    ('李四', 20.0, '数学系')
使用 string, double or cell 函数转换为 MATLAB 数组。
S3 =
  Python str (不带属性)。
数学系
subject =
包含以下值的 Python tuple:
    ('工程系',)
使用 string, double or cell 函数转换为 MATLAB 数组。
```

9.3.6　MATLAB 调用 Python 语言字典数据

MATLAB 调用 Python 字典数据使用 py.dict 命令创建字典（dict）数据。字典数据是一种常用的数据结构，可存储的信息量几乎不受限制，能将相关的两个信息关联起来，用于存放具有映射关系的数据，相当于保存了两组数据，其中一组是关键数据，被称为 key（键）；另一组通过 key 来访问，被称为 value（值）。

【**实战练习** 9-9】利用 MATLAB 调用 Python 语言字典

操作步骤如下：

（1）在 MATLAB 主界面上选择"新建"→"脚本"命令，在打开的脚本编辑器中编写代码：

```
clc
tup1= py.dict(pyargs('北京',8.57,'上海',8.29,'广州',6.91,'深圳',5.00))
t1=values(tup1)
t2=keys(tup2)
```

（2）运行结果：

```
tup1=   Python dict (不带属性)。
    {'北京': 8.57, '上海': 8.29, '广州': 6.91, '深圳': 5.0}
t1 =   Python dict_values - 属性:
    mapping: [1×1 py.mappingproxy]
    dict_values([8.57, 8.29, 6.91, 5.0])
t2 =   Python dict_keys - 属性:
    mapping: [1×1 py.mappingproxy]
    dict_keys(['北京', '上海', '广州', '深圳'])
```

【实战练习 9-10】利用 MATLAB 调用 Python 语言的类函数

操作步骤如下：

（1）用以下语句创建一个 Python 类文件 myfun.py，在 MATLAB 中运行统计循环次数。

```
class myclass():
  def __init__(self):
    self.count=0
  def add(self):
    self.count=self.count+1
    print('统计循环次数=',self.count)
```

（2）在 MATLAB 主界面上选择“新建”→“脚本”命令，在打开的脚本编辑器中编写代码：

```
myclass=py.myfun.myclass;
for i=1:10
    myclass.add()
end
```

（3）运行结果：

```
统计循环次数= 1
统计循环次数= 2
统计循环次数= 3
统计循环次数= 4
统计循环次数= 5
统计循环次数= 6
统计循环次数= 7
统计循环次数= 8
统计循环次数= 9
统计循环次数= 10
```

第 10 章　MATLAB 的建模

MATLAB 最基本的数据单元是矩阵，它将解决数学问题的多种算法变成了函数库，可以方便地达到建模（建立数学模型）目的，建模过程是通过对数据的分析、探索和研究，找到运动规律，再以数学表达式形式表现出来，再根据模型预测数据变化趋势，选择使用控制算法做出决策应用于实际。利用 MATLAB 的系统函数可简单、快速地计算出所需模型参数，从而使建立数学模型及各类复杂计算问题不仅变得非常简单，也提高了数学建模的效率与精度。

10.1　建模概述

数学建模就是把实际问题经过分析、抽象、概括和总结，将数学语言概念、数学符号或图形表述成数学问题，再使用控制理论及数学算法解决自动化问题。由于数学建模是一种比较复杂的创造性活动，目前有全国及美国大学生数学建模竞赛，同时各个大学也定期开展数学建模比赛。MATLAB 在数学建模中经常应用的包括数据处理（数据预处理、数值运算、数据拟合）、绘制图形、模型预测、深度学习和机器学习等。

10.1.1　建模的作用

1. 建模的意义

数学建模和计算机技术密不可分，其作用包括：分析与设计、预报与决策、控制与优化、规划与管理等。例如：描述生物多样性的时空分布数学模型，有效地描述了不同时空菌群多样性的三维动态变化，用于探索环境微生物菌群动态对于人们健康的影响，包括近年对新型冠状病毒的监测，通过建立基于疫情初始阶段累计新型冠状病毒感染例数、分布地区的数学模型，可帮助国家防疫部门采取一定的有效措施，这些研究考查了相关的数学知识和从资料中提取信息的能力，突出了数学模型的应用。对于今天的大数据管理，建模的过程和方法不断地被开发和完善，尤其是不同的数据类型、不同的业务场景和不同的需求，都有着不同的建模方法。

2. 什么是建模

建立描述性能过程的数学模型称为建模，即凡是用模型描述系统因果关系或相互关系的过程都属于建模。为了理解事物变化过程，对其做出一种抽象的无歧义书面描述，称为模型化。建模是研究系统的重要手段和前提，通过对数学模型进行求解，再根据相关理论去解决实际问题。建模在科学技术发展中的重要作用，越来越受到数学界和工程界的普遍重视，它已成为现代科技工作者必备的重要能力之一。

例如：针对倒立摆的控制系统，首先要了解问题的实际背景，明确建模目的，搜集倒立摆电机反电势常数、电枢电路电阻、摆杆质量、长度信息等各种信息，弄清对象的特征，才能达到控制效果，分析步骤如下：

（1）搭建对象实物如图 10.1 所示。

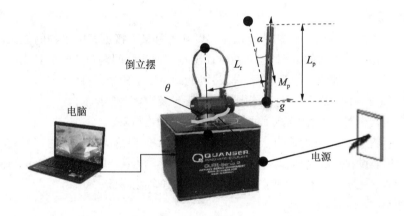

图 10.1　倒立摆控制系统实物

（2）分析控制系统的组成元素，查找生产商的说明书，了解电机各个物理量参数，倒立摆控制系统组成如图 10.2 所示。

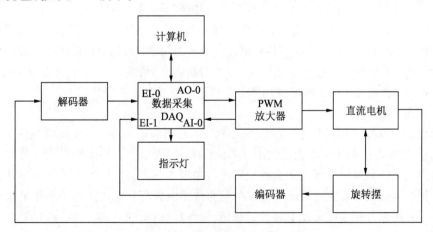

图 10.2　倒立摆控制系统组成

（3）使用控制算法优化控制该系统，必须建立倒立摆的数学模型，要让计算机理解问题是什么，就需要建立现实问题的数学模型，否则一切算法无法实现。若建立了被控对象（倒立摆对象）的数学模型，才能使用计算机作为控制器，添加各种控制算法，包括传统的 PID、模糊控制、神经网络控制、自适应控制方法，控制倒立摆的起摆、稳摆等。PID 闭环控制系统如图 10.3 所示。

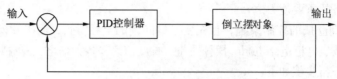

图 10.3　PID 闭环控制系统

3. 建模的条件

数学模型是实际事物的一种数学简化，它以某种意义上接近实际事物的抽象形式存在，但又和真实的事物有着本质的区别。建立数学模型是沟通实际问题与数学工具之间联系的一座必不可少的桥梁。一个理想的数学模型，应尽可能满足以下两个条件：

（1）模型的可靠性：在误差允许范围内，能正确反映客观实际；

（2）模型的可解性：模型能够通过数学计算，得到可行解。

一个实际问题往往是很复杂的，影响因素也有很多，要解决实际问题，就要将实际问题抽象简化、合理假设，确定变量和参数，建立合适的数学模型，并求解。模型的可靠性和可解性通常互相矛盾，一般总是在模型可解性的前提下力争较满意的可靠性。

4. 数学模型的常用表示方法

时域中常用的数学模型用微分方程、差分方程表示；复域中常用的数学模型用传递函数、结构图表示；此外还有信号流图的形式表示。

（1）微分方程。

微分方程模型一般适用于动态连续模型，当描述实际对象的某些特性随时间或空间而演变时，一般使用微分模型优化问题。运用变化规律列出方程及求解条件的过程，预测它的未来形态。对于可用数学、物理、化学等具有描述性公式的问题，可以直接使用微分方程列写平衡等式，导出微分方程模型。例如利用力学的受力分析、电学的输入、输出电流、电压及热学的伯努利方程等，根据建立的平衡等式用微分方程进一步导出传递函数。

（2）传递函数。

传递函数是在零初始条件下，线性系统响应（输出）量 $Y(s)$ 的拉普拉斯变换与激励（输入）量 $U(s)$ 的拉普拉斯变换之比，常用 $G(s)=Y(s)/U(s)$ 表示，它用来描述线性特性对象输入与输出间的关系，是多年来研究经典控制理论的主要工具之一。传递函数与描述其运动规律的微分方程是对应的，可根据组成系统各单元的传递函数和它们之间的关系导出整体系统的传递函数，并用它分析系统的动态特性、稳定性，或根据不同被控对象的给定要求，设计满意的控制器。

（3）信号流图。

信号流图是表示线性方程组变量间关系的一种图示方法，将信号流图用于控制理论中，可不必求解方程就得到各变量之间的关系，使得各变量间关系既直观又形象。当系统方框图比较复杂时，可以将它转换为信号流图，它是复杂系统中变量间相互关系的一种图示方法。

10.1.2 建模的方法

建模的方法主要有两类：一类是通过系统本身的运动规律，根据生产过程发生的变化机理列写平衡方程，如物质平衡、能量平衡、动量平衡及反映流体流动、传动、化学反应等基本规律的运动方程，从中获得所需数学模型，这种方法称为机理建模，它适合简单的控制对象；另一类是通过系统的先验知识或实验统计数据建模，称为实验建模法。从数学的角度，按建立模型的数学方法分为几何模型、代数模型、规划模型、优化模型、微分方程模型、统计模型、概率模型、图论模型、决策模型等。在工程应用中，常用的建模是将数学理论与实际应用结合，方法介绍如下。

1. 类比法

类比法是在分析实际问题及存在因素的基础上，通过联想、归纳对各因素进行分析，并与已知模型比较，把未知关系转换为已知关系，在不同的对象或不相关的对象中找出相似关系，与已知模型的结论类比，得到解决该问题的数学方法，最终建立模型。

2. 量纲分析法

量纲分析法是在经验和实验的基础上，利用物理定律的量纲指标，确定各物理量之间的等量关系。通过量纲分析、化简及等量代换整理出来，形成一个完整的表达式。一般使用质量、长度、时间、电流、温度、光强度和物质的量表示单位，这些称为基本量纲。

3. 差分法

差分法是通过泰勒（Taylor）级数展开的方法，把控制方程中的导数用网格节点上函数值的差、商代替进行离散，建立以网格节点上的值为未知数方程组，将微分问题转换为代数问题，建立离散动态系统数学模型。基本差分法有一阶向前差分、一阶向后差分、一阶中心差分和二阶中心差分等，通过对时间和空间这几种不同差分格式的组合，可以组合成不同的差分计算格式。差分法的解题步骤为：建立微分方程、构造差分格式、求解差分方程、精度分析和检验。

4. 变分法

变分法是解决函数的泛函和普通微积分问题，通过未知函数的积分和导数来构造，最终寻求极值函数建立数学模型。现实中很多现象均可表达为泛函极小（变分）问题，使用古典变分法和最优控制论变分法解决计算问题。

5. 图论法

图论法是指对一些抽象事物进行抽象、化简，并用图来描述事物特征及内在联系的过程。

图论是使用图中的节点表示对象，其对象之间的连线具有先后、胜负、传递和连接关系。将先验知识或实验统计数据用二元关系图来模拟，最终使用流程图、信号流图等建立数学模型。图论是研究自然科学、工程技术、经济问题、管理及其他社会问题的一个重要现代数学工具，也是数学建模的一个必备工具。

10.1.3 数学模型的特点及分类

数学模型具有逼真性、可行性、渐进性、强健性、可转移性、条理性、技艺性，同时还有非预制性和局限性等特点。

数学模型可以按照下面不同的方式分类。

（1）按照应用领域数学模型可分为人口模型、交通模型、环境模型、生态模型、城镇规划模型、水资源模型、再生资源利用模型、污染案模型等。

（2）按照建立模型的数学方法数学模型可分为初等模型、几何模型、微分方程模型、统计回归模型、数学规划模型。

（3）按照模型的表现特征数学模型可分为确定性模型和随机性模型、静态模型和动态模型、线性模型和非线性模型、离散模型和连续模型。

（4）按照建模目的数学模型可分为描述模型、预报模型、优化模型、决策模型、控制模型等。

（5）按照对模型的了解程度数学模型可分为白箱模型、灰箱模型、黑箱模型。

10.2 根据机理建模

机理建模是利用量纲分析法在物理领域中建模的一种方法，利用物理定律的量纲齐次性，确定各物理量之间的关系，通过力学、电学、热学原理建立平衡方程，由获得的微分方程经过拉普拉斯变换推导传递函数，该方法必须所有物理量是可测的，且能够利用不变性的情况下的一种建模方法，建立的模型常有明确的物理或现实意义。

【实战练习 10-1】根据小车倒立摆的动力学分析，建立数学模型

小车倒立摆的实际参数包括：

小车质量

$$M= 1.12\text{kg}$$

摆杆质量

$$m=0.11\text{kg}$$

摆杆长度（2L）

$$L=0.25\text{m}$$

转动惯量

$$I=0.003\text{m}r^2$$

小车倒立摆受力分析如图 10.4 所示。

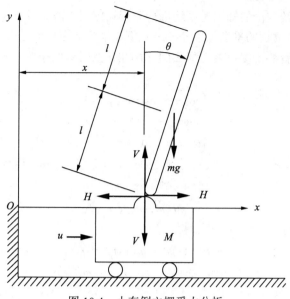

图 10.4　小车倒立摆受力分析

分析与建模步骤如下：

（1）对小车进行受力分析，水平方向外力 F，则：

$$F = ma \qquad a = \frac{\mathrm{d}^2}{\mathrm{d}t^2}(x + l\sin\theta)$$

$$M\ddot{x} + F = u$$

等价于

$$F = m\frac{\mathrm{d}^2}{\mathrm{d}t^2}(x + l\sin\theta)$$

变形后为

$$F = m\ddot{x} + ml\left(\theta\cos\ddot{\theta} - \dot{\theta}^2\sin\theta\right) \tag{10-1}$$

垂直方向：

$$V - mg = m\frac{\mathrm{d}^2}{\mathrm{d}t^2}l\cos\theta$$

即：

$$V = mg - ml\left(\ddot{\theta}\sin\theta + \dot{\theta}^2\cos\theta\right) \tag{10-2}$$

（2）对摆应用动力矩定理，以 θ 顺时针方向旋转为正，加入转动惯量为 I，则有

$$Vl\sin\theta - Hl\cos\theta = I\ddot{\theta} \tag{10-3}$$

整理式（10-1）、式（10-2）和式（10-3），消去 V 和 H，得

$$(M+m)\ddot{x} + ml\ddot{\theta}\cos\theta - ml\dot{\theta}^2\sin\theta = u$$

$$ml\ddot{x}\cos\theta + (I + ml^2)\ddot{\theta} - mgl\sin\theta = 0 \tag{10-4}$$

为了使用线性系统理论的知识对系统进行分析和控制，需要对上述的非线性系统在平衡点附近进行线性化。倒立摆的平衡位置 $\theta = \pi$，且倒立摆只能在平衡位置下小范围内摆动。用 ϕ 代表倒立摆与平衡位置的角度偏差，那么倒立摆在任意时刻的位置 $\theta = \pi + \phi$。由此线性化假设得

$$\begin{cases} \cos\theta = \cos(\pi + \phi) \approx -1 \\ \sin\theta = \sin(\pi + \phi) \approx -\phi \\ \ddot{\theta}^2 = \dot{\phi}^2 \approx 0 \end{cases} \quad (10\text{-}5)$$

将式（10-5）代入式（10-4）从而得到一阶倒立摆系统在平衡点附近的线性化方程，即

$$(M + m)\ddot{x} + b\dot{x} - ml\ddot{\phi} = u \\ (I + ml^2)\ddot{\phi} - mgl\phi = ml\ddot{x} \quad (10\text{-}6)$$

对式（10-6）进行拉普拉斯变换，得

$$(M + m)X(s)s^2 - ml\phi(s)s^2 = U(s) \\ (I + ml^2)\phi(s)s^2 + mgl\phi(s) = mlX(s)s^2 \quad (10\text{-}7)$$

要得到输入 $U(s)$ 与输出 $\phi(s)$ 的比（传递函数），需要消掉 $X(s)$，经过化简及等量代换，最终得到的传递函数状态空间表示。定义系统的状态变量

$$(x_1, x_2, x_3, x_4) = (x, \dot{x}, \theta, \dot{\theta})$$

（3）系统的输入量为小车外力 u，系统输出为小车的位移 x，则可得系统的状态空间方程

$$\begin{bmatrix} \dot{x} \\ \ddot{x} \\ \dot{\theta} \\ \ddot{\theta} \end{bmatrix} = \begin{bmatrix} 0 & 1 & 0 & 0 \\ 0 & 0 & \dfrac{m^2 gl^2}{I(M+m)+Mml^2} & 0 \\ 0 & 0 & 0 & 1 \\ 0 & 0 & \dfrac{mgl(M+m)}{I(M+m)+Mml^2} & 0 \end{bmatrix} \begin{bmatrix} x \\ \dot{x} \\ \phi \\ \dot{\phi} \end{bmatrix} + \begin{bmatrix} 0 \\ \dfrac{I+ml^2}{I(M+m)+Mml^2} \\ 0 \\ \dfrac{ml}{I(M+m)+Mml^2} \end{bmatrix} u$$

$$y = \begin{bmatrix} 1 & 0 & 0 & 0 \\ 0 & 0 & 1 & 0 \end{bmatrix} \begin{bmatrix} x \\ \dot{x} \\ \phi \\ \dot{\phi} \end{bmatrix} + \begin{bmatrix} 0 \\ 0 \end{bmatrix} u \quad (10\text{-}8)$$

$$(10\text{-}9)$$

标准的状态空间表示

$$\begin{cases} \dot{x} = Ax + Bu \\ y = Cx + Du \end{cases} \quad (10\text{-}10)$$

系统能控的充要条件是系统的能控性矩阵为行满秩矩阵，即：

$$\text{rank}([B \ AB \ A^2B \cdots A^{n-1}B]) = n \quad (10\text{-}11)$$

由推导结果式（10-1）～式（10-10），编程代码如下：

```
M = 1.12;                        %输入小车参数
m = 0.11;
```

```
g = 9.8;
l =0.25;
Jh =0.003;                                         %为便于编程将 Jh 表示转动惯量 I
A12 = m^2*g*l^2/(Jh*(m+M)+M*m*l^2);
A32 = m*g*l*(M+m)/(Jh*(m+M)+M*m*l^2);
B1 = (Jh+m*l^2)/(Jh*(m+M)+M*m*l^2);
B3 = m*l/(Jh*(m+M)+M*m*l^2);
%构建状态 A 矩阵、控制矩阵 B 和输出矩阵 C
A = [0, 1, 0 ,0;
     0, 0 ,A12, 0;
     0, 0 ,0, 1;
     0, 0 ,A32, 0];
B = [0,B1, 0, B3]';
C=[1,0,0,0;0,0,1,0];
D=[0,0]';
N = [B,A*B,A^2*B,A^3*B];                           %构建系统的可控性判别矩阵
if rank(N)==4                                       %判断是否满秩
   fprintf('该系统的秩 = %d\n', rank(N));
    disp("此系统是可控制的,系统的可控性判别矩阵为：");
     N
     disp("建立的系统数学模型——传递函数为：");
     [num,den]=ss2tf(A,B,C,D);                      %转换传递函数形式
     G=tf(num(1,:),den)
else
  disp("此系统是可控制的");
  end
```

运行结果：

该系统的秩 = 4

此系统是可控制的，系统的可控性判别矩阵为：

```
N =

          0    0.8670         0    1.5710
     0.8670         0    1.5710         0
          0    2.4144         0   70.2666
     2.4144         0   70.2666         0
```

建立的系统数学模型——传递函数为：

```
         0.867 s^2 + 7.7e-16 s - 23.66
G=   -----------------------------------------------
         s^4 + 8.882e-16 s^3 - 29.1 s^2
```

【实战练习 10-2】由惯性圆盘的直流电动机参数建立数学模型

已知直流电动机为一个惯性圆盘，如图 10.5 所示，其等效电路如图 10.6 所示。其中：电枢电路电感 L=1.16mH；电枢电路电阻 R_m=8.4Ω；E 为电动机电枢端反电动势($E=K_m\omega$)，ω 为电动机的角速度，K_m 为电动机的反电势常数，K_m=0.042 V·s/rad，它与电流方向相反；I 为电

动机电枢电流；电动机轴上的转动惯量 $J_m = 4 \times 10^{-6}$；直流电动机轴与负载轮轴相连，轴半径 $r_h = 0.0111$m，它的质量 $m_h = 0.0106$kg，转动惯量为 J_h；轮轴带动一个金属盘（也可连接旋转摆），金属盘质量 $m_d = 0.053$kg，半径为 $r_d = 0.0248$m，转动惯量为 J_d，总转动惯量 $J = J_m + J_h + J_d$；电磁力矩常数 $K_t = 0.042$N·m/A。建立该电动机系统的传递函数数学模型。

 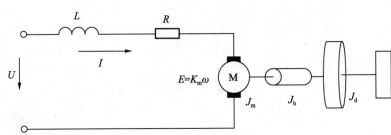

图 10.5　惯性圆盘　　　　　　　图 10.6　惯性圆盘电机等效电路

分析步骤如下：

（1）列写出直流电动机电压平衡方程。

$$\begin{cases} U = L\dfrac{\mathrm{d}I}{\mathrm{d}t} + IR_m + E & \text{电动式平衡方程} \\ E = K_m\omega & （K_m \text{为电动势常数}）\text{转矩平衡方程} \\ J\dfrac{\mathrm{d}\omega}{\mathrm{d}t} = K_t I & \begin{array}{l} E \text{为电动势} \\ J \text{为总转动惯量，} K_t \text{为电磁力矩常数} \end{array} \end{cases}$$

（2）解上面联立方程并代入参数得：

$$J = J_m + J_h + J_d, \quad J_h = \frac{1}{2}m_h r_h^2, \quad J_d = \frac{1}{2}m_d r_d^2$$

化简并合并同类项，得到

$$U = L\frac{\mathrm{d}I}{\mathrm{d}t} + \frac{JR_m}{K_t}\frac{\mathrm{d}\omega}{\mathrm{d}t} + K_m\omega$$

因为电枢绕阻的电感 L 很小，忽略第一项

$$U = \frac{JR_m}{K_t}\frac{\mathrm{d}\omega}{\mathrm{d}t} + K_m\omega \tag{10-12}$$

（3）令初始条件为零，两边进行拉普拉斯变换得：

$$U(s) = \left(\frac{JR_m}{K_t}s + K_m\right)\omega(s) \tag{10-13}$$

用输出 $U(s)$ 与输入 $\omega(s)$ 的比，推导传递函数（数学模型）$G(s)$

$$G(s) = \frac{\omega(s)}{U(s)} = \frac{K_t}{JR_m s + K_m K_t} \tag{10-14}$$

（4）简化传递函数为一阶惯性环节得：

$$G(s) = \frac{1/K_m}{\dfrac{JR_m}{K_m K_t}s + 1} = \frac{K}{Ts + 1}$$

（10-15）

其中：

$$K = \frac{1}{K_m} \qquad T = \frac{JR_m}{K_t K_m}$$

（10-16）

（5）由式（10-15）、式（10-16）推导结果，代入给定参数值，建立传递函数的代码如下：

```
Km=0.042; Kt=0.042;
Rm=8.4;Jm=4E-6;
md = 0.053;rd = 0.0248;
mh = 0.0106;rh = 0.0111;
Jh = 0.5*mh*rh^2;
Jd = 0.5*md*rd^2;
J= Jm + Jh + Jd;
K=1/Km;
T=(J*Rm)/(Kt*Km);
G=tf(K,[T,1])
```

结果为：

```
        23.81
G= ---------------------
     0.09977 s + 1
```

得到的近似数学模型为

$$G = \frac{23.8}{0.1s + 1}$$

【**实战练习 10-3**】根据机械平移系统的平衡，建立数学模型

设重力块 m 的质量为 0.1kg、弹簧系数 k 为 0.2N/mm，黏滞摩擦系数 f 为 0.01N(s/mm)，弹簧受力如图 10.7 所示，根据力学平衡建立弹簧受力的传递函数。

分析与建模步骤如下：

（1）根据机械系统的受力分析，建立平衡等式得到微分方程，通过微分方程进行拉普拉斯变换，再将输出比输入计算传递函数，即：

当外力 $F(t)=0$ 时，物体的平衡位置位移 y 的零点，物体 m 受到外力 $F(t)$、弹力 F_k、阻尼力 F_b 和重力共计 4 个力的作用，若不考虑重力因素，则：

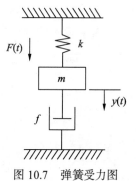

图 10.7　弹簧受力图

$$F = ma = m\frac{d^2 y(t)}{dt^2}$$

即

$$F(t) - F_k - F_b = ma = m\frac{d^2 y(t)}{dt^2}$$

（10-17）

$$F_b = f\frac{\mathrm{d}y(t)}{\mathrm{d}t} \qquad (10\text{-}18)$$

$$F_k = ky(t) \quad k \text{ 为弹簧系数} \qquad (10\text{-}19)$$

将（10-18）和式（10-19）代入式（10-17）得

$$F(t) = m\frac{\mathrm{d}^2 y(t)}{\mathrm{d}t^2} + f\frac{\mathrm{d}y(t)}{\mathrm{d}t} + ky(t) \qquad (10\text{-}20)$$

说明：由于传递函数反映系统自身固有特性，与输入和初始条件无关，传递函数将微分方程运算符 d/dt 用复数 s 置换可以得到传递函数

$$G(s) = \frac{y(s)}{F(s)} = \frac{1}{Ms^2 + Fs + K} \qquad (10\text{-}21)$$

（2）由式（10-21）推导的结果，输入参数即可建立数学模型，编程代码如下：

```
m=input("物体的质量 m=? ");
k=input("为弹簧系数 k=?");
f=input("黏滞摩擦系数 f=?");
G=tf(1,[m,f,k])
step(G)
```

运行结果：

```
物体的质量 m=? 0.1
为弹簧系数 k=?0.2
黏滞摩擦系数 f=?0.01

G =                1
          ------------------------
          0.1 s^2 + 0.01 s + 0.2
```

建立模型的阶跃响应如图 10.8 所示。

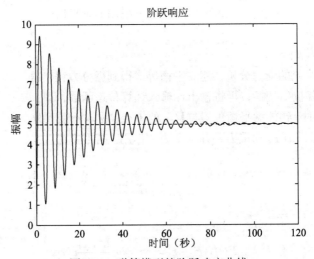

图 10.8　弹簧模型的阶跃响应曲线

【实战练习 10-4】由旋转倒立摆的力学及电学分析，建立数学模型

旋转倒立摆模型如图 10.9 所示。已知电机反电势常数 k_m=0.042V·s/rad，电枢电路电阻 R_m=8.4Ω，旋转臂转轴连接至系统并被驱动。摆杆臂长 L_r=0.085m，其逆时针旋转时，转角 θ 正增加。摆杆连接至旋转臂的末端，总长为 L_p=0.129m，摆杆质量为 M_p=0.024kg，旋转臂质量为 M_p=0.095kg，重心位于摆杆中心位置，且绕其质心的转动惯量为 J_p，旋转臂黏滞系数 D_r=0.0015N·m·s/rad，摆的阻尼系数 D_p=0.0005N·m·s/rad，旋转臂转动惯量为 J_r，重力加速度 g=9.8 m/s²。要求根据给定参数，建立状态空间的数学模型。

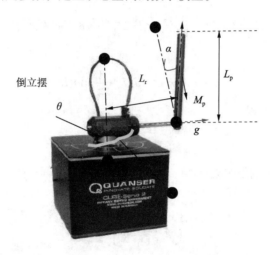

图 10.9　旋转倒立摆模型

分析与建模步骤如下：

（1）使用量纲分析法，分析倒立摆摆杆的长度、重量、旋转角、旋转速度、转动惯量等因素，建立电动势平衡方程等式。α 为倒立摆转角，当倒立摆在垂直位置时，α=0，计算公式

$$\alpha=\alpha_{\text{full}} \bmod 2\pi-\pi$$

其中：mod 为取余数，α_{full} 为编码器测得的摆角，根据非线性运动方程

$$\left(m_p L_r^2+\frac{1}{4} m_p L_p^2-\frac{1}{4} m_p L_p^2 \cos(\alpha)^2+J_r\right)\ddot{\theta}-\left(\frac{1}{2} m_p L_p L_r \cos(\alpha)\right)\ddot{\alpha}$$
$$+\left(\frac{1}{2} m_p L_p^2 \sin(\alpha)\cos(\alpha)\right)\dot{\theta}\dot{\alpha}+\left(\frac{1}{2} m_p L_p L_r \sin(\alpha)\right)\dot{\alpha}^2=\tau-D_r\dot{\theta} \quad (10\text{-}22)$$

$$\frac{1}{2} m_p L_p L_r \cos(\alpha)\ddot{\theta}+\left(J_p+\frac{1}{4} m_p L_p^2\right)\ddot{\alpha}-\frac{1}{4} m_p L_p^2 \cos(\alpha)\sin(\alpha)\dot{\theta}^2+\frac{1}{2} m_p L_p g \sin(\alpha)=-D_p\dot{\alpha} \quad (10\text{-}23)$$

其驱动扭矩由位于旋转臂基座的伺服电机输出动力方程

$$\tau=\frac{k_m(V_m-k_m\dot{\theta})}{R_m} \quad (10\text{-}24)$$

对非线性运动方程在工作点附近进行局部线性化，最终得到倒立摆线性运动方程

$$\left(m_p L_r^2 + J_r\right)\ddot{\theta} - \frac{1}{2} m_p L_p L_r \ddot{\alpha} = \tau - D_r \dot{\theta} \tag{10-25}$$

$$\frac{1}{2} m_p L_p L_r \ddot{\theta} + \left(J_p + \frac{1}{4} m_p L_p^2\right)\ddot{\alpha} + \frac{1}{2} m_p L_p g \alpha = -D_p \dot{\alpha} \tag{10-26}$$

求解加速度项，得

$$\ddot{\theta} = \frac{1}{J_T}\left(-\left(J_p + \frac{1}{4} m_p L_p^2\right) D_r \dot{\theta} + \frac{1}{2} m_p L_p L_r D_p \dot{\alpha} + \frac{1}{4} m_p^2 L_p^2 L_r g \alpha + \left(J_p + \frac{1}{4} m_p L_p^2\right) \tau\right) \tag{10-27}$$

$$\ddot{\alpha} = \frac{1}{J_T}\left(\frac{1}{2} m_p L_p L_r D_r \dot{\theta} - \left(J_r + m_p L_r^2\right) D_p \dot{\alpha} - \frac{1}{2} m_p L_p g \left(J_r + m_p L_r^2\right) \alpha - \frac{1}{2} m_p L_p L_r \tau\right) \tag{10-28}$$

其中：

$$J_T = J_p m_p L_r^2 + J_r J_p + \frac{1}{4} J_r m_p L_p^2 \tag{10-29}$$

根据线性状态空间方程

$$\begin{cases} \dot{x} = Ax + Bu \\ y = Cx + Du \end{cases}$$

其中，x 为状态，u 为控制输入，A、B、C 和 D 为状态空间矩阵。对于旋转摆系统，定义状态和输出

$$\begin{cases} x^T = [\theta \ \alpha \ \dot{\theta} \ \dot{\alpha}] \\ y^T = [x_1 \ x_2] \end{cases} \tag{10-30}$$

（2）由定义的状态空间模型，得：

$$\dot{X}_1 = X_3 \ 和 \ \dot{X}_2 = X_4$$

将状态 x 代入运动方程中，由式（10-29）推导出 $\theta = x_1$、$\alpha = x_2$、$\dot{\theta} = x_3$、$\dot{\alpha} = x_4$。

即可求出 $\dot{x} = Ax + Bu$ 中的状态矩阵 A 和控制矩阵 B，再将状态 x 代入式（10-27）和式（10-28）得

$$\dot{X}_3 = \frac{1}{J_T}\left(-(J_p + \frac{1}{4} m_p L_p^2) D_r x_3 + \frac{1}{2} m_p L_p L_r D_p x_4 + \frac{1}{4} m_p^2 L_p^2 L_r g x_2 + (J_p + \frac{1}{4} m_p L_p^2) u\right) \tag{10-31}$$

$$\dot{X}_4 = \frac{1}{J_T}\left(\frac{1}{2} m_p L_p L_r D_r x_3 - (J_r + m_p L_r^2) D_p x_4 - \frac{1}{2} m_p L_p g (J_r + m_p L_r^2) x_2 - \frac{1}{2} m_p L_p L_r u\right) \tag{10-32}$$

（3）由旋转臂和摆杆转动惯量 J_r 和 J_p 计算公式：

$$\begin{cases} J_r = \frac{M_r L_r^2}{12} \\ J_p = \frac{M_p L_p^2}{12} \end{cases} \tag{10-33}$$

（4）方程中的矩阵 A 和 B 计算公式：

$$\dot{x} = Ax + Bu \tag{10-34}$$

其中：

$$A = \frac{1}{J_T}\begin{bmatrix} 0 & 0 & J_T & 0 \\ 0 & 0 & 0 & J_T \\ 0 & \frac{1}{4}m_p^2 L_p^2 L_r g & -(J_p + \frac{1}{4}m_p L_p^2)D_r & \frac{1}{2}m_p L_p L_r D_p \\ 0 & -\frac{1}{2}m_p L_p g(J_r + m_p L_r^2) & \frac{1}{2}m_p L_p L_r D_r & -(J_r + m_p L_r^2)D_p \end{bmatrix}$$ （10-35）

$$B = \frac{K_m}{J_T R_m}\begin{bmatrix} 0 \\ 0 \\ J_p + \frac{1}{4}m_p L_p^2 \\ -\frac{1}{2}m_p L_p L_r \end{bmatrix}$$

在输出方程中，由于倒立摆系统中只有伺服位置和关节角度传感器可被检测，因此，输出方程中 C 和 D 两个矩阵

$$C = \begin{bmatrix} 1,0,0,0 \\ 0,1,0,0 \end{bmatrix}$$

$$D = \begin{bmatrix} 0 \\ 0 \end{bmatrix}$$ （10-36）

（5）由式（10-34）和式（10-35）推导结果，代入给定的参数，编程实现求取状态空间的数学模型，编程代码如下：

```
clc;
Lr=0.085;Lp =0.129;Mp=0.024;Mr=0.095;      %初始化实物硬件参数，也可自行输入
Jp=Mp*Lp^2/12; Jr=Mr*Lr^2/12;
Rm = 8.4;Km = 0.042;
Dr =0.0015;Dp=0.0005;
g=9.8;
Jt=Jp*Mp*Lr^2+Jr*Jp+Jr*Mp*Lp^2/4;
temp=Mp*Lp/2;
%构建状态 A 矩阵、控制矩阵 B 和输出矩阵 C
A=1/Jt*[0,  0,  Jt , 0 ;
 0, 0, 0 , Jt;
0, temp^2*Lr*g, -(Jp+Mp*Lp^2/4)*Dr,  temp*Lr*Dp;
        0 ,-temp*g*(Jr+Mp*Lr^2), temp*Lr*Dr , -(Jr+Mp*Lr^2)*Dp]
B=Km./(Jt*Rm).*[0;0;Jp+temp^2/Mp;-temp*Lr]
C =[1,0,0,0;0,1,0,0];
D=[0,0]';
N = [B,A*B,A^2*B,A^3*B];                  %构建系统的可控性判别矩阵
if rank(N)==4
   fprintf('该系统的秩 = %d\n', rank(N));
    disp("此系统是可控制的,系统的可控性判别矩阵为: ");
     N
     disp("建立的系统模型传递函数为：");
    [num,den]=ss2tf(A,B,C,D);
```

```
        G=tf(num(1,:),den)
else
    disp("此系统是可控制的");
    end
```

结果：

```
A =
         0          0     1.0000          0
         0          0          0     1.0000
         0   149.1229   -14.9183     4.9149
         0  -261.3424    14.7448    -8.6136
   B =     0
           0
     49.7275
    -49.1493
```

该系统的秩 = 4

此系统是可控制的，系统的可控性判别矩阵为：

```
N =
   1.0e+04 *
         0     0.0050    -0.0983     1.3026
         0    -0.0049     0.1157    -1.1618
    0.0050    -0.0983     1.3026    -7.8954
   -0.0049     0.1157    -1.1618    -1.0126
```

建立的系统模型传递函数为：

```
G =          49.73 s^2 + 186.8 s + 5667
       -----------------------------------
       s^4 + 23.53 s^3 + 317.4 s^2 + 1700 s
```

10.3 根据仿真优化数学模型

使用仿真建立、优化数学模型属于图论法，自动控制中常用对被控对象输入一个方波信号，仿真测量系统的输出，通过动态特性曲线及系统的理论化、数学或物理性的表达，测试系统真实性能。在不同的条件下，对于任何系统考虑其关键变量、约束和权衡，从而确定一个可行的、能达到一定目标的最优解。

【实战练习 10-5】仿真优化数学模型

已知标准二阶系统传递函数，ω_n 为自由振荡频率，ζ 为阻尼比系数，给定 ω_n，要求通过仿真测试寻找最佳阻尼比系数，建立最优数学模型。

$$G(s) = \frac{\omega_n}{s^2 + 2\zeta\omega_n s + \omega_n}$$

操作步骤如下：

（1）当令给定的自由振荡频率 $\omega_n=10$ 时，构成闭环系统，分别取 $\zeta=0$，0.707，1，2 时，建立的 Simulink 仿真如图 10.10 所示。

仿真结果如图 10.11 所示。

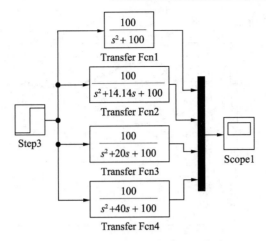

图 10.10　不同阻尼比系数下的仿真

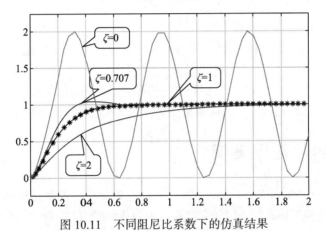

图 10.11　不同阻尼比系数下的仿真结果

（2）若给定阻尼比系数为 0.5，选择自由振荡频率分别为 1,2,10，建立的模型仿真如图 10.12 所示。

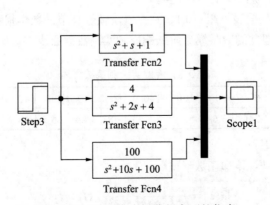

图 10.12　不同自由振荡频率下的仿真

仿真结果如图 10.13 所示。

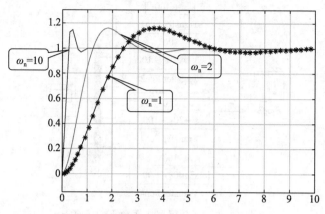

图 10.13 不同自由振荡频率下的仿真结果

仿真结论：

（1）对于固定自由振荡频率的对象，选择阻尼比系数为 0.707 时，超调量即稳态时间最小，仿真效果最好，因此可选择 ζ=0.707 时建立模型参数；

（2）对于阻尼比参数固定时，自由振荡频率的改变不影响超调量的值，但随着自由振荡频率的升高，达到稳态时间最小，因此模型可选择尽量高的参数建立数学模型。

10.4 根据实验数据建模

实验建模又称为"黑盒"法，它是在实际的生产过程中，根据过程输入、输出的实验数据，使用过程辨识与参数估计的方法建立被控过程的数学模型。在数学模型无法使用机理建立平衡方程的情况下，只能利用大量对象动态、静态特性的实验数据表示系统输入、输出间的关系，此时，一般选择实验法建立数学模型。

【**实战练习 10-6**】二阶液位的实验建模

根据液位实验测试数据表见表 10.1，建立二阶惯性环节的数学模型。要求建立输出传递函数数学模型，并画出建立的数学模型阶跃响应和实测数据曲线，对比输出观测二者区别。

表 10.1 液位实验测试数据表

时间	10	20	40	60	80	100	140	180	250	300	400	500	600	700	800
液位	0	0.2	0.8	2.0	3.6	5.4	8.8	11.8	14.4	16.5	18.4	18.4	19.2	19.8	20.0

分析与建模步骤如下：

（1）采用二级液位常规传递函数形式

$$G(s) = \frac{K}{(T_1 s + 1)(T_2 s + 1)} \quad (T_1 > T_2)$$

去拟合截去纯延迟部分，由拉普拉斯反变换得到阶跃响应

$$y(t) = 1 - \frac{T_1}{T_1 - T_2} e^{-\frac{1}{T_1}} - \frac{T_2}{T_2 - T_1} e^{-\frac{1}{T_2}} \tag{10-37}$$

由式（10-37）确定 T_1 和 T_2 的方法是通常选择 $y(t_1) = 0.4, y(t_2) = 0.8$ 两个点进行计算，在实验测得的曲线上，选取达到稳态的 40% 和 80% 上得到 t_1 和 t_2，即

$$\begin{cases} \dfrac{T_1}{T_1 - T_2} e^{-\frac{t_1}{T_1}} - \dfrac{T_2}{T_2 - T_1} e^{-\frac{t_1}{T_2}} = 0.6 \\[4mm] \dfrac{T_1}{T_1 - T_2} e^{-\frac{t_1}{T_1}} - \dfrac{T_2}{T_2 - T_1} e^{-\frac{t_1}{T_2}} = 0.2 \end{cases} \tag{10-38}$$

当 $0.32 < t_1/t_2 < 0.46$ 时，计算公式

$$\begin{cases} \dfrac{T_1 T_2}{(T_1 + T_2)^2} \approx \left(1.74 \dfrac{t_1}{t_2} - 0.55\right) \\[4mm] T_1 + T_2 \approx \dfrac{1}{2.16}(t_1 + t_2) \end{cases} \tag{10-39}$$

当 $t_1/t_2 < 0.32$ 时，计算公式

$$T_1 \approx \frac{1}{2.12}(t_1 + t_2), \quad T_2 = 0 \tag{10-40}$$

（2）根据式（10-39）和式（10-40）推导结果，编程代码如下：

```
clc;
tao=10;K=20/20;
t=[10 20 40 60 80 100 140 180 250 300 400 500 600 700 800]-tao;
h=[0 0.2 0.8 2.0 3.6 5.4 8.8 11.8 14.4 16.5 18.4 19.2 19.6 19.8 20];
hh=h/h(length(h));
subplot(1,2,1);plot(t,hh);
title("液位测试曲线")
xlabel("时间（秒）");
ylabel("振幅");
h1=0.4;t1=interp1(hh,t,h1);          %取稳态的40%为t1
h2=0.8;t2=interp1(hh,t,h2);          %取稳态的80%为t2
if(t1/t2<0.46)
    if(t1/t2<0.32)
        T1=(t1+t2)/2.12;T2=0;
        G=tf(K,[T1,1])
        t1=1:800;
        subplot(1,2,2);step(G,t1);
    else
        T12=(t1+t2)/2.16;            %T12=T1+T2T=
        T1T2=(1.74*(t1/t2)-0.55)*T12^2;   %T1T2=T1*T2
        T2=roots([1,-T12,T1T2]);
```

```
                    T2=T2(1,:);
                    T1=T12-T2;
                    k=K/(T1*T2);z=[];
                    p=[-1/T1,-1/T2];
                    G=zpk(z,p,k)
                    t1=1:800;
                    subplot(1,2,2);step(G,t1);
                    title("模型阶跃响应曲线")
        end
    else
        disp('t1/t2>0.46,系统比较复杂，要用高阶惯性表示')
    end
```

运行结果得到的传递函数如下：

```
G =            0.00014353
        ------------------------
        (s+0.0189) (s+0.007595)
```

测试与实验建模阶跃响应曲线对比结果如图 10.14 所示。

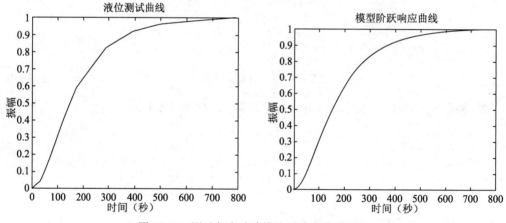

图 10.14　测试与实验建模阶跃响应曲线对比

参 考 文 献

[1] 天工在线. MATLAB 2020 从入门到精通[M]. 北京：中国水利水电出版社，2020.

[2] Katsuhiko Ogata. 控制理论 MATLAB 教程[M]. 王诗宓，王峻，译. 北京：电子工业出版社，2012.